高等学校教材·电子、通信与自动控制技术

ZHINENG YIQI YUANLI YU SHEJI

智能仪器原理与设计

高立娥　刘卫东　编著

西北工业大学出版社

【内容简介】 本书全面系统地阐述了智能仪器的体系结构、基本硬件和软件的设计原理及实现方法。其特点是注重理论联系实际，力求反映近年来智能仪器领域的技术进步和发展方向。

全书共分9章。内容包括智能仪器的分类、组成、特点，智能仪器中的微型计算机，智能仪器的输入/输出通道及数据采集，智能仪器的显示器、键盘及打印机输出接口，智能仪器的可靠性及抗干扰技术，智能仪器的标准通信接口技术，智能仪器的自动测量及典型数据处理功能，智能仪器实例分析以及虚拟仪器设计与开发技术。每章后均附有习题。

本书可作为普通高等学校测控技术与仪器、电子信息、自动化、机电一体化等专业的高年级本科生和低年级研究生教材，也可供相关专业工程技术人员参考。

图书在版编目(CIP)数据

智能仪器原理与设计/高立娥，刘卫东编著．—西安：西北工业大学出版社，2011.9(2024.8重印)

ISBN 978-7-5612-3141-8

Ⅰ.①智… Ⅱ.①高…②刘… Ⅲ.①智能仪器-理论②智能仪器-设计 Ⅳ.①TP216

中国版本图书馆CIP数据核字(2011)第159333号

出版发行：西北工业大学出版社
通信地址：西安市友谊西路127号　　邮编：710072
电　　话：(029)88493844　88491757
网　　址：www.nwpup.com
印 刷 者：西安五星印刷有限公司
开　　本：787 mm×1 092 mm　1/16
印　　张：14.625
字　　数：384千字
版　　次：2011年9月第1版　　2024年8月第3次印刷
定　　价：70.00元

前　言

智能仪器是计算机技术与仪器仪表相结合的产物，因为它具有数字存储、运算、逻辑判断能力，可根据被测参数的变化自动选择量程，具有自动校正、自动补偿、自动寻故障等功能，可以完成需要人类智慧才能胜任的工作，即具备了一定的智能化功能。智能仪器是在数字化的基础上发展起来的，是从现场实际问题出发，应用新的处理技术和新的硬件平台，使所设计仪表的精度、可靠性、可维护性和可测试性都得到保证和提高的仪器。

本书全面系统地阐述了智能仪器的体系结构、基本硬件和软件的设计原理及实现方法。其特点是注重实用，力求反映近年来智能仪器领域的技术进步和发展方向。

全书共分 9 章。第 1 章绪论，概述智能仪器的基本组成、功能特点以及发展趋势。第 2 章智能仪器中的微型计算机，主要从智能仪器中专用微处理器的角度出发，阐述 MCS－51 单片机的内部结构、工作原理和单片机的扩展技术。第 3 章智能仪器的输入/输出通道及数据采集，主要介绍 A/D，D/A 转换接口及数据采集系统的接口设计方法。第 4 章智能仪器的显示器、键盘及打印机输出接口，主要介绍显示器、键盘及打印机接口的设计原理和方法。第 5 章智能仪器的可靠性及抗干扰技术，主要介绍智能仪器的可靠性设计以及软、硬件抗干扰技术及抗干扰措施。第 6 章智能仪器的标准通信接口技术，主要介绍通用接口总线（GPIB）、RS－232 串口总线、USB 通用串行总线、CAN 总线功能及接口技术。第 7 章智能仪器的自动测量及典型数据处理功能，主要介绍智能仪器的自动测量技术、误差的处理方法、PID 控制算法以及故障的自动检测功能。第 8 章智能仪器实例分析——水温控制系统，主要介绍智能仪器的设计方法以及水温控制系统的软、硬件设计及调试过程。第 9 章虚拟仪器设计与开发技术，主要介绍虚拟仪器的基本概念、虚拟仪器的开发语言 LabView，LabWindows/CVI，并结合应用实例具体说明 LabView 的应用。

本书融合了编者多年的工程实践经验，是编者多年科研和教学成果的积累。编写本书旨在给高等学校测控技术与仪器以及自动化专业的本科生及研究生提供一本适用的教材或教学参考书。

本书的第 1，3，4，7，8 章由高立娥副教授编写，第 2，5，6，9 章由刘卫东教授编写。研究生于莉、李乐协助整理书稿并绘制了大量插图，在此对他们的工作表示感谢。

在本书编写过程中参阅了许多教材、著作和论文，在此，我们谨向参考文献的各位作者以及给予支持和帮助的领导和同事们表示诚挚的谢意。

由于知识变化日新月异，我们的水平有限，书中难免有疏漏之处，敬请读者批评指正！

编著者

2011 年 3 月

目　　录

第1章 绪 论

智能仪器(intelligent instruments)是计算机技术与测试技术相结合的产物,是含有微计算机或微处理器的测量仪器。由于它具有对数据的存储、运算、逻辑判断及自动化操作功能,有智能的作用,因而被称为智能仪器。

单片机的出现,引起了仪器仪表结构的根本性变革,以单片机为主体取代传统仪器仪表的常规电子线路,将计算机技术与测量控制技术结合在一起,组成新一代的"智能仪器"。这种新型的智能仪器在测量过程的自动化、测量结果的数据处理以及功能的多样化方面,都取得了巨大的进展。目前,智能化仪器已经能够实现四则运算、逻辑判断、命令识别、自诊断、自校正甚至自适应和自学习功能。随着新技术、新器件、新标准的不断出现和应用领域的不断扩大,智能仪器的体系结构、设计和实现方法都在不断地变化,其智能化程度将会越来越高。

智能仪器由于具有功能强大、性能优越、体积小、操作方便等优点,在传统的测量领域得到了广泛应用,出现了如频谱分析仪、医疗监护仪、在线监测仪等新型仪器。PC仪器、VXI仪器、PXI仪器、自动测试系统、虚拟仪器、现场总线仪器和近年来出现的网络化仪器,大大地扩展了仪器的应用领域。

1.1 智能仪器的发展过程

电子仪器从20世纪50年代发展至今,可以分为四个阶段:模拟仪器、数字化仪器、智能仪器和虚拟仪器。

1. 第一代模拟仪器

模拟式电子仪器又称指针式仪器。模拟仪器应用和处理的信号均为模拟量,如指针式电压表、电流表、功率表及一些通用的测试仪器,均为典型的模拟式仪器。这些仪表的基本结构是电磁式的,基于电磁测量原理使用指针来显示最终测量值。模拟仪器的特点是体积大、功能简单、精度低、响应速度慢。

2. 第二代数字化仪器

数字式电子仪器,如数字电压表、数字测温仪、数字频率计等。它们的基本工作原理是将待测的模拟信号转换成数字信号并进行测量,测量结果以数字形式输出显示。

数字式电子仪器与第一代模拟式电子仪器相比,具有精度高、速度快、读数清晰、直观的特点。其结果既能以数字形式输出显示,还可以通过打印机打印输出。此外,由于数字信号便于远距离传输,因此数字式电子仪器适用于遥测遥控。

3. 第三代智能仪器

智能仪器是计算机科学、通信技术、微电子学、数字信号处理、人工智能、VLSI等新兴技术与传统电子仪器相结合的产物。智能型仪器的主要特征是仪器内部含有微处理器(或单片机),它具有数据存储、运算和逻辑判断的能力,能根据被测参数的变化自动选择量程,可实现自动校正、自动补偿、自寻故障，以及远距离传输数据、遥测遥控等功能，可以做一些需要人类的智慧才能完成的工作。也就是说，这种仪器具备了一定的智能，故称为智能仪器，如频谱分析仪、数字存储示波器、数据采集系统以及一些设备的控制台等。

4. 第四代虚拟仪器

虚拟仪器是计算机技术、通信技术和测量技术相结合的产物，是将来仪器产业发展的一个重要方向。

虚拟仪器是指在通用计算机上添加几种带共性的基本仪器硬件模块，通过软件来实现各种性能的仪器或系统，因此，从某种意义上来说，计算机就是仪器，软件就是仪器。虚拟仪器编程语言主要有 LabVIEW，LabWindows/CVI 等。

例如，只使用一块 A/D 卡，借助计算机的功能，在软件的配合下就可实现多种仪器的功能，如数字多用表、数字储存示波器、数字频谱分析仪、数据采集系统、数字频率计等。也就是说，传统仪器的许多硬件被计算机软件所代替。

1.2 智能仪器的组成

智能仪器一般是指采用了微处理器（或单片机）的电子仪器。它主要由硬件和软件两大部分组成。硬件部分主要包括主机电路、模拟量（或开关量）输入/输出通道、人-机联系部件与接口电路、串行或并行数据通信接口等，其组成结构如图 1.1 所示。

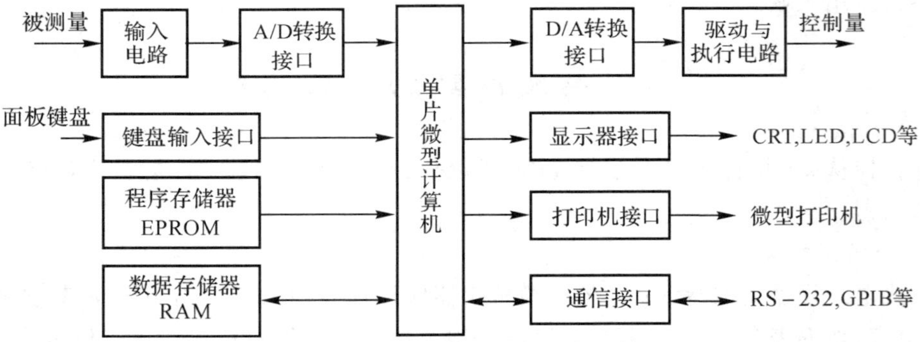

图 1.1 智能仪器硬件组成框图

智能仪器主要是由微处理器（或单片机）及其扩展电路（程序存储器 EPROM、数据存储器 RAM 及输入/输出接口等）组成的。主机电路是智能仪器区别于传统仪器的核心部件，用于存储程序、数据，执行程序并进行各种运算、数据处理和实现各种控制功能。输入电路和 A/D 转换接口构成了输入通道；而 D/A 转换接口及驱动电路则构成了输出通道；键盘输入接口、显示器接口及打印机接口等用于沟通操作者与智能仪器之间的联系，属于人-机接口部件；通信接口则用来实现智能仪器与其他仪器或设备交换数据信息。

智能仪器的软件包括监控程序和接口管理程序两部分。其中，监控程序主要是面向仪器操作面板、键盘和显示器的管理程序。其内容包括通过键盘操作输入并存储所设置的功能、操作方式与工作参数；通过控制 I/O 接口电路对数据进行采集；对所测试和记录的数据与状态进行各种处理；以数字、字符、图形等形式显示各种状态信息以及测量数据的处理结果等。

接口管理程序主要面向通信接口，其作用是接收并分析来自通信接口总线的各种有关信息、操作方式与工作参数的程控操作码，并通过通信接口输出仪器的现行工作状态及测量数据的处理结果来响应计算机的远程控制命令。

智能仪器的工作过程：外部的输入信号（被测量）先经过输入电路进行变换、放大、整形和补偿等处理，然后再经模拟量通道的 A/D 转换接口转换成数字量信号，送入微处理器（或单片机），微处理器（或单片机）对输入数据进行处理、分析、计算等一系列工作，并将运算结果存入数据存储器 RAM 中。同时，可通过显示器接口送至显示器显示，或通过打印机接口送至微型打印机打印输出，也可以将输出的数字量经模拟量通道的 D/A 转换接口转换成模拟量信号输出，并经过驱动与执行电路去控制被控对象，还可以通过通信接口（例如 RS－232，GPIB 等）实现与其他智能仪器的数据通信，完成更复杂的测量与控制任务。

智能仪器的结构主要有微机嵌入式和微机扩展式两种基本类型。

1. 微机嵌入式智能仪器

微机嵌入式智能仪器将微处理器及外围芯片与仪器有机地结合在一起，嵌入式微型计算机主要起测量过程控制及数据处理的作用。微机嵌入式智能仪器结构示意图如图 1.2 所示。这类仪器一般为专用或多功能产品，具有小型化、便携式、低功耗、易于密封、使用环境恶劣、成本低廉等优点。

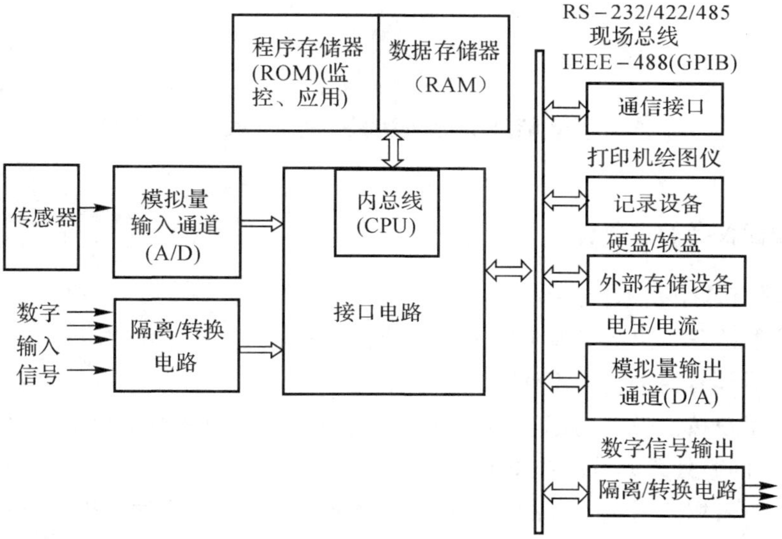

图 1.2　微机嵌入式智能仪器结构示意图

2. 微机扩展式智能仪器

微机扩展式智能仪器依托通用微型计算机（PC）扩展而成，也称为个人计算机仪器，如图 1.3 所示。微机扩展式智能仪器可将测量部分的各种功能电路板插入到 PC 机的总线插槽或扩展机箱中，把智能仪器中需要的人-机交互、测量过程控制、数据存储、数据处理和显示、打印等任务都由 PC 机承担。

微机扩展式智能仪器有两种形式，即内插式和外插式。

（1）内插式。它把仪器插件卡直接插入到 PC 机内部总线扩展槽内。这种结构比较简单，实现方便，成本最低，但难以满足重载仪器对电流功率和散热的要求，机内干扰也比较严重。

(2)外插式。克服内插式缺点的办法之一是定义新的仪器总线，并将仪器插件移到个人计算机外的独立机箱中去。HP公司6000系列模块式PC仪器系统就是这种形式的代表产品。这种形式的个人仪器的特点是：独立的机箱和独立的电源，使仪器避免了微机的噪声干扰；设计了专门的仪器总线PC-IB，组成仪器系统很方便。

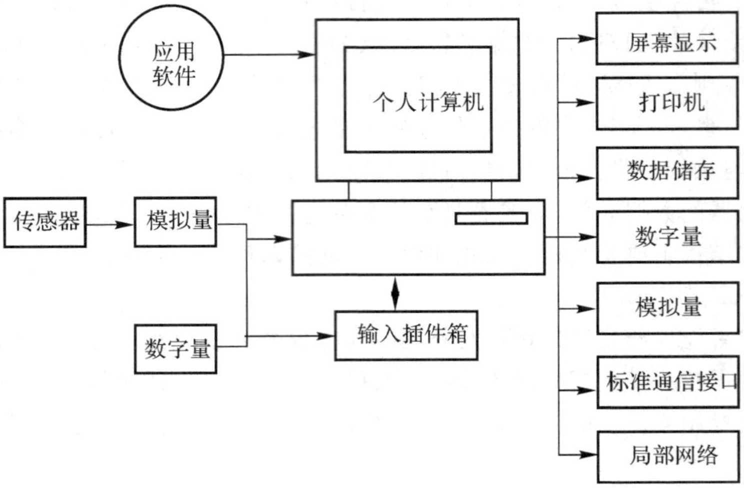

图1.3　个人计算机仪器(PCI)结构

1.3　智能仪器的特点和基本功能

1.3.1　智能仪器的主要特点

智能仪器具有两个基本特点：

(1)智能仪器的基本组成具有典型的计算机结构；

(2)智能仪器具有两种基本工作方式。

本地方式：用户按面板上的键盘，向仪器发布各种命令，指挥仪器完成各种功能。仪器的控制作用由内含的微处理器统一指挥和操纵。

遥控工作方式：用户通过外部的微型机来指挥控制仪器，外部微型机通过接口总线GPIB向仪器发送命令和数据。仪器根据这些传送来的命令完成各种功能。这时，面板的键盘将不起作用。

在具有多台仪器的大型测试系统中，遥控工作方式十分有用，便于构成自动检测系统。系统连接的仪器可多达十几台，整个传输范围可达近20 m。

1.3.2　智能仪器的基本功能

1. 具有友好的人-机对话功能

智能仪器使用键盘代替了传统仪器中的切换开关，操作人员只须通过键盘输入命令，就能实现某种测量功能。与此同时，智能仪器还可以通过显示屏将仪器的运行情况、工作状态以及对测量数据的处理结果及时告诉操作人员，使仪器的操作更加方便、直观。

2. 提高仪器的测量精度

智能仪器的核心是微处理器(或单片机)。随着计算机主频的提高及 A/D,D/A 转换速度的提高,对模拟量进行采集和存储的时间减少,那么在一定的时间内,可对模拟量进行多次重复测量,然后求其平均值,这样就可以排除一些偶然的干扰误差。

3. 自动校正零点、满度和切换量程

智能仪器的自校正功能大大降低了因仪器的零点漂移和特性变化所造成的误差,而量程的自动切换又给使用带来了很大的方便,并可以提高测量精度和读数的分辨率。

4. 自动修正各类测量误差

许多传感器的固有特性是非线性的,且受环境温度、压力等参数的影响,从而给智能仪器带来了测量误差。在智能仪器中,只要能掌握这些误差的规律,就可以依靠软件进行修正。常见的有测温元件的非线性校正、热电偶冷端温度补偿、气体流量的温度压力补偿等。

5. 具有复杂数据处理及数字滤波功能

智能仪器能实现各种复杂运算,对测量数据进行整理和加工处理,例如统计分析、查找排序、标度变换、函数逼近和频谱分析等。通过对主要干扰信号特性的分析,采用适当的数字滤波算法,可以有效地抑制各种干扰(例如低频干扰、脉冲干扰)的影响。

6. 实现各种控制规律

智能仪器能实现 PID 及各种复杂的控制规律。例如,可进行串级、前馈、非线性、纯滞后、自适应、模糊等控制,以满足不同控制系统的需要。

7. 数据通信

智能仪器配有 GPIB,RS-232,RS-485 等标准的通信接口,可以很方便地与其他仪器和计算机进行数据通信,以便构成不同规模的计算机测量控制系统。

8. 具有自诊断和故障监控功能

在运行过程中,智能仪器可以自动地对仪器本身各组成部分进行一系列的测试,一旦发现故障即能报警,并显示出故障部位,以便及时处理。

1.4 智能仪器的新发展

1.4.1 自动测试系统

1. 自动测试系统的组成

自动测试系统(Automatic Test System,ATS)是计算机技术和测试技术相结合的产物,是以计算机为核心,在程控指令下,为完成某种测试任务而组合起来的测量仪器和其他设备的有机整体。由智能仪器组成的自动测试系统是一个分布式多微机系统,各智能仪器在任务一级并行工作,相互间通过并行总线进行数据通信,完成综合测试任务。其特点为可以快速地完成对上百个物理参数和开关状态的巡回检测,而且具有过程监测、数据分析、故障诊断及预测等多项功能。

自动测试系统由控制器、程控仪器及设备、总线与接口、测试软件以及被测对象五部分组成。各部分组成功能如下:

(1)控制器。控制器是系统的指挥、控制中心,包括小型计算机、个人计算机、单片机、DSP。

(2)程控仪器、设备。程控仪器、设备是指能完成一定测试或控制任务的硬件,包括程控多用表、信号源、控制开关、伺服系统等。

(3)总线与接口。总线与接口是指连接控制器与各种程控仪器、设备的通路,完成命令、数据的传输与交换,包括机械接插件、插槽、电缆等。

(4)测试软件。测试软件是指为完成测试任务而编写的各种应用软件,如测试主程序、驱动程序、测试结果打印程序、I/O 程序。

(5)被测对象。被测对象如坦克、飞机、导弹、鱼雷、卫星、雷达、大型通信交换机等,需要通过电缆、接插件等与程控仪器、设备相连。

典型自动测试系统如图 1.4 所示,自动测试系统由计算机、多台可程控仪器及 GPIB 三者组成。计算机是系统的控制者,通过执行测试软件,实现对测量全过程的控制及处理;各可程控仪器设备是测试系统的执行单元,完成采集、测量、处理等任务;GPIB 由计算机及各可程控仪器中的标准接口和标准总线两部分组成,它把各种仪器设备有机地连接起来,完成系统内的各种信息的变换和传输任务。

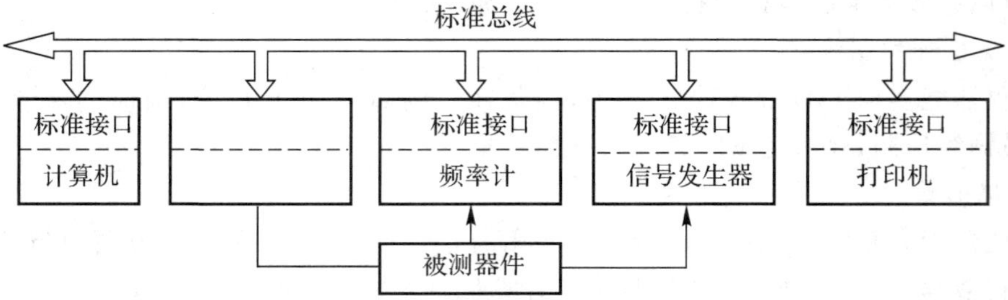

图 1.4 典型自动测试系统组成

2. 自动测试系统常用的总线

自动测试系统采用标准的总线接口把系统中的各台仪器连在一起构成综合化系统,常用的总线有 IEEE 488 总线、VXI 总线、PXI 总线。

(1)IEEE 488 总线。IEEE 488 通用接口总线又称 GPIB(General Purpose Interface Bus)总线,是 HP 公司在 20 世纪 70 年代推出的台式仪器接口总线,因此又叫 HPIB(HP Interface Bus),1975 年 IEEE 和 IEC 确认为 IEEE 488 和 IEC 652 标准。该标准总线在仪器、仪表及测控领域得到了最广泛的应用。这种系统是在微机中插入一块 GPIB 接口卡,通过 25 线电缆连接到仪器端的 GPIB 接口。当微机的内总线变化时,例如采用 ISA 或 PCI 等不同总线,接口卡也随之变更,其余部分可保持不变,从而使 GPIB 系统能适应微机总线的快速变化。由于 GPIB 系统在 PC 出现的初期问世,因而有一定的局限性。如其数据线只有 8 根,传输速率最高为 1 Mb/s,传输距离为 20 m(加驱动器可达 500 m)等。尽管如此,目前仍是仪器、仪表及测控系统与计算机互连的主流并行总线。因为装有 GPIB 接口的台式仪器的品种和数量都明显超过倍受青睐的 VXI 仪器,而且在目前应用的 VXI 系统中,与 GPIB 混合应用比例很大,还有相当数量采用外主控计算机控制的 VXI 系统,其计算机通过 GPIB 电缆和 GPIB - VXI 接口进行控制。以 PCI 为基础的 PXI 系统,也都具有 GPIB 接口。因此,在相当长的时间内,GPIB 系统仍将在实际应用中,特别是中、低速范围内的计算机外设总线应用中占有一定的市场。

(2)VXI 总线。VXI(VMEbus eXtension for Instrumentation)总线是 VME 计算机总线在仪器领域中的扩展,由 HP,Tektronix 等五家电子仪器公司于 1987 年提出,1992 年成为 IEEE1155 标准。在该系统中围绕机械、电气、控制方式、通信协议、电磁兼容、软面板、驱动程序、I/O 控制乃至机箱、印制电路板的 VXI 总线产品相互兼容。VXI 系统综合了计算机技术、GPIB 技术、PC 仪器技术、接口技术、VME 总线和模块化结构技术的成果,1998 年修订的 VXI 2.0 版本规范采用了 VME 总线的最新进展,提供了 64 位扩展能力,数据传输率最高可达 80 Mb/s。VXI 系统最多可包含 256 个器件(装置),可组成一个或多个子系统,每个子系统最多可包含 13 个插入式模块,插入一个机箱内,在组建大、中规模自动测量系统以及对速度、精度要求高的场合,具有其他仪器无法比拟的优势。VXI 总线支持即插即用、人机界面良好、资源利用率高、容易实现系统集成,大大地缩短了研制周期,且便于升级和扩展。其当前的一个应用热点是自 1986 年美国国家仪器公司(NI)推出的虚拟仪器(Virtual Instruments)开发平台 LabVIEW,虚拟仪器提出“软件即仪器”(The software is the instrument)的口号,由软件定义各种仪器的功能,带来了测试技术的革命。不足的是 VXI 系统的成本相对较高。

(3)PXI 总线。PXI(PCI eXtensions for Instrumentation)总线是 1997 年美国国家仪器公司(NI)发布的一种高性能、低价位的开放性、模块化仪器总线。PXI 是 PCI 在仪器领域的扩展,是用于自动测试系统机箱底板总线的规范,在机械结构方面与 CompactPCI 总线的要求基本相同,不同的是 PXI 总线规范对机箱和印制电路板的温度、湿度、振动、冲击、电磁兼容性和通风散热等提出了要求,与 VXI 总线的要求非常相似。CompactPCI 是将 PCI 电气规范与耐用的欧洲卡机械封装和高性能连接器相结合的产物,这种结合使得 CompactPCI 系统可以拥有多达 7 个外设插槽,而不是普通 PC 机的 4 个插槽。

在电气方面,PXI 总线完全与 CompactPCI 总线兼容。所不同的是 PXI 总线为适合于测控仪器、设备或系统的要求,增加了系统参考时钟、触发器总线、星型触发器和局部总线等内容。除了 PXI 系统具有多达 8 个插槽(1 个系统槽和 7 个仪器模块槽),而绝大多数台式 PCI 系统仅有 3 个和 4 个 PCI 插槽这点差别之外,PXI 总线与台式 PCI 规范具有完全相同的 PCI 性能。利用 PCI－PCI 桥技术扩展多台 PXI 系统,可以使扩展槽的数量在理论上最多能达到 256 个。PXI 将 Windows NT 和 Windows 95 定义为其标准软件框架,并要求所有的仪器模块都必须带有按 VISA 规范编写的 WIN32 设备驱动程序,使 PXI 成为一种系统级规范,保证系统的易于集成与使用,从而进一步降低用户的开发费用,因此在数据采集、工业自动化系统、计算机机械观测系统和图像处理等方面获得了广泛应用。

1.4.2　个人仪器系统

个人仪器(Personal Computer Instruments,也称 PC 仪器)是在智能化仪器的发展基础上出现的又一种新型微机化仪器,它是个人计算机与电子仪器相结合的产品。这类仪器的基本构想是将原智能仪器仪表中测量部分的硬件电路以附加插件或模板的形式插入到 PC 机的总线插槽或扩展机箱中,而将原智能化仪器中的控制、存储、显示和操作运算等软件任务都移交给 PC 机来完成。由于它充分利用了 PC 机的软件和硬件资源,因而相对于传统的智能仪器来说,极大地降低了成本,方便了使用,提高了可靠性,显示出广阔的发展前景。在此基础上,若将多种测控仪器插件或模板组合在一个 PC 系统中,还可以构成称之为个人仪器的系统,以代替价格昂贵的 GPIB 接口测试系统的工作。个人仪器的主要形式有内插式、外插式两种。

个人仪器的硬件是由仪器插件通过总线与个人计算机融合在一起构成的，因而仪器插件硬件部分有接口和测量控制两大部分电路，其基本结构如图 1.5 所示。

个人仪器不同于普通智能仪器的一个显著特点是，用户不再使用仪器的硬面板，而是采用软面板实现对仪器的操作。所谓软面板，是指在高分辨率 CRT 上作图生成的仪器面板图形。用户通过操纵键盘，移动鼠标、光标或触摸屏方式来选择软面板上的“软按键”。显示在 CRT 上的软面板可以采用 C 语言、BASIC 语言及图形化编程语言来绘制。

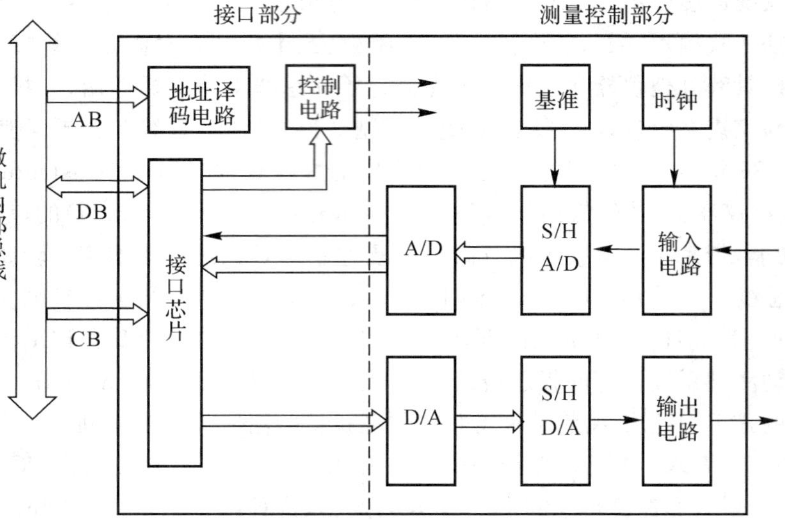

图 1.5　个人仪器插件的一般结构

个人仪器系统一般有人工和程序两种控制方式。在人工控制方式下，系统软件在微机屏幕上产生一个软面板，用户可以像操作传统仪器一样，通过软面板选择功能、量程以及输入有关参数的方式，建立起相应的状态标志，提供给仪器驱动程序。

个人仪器有以下几个主要特点：

(1)成本低。在个人仪器系统中，每个测试功能不是由整机，而是由插件完成的。每个插件不必具有智能仪器所需的微处理器、显示装置、键盘、机箱等部件，因而制造成本大大降低。

(2)使用方便。在个人仪器中，标准的仪器功能写在操作软件中，并备有简单的菜单(Menu)。用户可根据菜单进行选择，无须编制程序就能完成各种测试任务，操作方便。

(3)制造方便。仪器插件卡与个人计算机之间的关系远不如智能仪器中微处理器与测量部件之间的关系密切，而价廉物美的个人计算机可以购买。仪器制造厂可集中精力研制、生产测试插件卡，生产周期短、制造方便。

(4)实时交互作用。个人仪器是通过微机的系统总线连接的，相互间可进行实时的交互联系。例如，可让一台仪器去触发另一台仪器，使其在时间上相互关联；而在 GPIB 系统中，仪器间不能实时交互，它们只接受系统控制器的控制，或向控制器提出服务请求。

1.4.3　虚拟仪器

1. 虚拟仪器的概念

虚拟仪器是指通过应用程序将通用计算机与功能化硬件模块结合起来的一种仪器，用户可以通过友好的图形界面来操作这台计算机，从而完成对被测控参数的采集、运算与处理、显示、数据存储、输出等任务。虚拟仪器通常由计算机、仪器模块和软件三部分组成。仪器模块的功能主要靠软件实现，通过编程在显示屏上构成波形发生器、示波器或数字万用表等传统仪器的软面板；而波形发生器发生的波形、频率、占空比、幅值和偏置，或者示波器的测量通道、标尺比例、时基、极性、触发信号等都可用鼠标或按键进行设置，如同常规仪器一样使用，不过虚拟仪器具有更强的分析处理能力。随着计算机技术和虚拟仪器技术的发展，用户只能使用制造商提供的仪器功能的传统观念正在改变，而用户自己设计、定义的范围进一步扩大。同一台虚拟仪器可在更多场合应用，比如既可在电量测量中应用，又可在振动、运动和图像等非电量测量中应用，甚至在网络测控中应用。

虚拟仪器强调软件的作用，提出“软件就是仪器”的理念。它克服了传统仪器的功能在制造时就被限定而不能变动的缺陷，摆脱了由传统硬件构成一件件仪器再连成系统的模式，变为由用户根据自己的需要，通过编制不同的测控软件来组合成各种虚拟仪器。其中许多功能直接就由用户软件来实现，打破了仪器功能只能由厂家定义，用户无法改变的模式。当用户的测控要求变化时，可以方便地由用户自己来增减软、硬件模块，或重新配置现有系统以满足要求。因此虚拟仪器通过应用程序将通用计算机与功能化硬件结合起来，用户通过友好的图形界面来操作这台计算机，就像在操作自己定义、自己设计的一台单个仪器一样。

2. 虚拟仪器的组成

(1)虚拟仪器的硬件系统。虚拟仪器(Virtual Instruments)的硬件系统一般分为计算机硬件平台和测控功能硬件。计算机硬件平台可以是各种类型的计算机，如普通台式计算机、便携式计算机、工作站、嵌入式计算机等。计算机管理着虚拟仪器的硬、软件资源，是虚拟仪器的硬件基础。计算机技术在显示存储能力、处理性能、网络、总线标准等方面的发展，引发了虚拟仪器系统的快速发展。

虚拟仪器是指选择一个或几个带共性的基本仪器硬件来组成一个通用硬件平台，通过调用不同的软件来扩展或组成各种功能的仪器或系统。

在传统的智能仪器中，一般情况一种仪器只有一种功能或数种功能。而虚拟仪器是将具有一种或多种功能的通用模块组合起来，通过编制不同的测控软件来构成任何一种仪器，而不是某几种仪器。例如，激励信号可先由微机产生数字信号，再经 D/A 变换产生所需的各种模拟信号，这相当于一台任意波形发生器。被测信号经过采样、A/D 变换成数字信号，再经过处理，可以直接以数字显示而形成数字电压表一类仪器；也可以用图形显示而成为示波器类仪器；或者再对数据进一步分析，即可形成频谱分析类仪器。许多厂家已研制出多种用于构建虚拟仪器的数据采集卡(DAQ)。一块 DAQ 卡即可以完成 A/D 转换、D/A 转换、数字 I/O、计数器/定时器等多种功能，再配以相应的信号调理组件以及 GPIB 仪器、VXI 总线仪器、PC 总线仪器、带有 RS-232 的串行口仪器、现场总线仪器等，形成虚拟仪器，如图 1.6 所示。

(2)虚拟仪器的软件系统。典型的软件产品有 NI 公司的 LabVIEW，LabWindows/CVI，HP 公司的 HP VEE 和 HP TIG，Tektronix 公司的 Ez-Test 和 TNS 等，其中 LabVIEW 和 LabWindows/CVI 的应用最为广泛。

虚拟仪器最核心的思想，就是利用计算机的软件和硬件资源，使本来需要硬件或电路实现的技术软件化和虚拟化，最大限度地降低系统成本，增强系统的功能与灵活性。虚拟仪器的软件结构如图 1.7 所示。基于软件在虚拟仪器系统中的重要作用，从低层到顶层，虚拟仪器的软件系统框架包括三个部分:VISA 库、仪器驱动程序、应用软件。

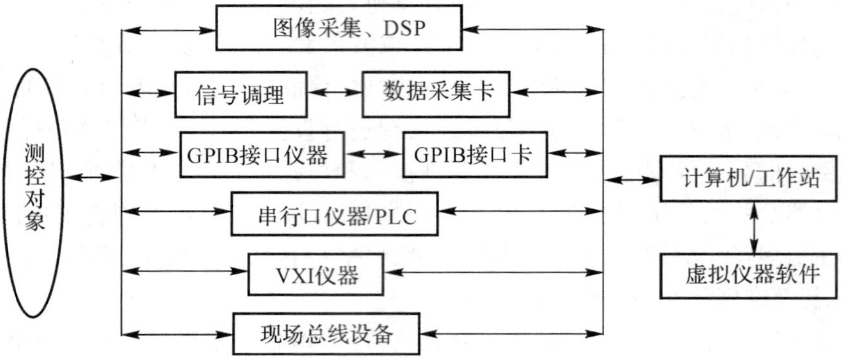

图 1.6 虚拟仪器的基本组成框图

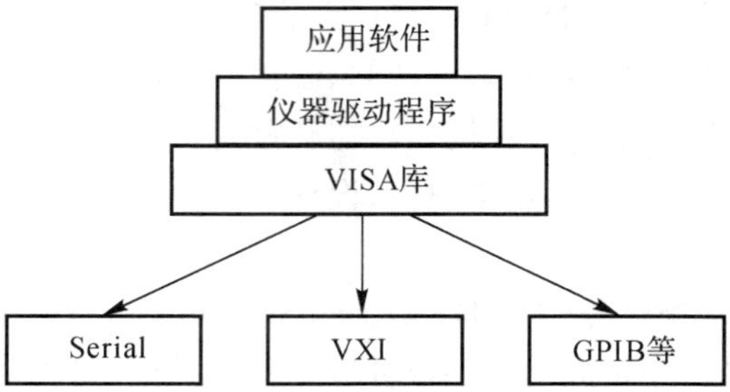

图 1.7 虚拟仪器的软件结构

1)VISA(Virtual Instrumentation Software Architecture)库。VISA 库实质就是标准的 I/O 函数库及其相关规范的总称,一般称这个 I/O 函数库为 VISA 库。它驻留于计算机系统之中,执行仪器总线的特殊功能,是计算机与仪器之间的软件层连接,用来实现对仪器的控制。对于仪器驱动程序开发者来说,VISA 库是一个可调用的操作函数库或集合。

2)仪器驱动程序。仪器驱动程序是完成对某一特定仪器的控制与通信的软件程序集合,是应用程序实现仪器控制的桥梁。每个仪器模块都有自己的仪器驱动程序,仪器厂商将其以源代码的形式提供给用户,用户在应用程序中调用仪器驱动程序。

3)应用软件。应用软件建立在仪器驱动程序之上,直接面对操作用户,通过提供直观、友好的操作界面、丰富的数据分析与处理功能来完成自动测试任务。应用软件还包括通用数字处理软件。通用数字处理软件包括用于数字信号处理的各种功能函数,如频域分析的功率谱估计、FFT、FHT、逆 FFT、逆 FHT 和细化分析等,时域分析、卷积运算、反卷运算、均方根估计、差分积分运算和排序等,滤波设计中的数字滤波等。这些功能函数为用户进一步扩展虚拟仪器的功能提供了基础。

3. 虚拟仪器的特点

与传统仪器相比,虚拟仪器除了在性能、操作性、用户可定制性等方面具有更多优点外,在工程应用和社会经济效益方面也具有突出优势。

一方面,目前我国高档台式仪器如数字示波器、频谱分析仪、逻辑分析仪等还主要依赖进口,这些仪器加工工艺复杂,要求很高的制造技术,国内生产尚有困难。采用虚拟仪器技术,可以通过只采购必要的通用数据采集硬件来设计自己的仪器系统。另一方面，用户可以将一些先进的数字信号处理算法应用于虚拟仪器设计，提供传统台式仪器不具备的功能，而且完全可以通过软件配置实现多功能集成的仪器设计。因此，可以说虚拟仪器代表了未来测量仪器设计发展的方向。

1.4.4 网络化仪器

1. 网络化仪器的发展与特点

1978年，通用仪器总线GPIB的问世，实现了将14台仪器由GPIB总线连接成为一个系统。这可以说是网络化仪器(Networked Instruments)系统的雏形，以后又出现了VXI总线、PXI总线、现场控制总线等将更多的仪器连成一个测控系统。但是这些都还不是现代意义上的网络化仪器测试系统。Internet的出现及其十分迅速地渗透到社会生活的各个领域，对各种传统产业产生了巨大冲击。在测量测试领域，可以将仪器、昂贵的外围设备、测试对象以及数据库等资源纳入网络，实现资源共享，共同完成测试任务。网络时代测量仪器的特点之一就是，人们可以把信息系统与测量系统通过Internet连接起来，做到资源共享，高效完成复杂艰巨的测量控制任务。

测量系统一般由数据采集、数据分析、数据表示这三个部分组成，当将这三个位于不同地理位置的部分由网络连起来从而完成测试任务的时候，就可以形成网络化仪器。在网络化仪器中，被测对象可通过测试现场的数据采集设备，将测得的数据或信息通过网络传输给异地的微机化仪器去分析处理，分析后的结果又可被执行机构查询使用，使数据采集、传输、处理分析成为一体，甚至实现实时采集、实时监测。这里，测试网络的总的功能将远远大于系统中各独立个体的功能之和。

网络化仪器是指在智能仪器中将TCP/IP协议作为一种嵌入式应用，使测量过程中的数据和控制命令等均能以TCP/IP传送；使智能仪器接入Internet，构成分布式远程测控系统。如网络化流量计、网络化传感器、网络化示波器和网络化逻辑分析仪。

网络仪器的最大特点就是可以实现资源共享，使一台仪器为更多的用户所使用，降低测试系统的成本。对于有危险的、环境恶劣的数据采集工作可实行远程采集，将采集的数据放在服务器中供用户使用。重要的数据实行多机备份，能够提高系统的可靠性。另外，网络可以使测试人员不受时间和空间的限制，随时随地获取所需的信息。同时网络化测试系统还可以实现测试设备的远距离测试与诊断，这样可以提高测试效率，减少测试人员的工作量。网络化仪器还能十分方便地被修改、扩展。“网络就是仪器”概念的确立，使人们明确了今后仪器仪表的研发战略，促进并加速了现代测量技术手段的发展与更新。

图1.8为网络化仪器示意图。图中，GPIB－ENET是指美国国家仪器公司的控制器模块，它包含一个16位微处理器和一个可以将数据流的GPIB格式与Ethernet格式相互转换的软件。将这个控制器模块安装上传感器或数据采集仪器，就可以和Internet互通了。

2. 网络化仪器的开发软件

网络仪器的开发软件可以采用通用的编程语言，也可以采用专门的虚拟仪器软件开发工具。这些开发软件采用的编程语言按照编程方式可以分为两种：文本式编程语言，如Visual C++，Visual Basic，LabWindows/CVI等；图形化编程语言，如LabVIEW，HPVEE等。最流行的是LabVIEW和LabWindows/CVI，它们都是美国NI公司推出的专门面向计算机测控领域虚拟仪器的软件开发平台，而且都有强大的网络开发功能。

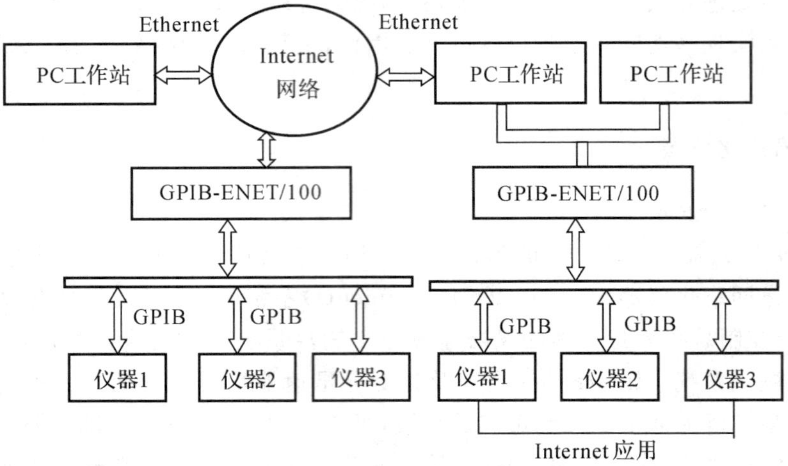

图 1.8　网络化仪器示意图

3. 网络化仪器的难点问题

对某些测量过程，往往要根据测量结果对被测对象、测量条件、测量状态进行控制，这就需要对被测信号边测量边处理，根据处理结果对后序测量过程进行选择与控制。然而目前所广泛采用的网络技术都难以实现数据的同步传输，使测量受到延误，从而造成不必要的损失。因此，网络化测试过程实时性问题的解决至关重要。其次是测量网络的稳定性问题。现代化网络技术虽已相当成熟，但由于网络自身的局限性，一旦网络运行中出现故障，将会使整个测试陷入瘫痪状态，因此网络的稳定在网络化测试中显得非常重要。最后就是网络测试系统的安全性问题，即保证在 Internet 上传输的数据不被第三方窃取和篡改、网络测量系统不被非法入侵者恶意操纵。这些问题是网络测试技术的难点，它们将随着网络技术的发展而得到较好的解决。

4. 嵌入式 Internet 的网络化智能传感器

(1)智能传感器。微处理器(microprocessor)与传统传感器(dumb sensor)相结合，产生了功能强大的智能传感器(intelligent sensor 或 smart sensor)。智能传感器的出现给传统工业测控带来了巨大的进步，在工业生产、国防建设和其他科技领域发挥着重要的作用。

(2)利用现场总线技术实现智能传感器的网络化。在自动化领域，现场总线控制系统 FCS(Fieldbus Control System)正在逐步取代一般的分布式控制系统 DCS(Distributed Control System)，各种基于现场总线的智能传感器/执行器技术也得到迅速发展。

但目前市场上多种现场总线并存，使得基于现场总线的传感器/执行器(Sensor/Actuator)接口协议标准各异，如目前市场上较为流行的现场总线如 CAN(控制局域网络)、Lonworks(局部操作网络)、Profibus(过程现场总线)、HART(可寻址远程传感器数据通信)、FF(基金现场总线)等各有自身优势和适用范围，很难在短期内走向统一。

(3)利用 Internet/Intranet 技术实现智能传感器的网络化。Intranet 和因特网(Internet)具有相同的技术原理，都基于全球通用的 TCP/IP 协议，使数据采集、信息传输等能直接在 Intranet/Internet上进行，既统一了标准，又使工业测控数据能直接在 Intranet/Internet 上动态发布和共享。具有 Internet/Intranet 功能的网络化智能传感器是在智能传感器的基础上实现网络化和信息化，其核心是使传感器本身实现 TCP/IP 网络通信协议。

随着电子和信息技术的高速发展，通过软件方式或硬件方式可以将 TCP/IP 协议嵌入到智能化传感器中。目前已有多种嵌入式的 TCP/IP 芯片（如 Seiko Instruments 公司生产的 S7600A 芯片），它们可直接用做网络接口，实现嵌入式 Internet 的网络化仪器。

具有 Intranet/Internet 功能的网络化智能传感器技术已经不再停留在论证阶段或实验室阶段，越来越多的成本低廉且具备 Internet/Intranet 网络化功能的智能传感器/执行器不断地涌向市场，正在并且将要更多更广地影响着人类生活。

习　题　1

1. 电子仪器发展至今经历了哪些阶段？
2. 简述智能仪器的定义以及智能仪器的特点。
3. 试画出智能仪器的基本组成框图，叙述各个组成部分的功能。
4. 展望智能仪器的发展。

第 2 章　智能仪器中的微型计算机

微型计算机是智能仪器仪表的核心，对智能仪器的功能、性能以及研发周期起着重要的作用。随着大规模集成技术的发展，微型计算机的发展形成了两个分支：一个分支是充分利用大规模集成电路技术，不断扩大微处理器的功能，向以赶超小型机、超级小型机乃至中大型计算机为目标的方向发展；另一个分支即是单片微型计算机的诞生和发展。

微型计算机(Microcomputer)简称微机，是计算机的一个重要分类。人们通常按照计算机的体积、性能和应用范围等条件，将计算机分为巨型机、大型机、中型机、小型机和微型机等。微型计算机不但具有其他计算机快速、精确、程序控制等特点，最突出的是它还具有体积小、质量轻、功耗低、价格便宜等优点。个人计算机简称 PC(Personal Computer)机，是微型计算机中应用最为广泛的一种，也是近年来计算机领域中发展最快的一个分支。

单片微型计算机是指集成在一个芯片上的微型计算机，也就是把组成微型计算机的各种功能部件，包括 CPU(Central Processing Unit)、随机存取存储器 RAM(Random Access Memory)、只读存储器 ROM(Read Only Memory)、基本输入/输出(Input/Output)接口电路、定时器/计数器(Timer/Counter)等部件都制作在一块集成芯片上，构成一个完整的微型计算机，从而实现微型计算机的基本功能。因此，一块芯片就构成一台计算机，故称为单片微型计算机，简称单片机。

目前，采用单片微型计算机已能满足大多数智能仪器的需要，但对于数据处理较为复杂、数据储存量大、实时性要求高的智能仪器可采用通用微处理器。本章将以单片微型计算机为例，介绍智能仪器中的微型计算机的应用。

2.1　单片微型计算机

2.1.1　单片机简介

1. 单片机

单片机是将微处理器、存储器、定时/计数器、I/O 接口电路甚至 A/D,D/A 电路等集成在一个芯片上的超大规模集成电路，它的基本结构如图 2.1 所示。

在单片机的基本结构图中，各部件的功能如下：

时钟电路：提供工作时间节拍。

CPU：指算术逻辑单元(ALU)与控制部件。

ROM(Read Only Memory)：内部程序存储器。

RAM(Radom Access Memory)：内部数据存储器，又称随机访问存储器。

定时器/计数器(Timer/Counter)：用于精确定时，或对外部事件计数。

I/O(Input/Output)：单片机与外围部件的连接接口。

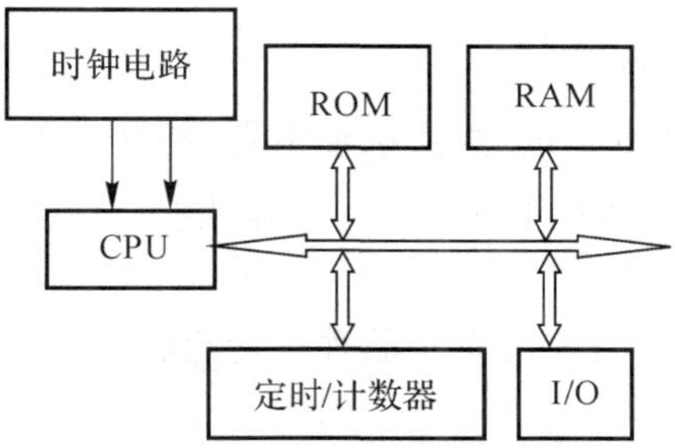

图 2.1　单片机结构框图

除以上共同部分以外，单片机还配置以下特殊功能部分：

(1)带有波特率发生器的异步串行通信接口，用于实现其他单片机与智能设备之间的串行通信。

(2)配备有多路 A/D 转换器。

(3)监视定时器，俗称“看门狗定时器”。当系统进入非正常状态时，监视定时器在规定好的时间内使系统复位。

(4)高速输入/输出电路(输入捕捉电路)和比较输出电路。当外部事件发生时，输入捕捉电路能自动地将其发生的时间保存起来，并由中断通知 CPU。这些电路可以减轻 CPU 的负担并提高实时响应性。

(5)脉宽调制(PWM)输出电路。可以解决模拟量输出和脉冲控制问题。

(6)显示器输出驱动。可以直接驱动液晶显示器(LCD)和数码管显示器(LED)。

(7)直接存储器访问电路(DMA)。可以适应数据快速交换的需要。

2. *单片机的发展*

自从 1974 年美国 Fairchild 公司研制出第一台单片机 F8 之后，迄今为止，单片机经历了由 4 位机到 8 位机再到 16 位机的发展过程。单片机制造商很多，主要有美国的 Intel，Motorola，TI 等公司。目前，单片机正朝着高性能、多品种方向发展。近年来，32 位单片机已进入了实用阶段，但是由于 8 位单片机具有品种全、兼容性高、性能价格比高等特点，因此在未来相当长的时期内，8 位单片机仍是单片机的主流机型。

3. *单片机的特点*

(1)受集成度限制，片内存储器容量较小，但是可以在外部扩展。通常，ROM 和 RAM 都可分别扩展至 64KB。

(2)可靠性好，抗干扰能力强。由于程序指令、常数及表格固化在 ROM 中不易破坏，许多信号通道均在一个芯片内，故可靠性高。

(3)易扩展。芯片外部有许多供扩展用的数据、地址和控制总线及并行、串行输入/输出管脚，很容易构成各种规模的计算机应用系统。

(4)控制功能强。单片机的指令系统中均有极丰富的条件分支转移指令、I/O 口的逻辑操作以及位处理功能。

(5)一般单片机内无监控程序或系统通用管理软件，只放置由用户调试好的应用程序，但现已出现了片内固化有 BASIC 解释程序及 FORTRAN 操作系统的单片机。

2.1.2 MCS－51 系列单片机

MCS 是 Intel 公司生产的单片机型号，例如 Intel 公司的 MCS－48，MCS－51，MCS－96 系列单片机。MCS－51 系列单片机既包括三个基本类型 8031，8051，8751，也包括对应的低功耗型 80C31，80C51，80C71。

MCS－51 系列及 80C51 单片机有多个品种。它们的引脚及指令系统相互兼容，主要在内部结构上有一些区别。

2.2 MCS－51 单片机的硬件结构

2.2.1 MCS－51 单片机的片脚配置及内部结构

MCS－51 系列包括 CMOS 的 8051，8031，8751，CHMOS 的 80C51，80C31 以及 HMOS 的 8052，8032 等芯片。

MCS－51 系列单片机采用两种半导体工艺生产。一种是 HMOS 工艺，即高速度、高密度、短沟道 MOS 工艺。另外一种是 CHMOS 工艺，即互补金属氧化物的 HMOS 工艺。

CHMOS 是 CMOS 和 HMOS 的结合，除保持了 HMOS 高速度和高密度的特点之外，还具有 CMOS 低功耗的特点。例如 8051 的功耗为 630 mW，而 80C51 的功耗只有 120 mW。

MCS－51 单片机总体结构框图如图 2.2 所示。

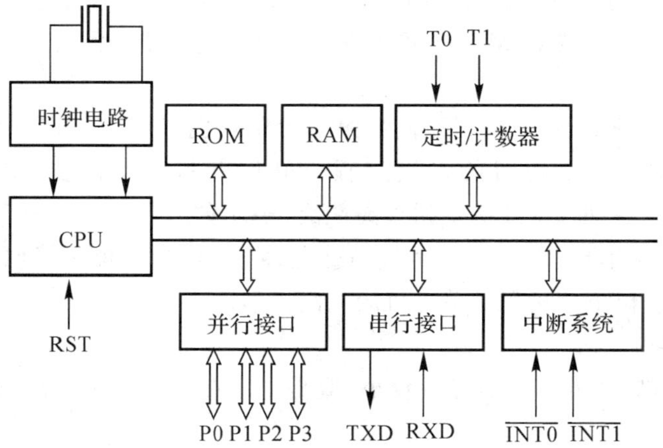

图 2.2　MCS－51 单片机总体结构框图

芯片内部包括以下部分：

一个 8 位的中央处理机；

4KB 内部程序存储器（8031 无此部件，8052 为 8KB）；

128B 内部数据存储器（8032/8052 为 256B）；

32 根 I/O 线（P0 口、P1 口、P2 口和 P3 口四个并行 8 位 I/O 口）；

2 个 16 位定时器/计数器；

1 个具有 5 个中断源、2 个优先级的嵌套中断结构；

1 个振荡器和时钟电路；

1 个全双工串行口。

1. MCS－51 单片机的引脚配置和功能

图 2.3 为 MCS－51 单片机的引脚配置图，它为 40 只引脚的双列直插封装(DIP)方式，其 40 条引脚的功能如下：

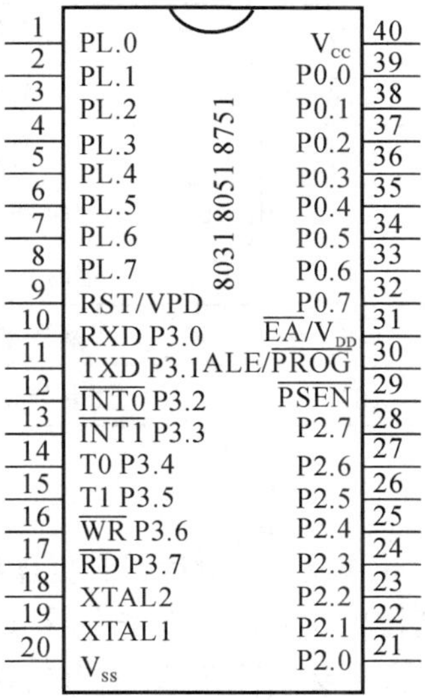

图 2.3　MCS－51 单片机的引脚配置图

(1)电源及时钟引脚。V_{SS}和 V_{CC}为主电源引脚，其中 V_{SS}为 GND，V_{CC}为＋5V；外接晶体引脚，XTAL1 和 XTAL2。

(2)控制或与其他电源复用引脚。RST(复位)/VPD(备用电源)，ALE(地址锁存允许)/$\overline{\text{PROG}}$(8751EPROM 编程时，输入编程脉冲)，$\overline{\text{PSEN}}$(片外接 ROM，RAM 时，存储器选通信号)和$\overline{\text{EA}}$(片内外 ROM 地址选通)/V_{DD}。

ALE：地址锁存控制信号。在系统扩展时，ALE 用于控制把 P0 口输出的低 8 位地址锁存起来，以实现低位地址和数据的隔离。此外，由于 ALE 是以晶振 1/6 的固定频率输出的正脉冲，因此可作为外部时钟或外部定时脉冲使用。

$\overline{\text{PSEN}}$：外部程序存储器读选通信号。在读外部 ROM 时有效(低电平)，以实现外部 ROM 单元的读操作。

$\overline{\text{EA}}$：访问程序存储器控制信号。当信号低电平时(有效)，对 ROM 的读操作限定在外部程序存储器；当信号高电平时(无效)，对 ROM 的读操作是从内部程序存储器开始，并可延至外部程序存储器。

RST：复位信号。当输入的复位信号延续两个机器周期以上的高电平时即为有效，用以完成单片机的复位初始化操作。

(3)输入/输出引脚。P0.0～P0.7，P1.0～P1.7，P2.0～P2.7，P3.0～P3.7。

P0.0～P0.7 为双向 8 位三态 I/O 口，为数据/地址复用总线，在该总线上分时提供地址信号和数据信号，可驱动 8 个 LS 型 TTL 负载；

P1.0～P1.7 是 8 位准双向 I/O 口，可驱动 4 个 LS 型 TTL 负载；

P2.0～P2.7 是 8 位准双向 I/O 口，为高位地址总线，可驱动 4 个 LS 型 TTL 负载；

P3.0～P3.7 是 8 位准双向 I/O 口，可驱动 4 个 LS 型 TTL 负载，这 8 个引脚还有变异功能，其功能见表 2.1。

表 2.1　P3 口的替代专用功能

P3.0	RXD	串行输入口
P3.1	TXD	串行输出口
P3.2	$\overline{INT0}$	外部中断 0
P3.3	$\overline{INT1}$	外部中断 1
P3.4	T0	定时器 0 的外部输入
P3.5	T1	定时器 1 的外部输入
P3.6	$\overline{WR}$	外部数据存储器写选通
P3.7	$\overline{RD}$	外部数据存储器读选通

2. MCS-51 的微处理器

微处理器主要用来对操作数进行算术、逻辑运算和位操作。主要包括算术/逻辑运算部件 ALU、累加器 A、寄存器 B、位处理器以及程序状态寄存器(PSW)。

(1)算术/逻辑运算部件 ALU。主要进行算术、逻辑运算操作，另外还具有极强的位处理功能：置位、清零、取反、逻辑与、逻辑或等操作。

(2)专用寄存器。累加器 A：它用于提供操作数和存放运算结果。

寄存器 B：与累加器配合使用，是为执行乘法和除法操作设置的。

乘法运算中，ALU 的两个输入分别为 A，B，运算结果存放在 BA 寄存器对中。B 中存放乘积的高 8 位，A 中存放乘积的低 8 位。除法运算中，被除数取自 A，除数取自 B，商存放在 A 中，余数存放在 B 中。

在不执行乘、除法操作的情况下，可把它当做一个普通的寄存器使用。

(3)程序状态寄存器 PSW(Program Status Word)。MCS-51 程序状态寄存器是一个 8 位可读写的寄存器，位于单片机内的特殊功能寄存区。它的重要特点是可以编程，即可通过软件来改变 PSW 的状态标志。其各位状态标志的定义见表 2.2。

表 2.2　PSW 各位状态标志的定义

位	D7	D6	D5	D4	D3	D2	D1	D0
PSW	PSW.7	PSW.6	PSW.5	PSW.4	PSW.3	PSW.2	PSW.1	PSW.0
功　能	CY	AC	F0	RS1	RS0	0V	—	P

PSW 中的各位功能如下：

CY——高位进位标志位；

AC——辅助进位标志位(低 4 位与高 4 位中间的进位与借位)；

F0——用户标志位，用户通过软件定义(置位/清零)或检测；

RSl，RS0——选择工作寄存器组位，用于选择内部 4 个工作寄存器组中的一组，它们与 4

组工作寄存器区的对应关系见表 2.3；

OV——溢出标志位，用于带符号数运算的溢出；

P——奇偶校验标志位。

表 2.3　RS1,RS0 与工作寄存器组的关系

RS1	RS0	当前工作寄存器组
0	0	0 组(内部 RAM 地址 00H～07H)
0	1	1 组(内部 RAM 地址 08H～0FH)
1	0	2 组(内部 RAM 地址 10H～17H)
1	1	3 组(内部 RAM 地址 18H～1FH)

(4)堆栈指针。栈指针 SP(Stack Pointer)为 8 位寄存器，用以指示堆栈栈顶地址。单片机复位后，栈指针 SP 总是指向 07H 单元，这时第一个压入栈的数据应存放在 08H 单元中，并以此为栈的起始。栈指针可编程，以实现堆栈再定位到内部数据存储区的任意区域。

(5)数据指针。数据指针 DPTR 为 16 位寄存器。编程时，DPTR 既可以按 16 位寄存器使用，也可以按两个 8 位寄存器分开使用，即 DPH：DPTR 高位字节；DPL：DPTR 低位字节。DPTR 通常在访问外部数据存储器时作地址指针使用。由于外部数据存储器的寻址范围为 64 KB，故把 DPTR 设计为 16 位。

3. 并行输入/输出口电路结构

单片机芯片内还有一项主要内容就是并行 I/O 口。MCS－51 共有 4 个 8 位的并行 I/O 口，分别记为 P0，P1，P2，P3。每个口都包含一个锁存器、一个输出驱动器和输入缓冲器。在访问片外扩展存储器时，低 8 位地址和数据由 P0 口分时传送，高 8 位地址由 P2 口传送。在无片外扩展存储器的系统中，这 4 个口的每一位均可作为双向的 I/O 端口使用。

MCS－51 单片机的 4 个 I/O 口都是 8 位双向口，这些口在特性上是基本相同的，但它们在结构上有一些差异，故各口的性质和功能有一些差异。

(1)P0 口。P0 口的字节地址为 80H，位地址为 80H～87H。P0 口的各位口线具有完全相同但又相互独立的逻辑电路，P0 口的某一位的位结构原理图如图 2.4 所示。

由图 2.4 可见，电路中包含有一个数据输出锁存器、两个三态数据输入缓冲器、一个数据输出的驱动电路和一个输出控制电路。当对 P0 口进行写操作时，由锁存器和驱动电路构成数据输出通路。由于通路中已有输出锁存器，因此数据输出时可以与外设直接连接，而无须再加数据锁存电路。

考虑到 P0 口既可以作为通用的 I/O 口进行数据的输入/输出，也可以作为单片机系统的地址/数据线使用，为此在 P0 口的电路中有一个多路转接开关 MUX。在控制信号的作用下，多路转接电路可以分别接通锁存器输出或地址/数据线。当作为通用的 I/O 口使用时，内部的控制信号为低电平，封锁与门，将输出驱动电路的上拉场效应管(FET)截止，同时使多路转接电路 MUX 接通锁存器 Q 端的输出通路。

读端口是指通过上面的缓冲器读锁存器 Q 端的状态。在端口已处于输出状态的情况下，Q 端与引脚的信号是一致的，这样安排的目的是为了适应对口进行“读—修改—写”操作指令的需要。例如，“ANL P0，A”就属于这类指令，执行时先读入 P0 口锁存器中的数据，然后与

A的内容进行逻辑与，再把结果送回P0口。对于这类“读—修改—写”指令，不直接读引脚而读锁存器是为了避免可能出现的错误。因为在端口已处于输出状态的情况下，如果端口的负载恰是一个晶体管的基极，导通了的PN结会把端口引脚的高电平拉低，这样直接读引脚就会把本来的“1”误读为“0”。但若从锁存器Q端读，就能避免这样的错误，得到正确的数据。

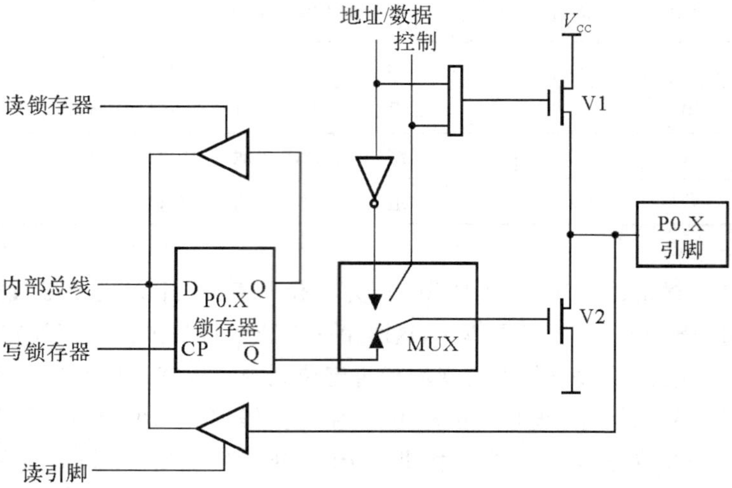

图 2.4　P0口位结构的电路原理图

但要注意，当P0口进行一般的I/O输出时，由于输出电路是漏极开路电路，因此必须外接上拉电阻才能有高电平输出；当P0口进行一般的I/O输入时，必须先向电路中的锁存器写入“1”，使FET截止，以避免锁存器为“0”状态时对引脚读入的干扰。

在实际应用中，P0口在绝大多数情况下都是作为单片机系统的地址/数据线使用的，这要比作一般I/O口应用简单。当输出地址或数据时，由内部发出控制信号，打开上面的与门，并使多路转接电路MUX处于内部地址/数据线与驱动场效应管栅极反相接通状态。这时的输出驱动电路由于上、下两个FET处于反相，形成推拉式电路结构，使负载能力大为提高。而当输入数据时，数据信号则直接从引脚通过输入缓冲器进入内部总线。

(2)P1口。P1口的字节地址为90H，位地址为90H～97H，P1口的某一位的位结构原理如图2.5所示。

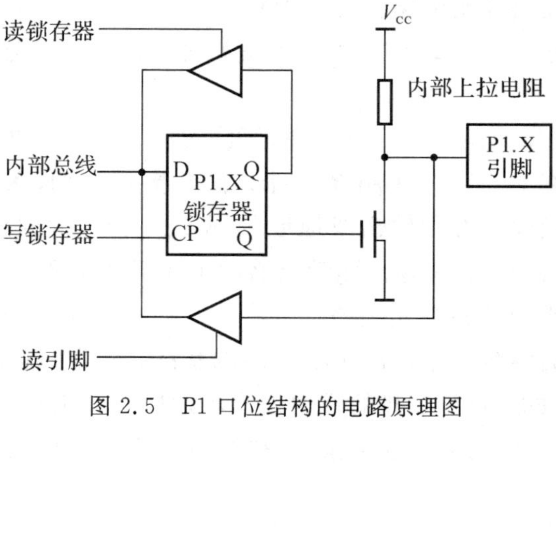

图 2.5　P1口位结构的电路原理图

因为 P1 口通常是作为通用 I/O 口使用的，所以在电路结构上与 P0 口有一些不同之处。首先它不再需要多路转接电路 MUX；其次是电路的内部有上拉电阻，与场效应管共同组成输出驱动电路。为此，P1 口作为输出口使用时，已经能向外提供推拉电流负载，无须再外接上拉电阻。当 P1 口作为输入口使用时，同样也须先向其锁存器写“1”，使输出驱动电路的 FET 截止。

(3)P2 口。P2 口的字节地址为 A0H，位地址为 A0H～A7H，P2 口的某一位的位结构原理图如图 2.6 所示。

在实际应用中，因为 P2 口用于为系统提供高位地址，因此与 P0 口一样，在口电路中有一个多路转换开关 MUX。P2 口可以作为通用 I/O 口使用，这时多路转接电路开关倒向锁存器 Q 端。在通常情况下，P2 口作为高位地址线使用，此时多路转接电路开关应倒向相反方向。

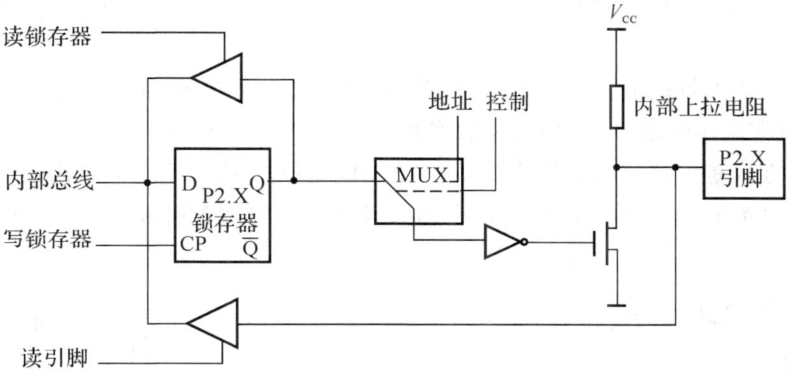

图 2.6　P2 口位结构的原理图

(4)P3 口。P3 口的字节地址为 B0H，位地址为 B0H～B7H，P3 口的某一位的位结构原理图如图 2.7 所示。

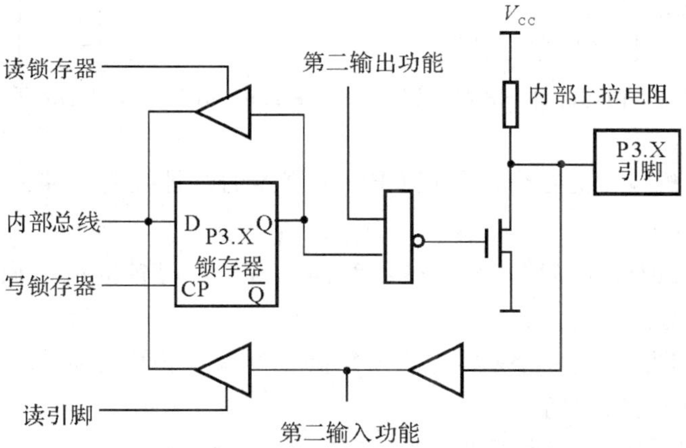

图 2.7　P3 口位结构的电路原理图

虽然 P3 口可以作为通用 I/O 口使用，但在实际应用中常常使用它的第二功能。P3 口的特点在于，为适应引脚信号第二功能的需要，增加了第二功能控制逻辑。由于第二功能信号有输入和输出两类，因此分两种情况说明。

对于第二功能为输出的信号引脚，当作为I/O使用时，第二功能信号引线应保持高电平，与非门开通，以维持从锁存器到输出端数据输出通路的畅通。当输出第二功能信号时，该位的锁存器应置“1”，使与非门对第二功能信号的输出是畅通的，从而实现第二功能信号的输出。

对于第二功能为输入的信号引脚，在口线的输入通路上增加了一个缓冲器，输入的第二功能信号就从这个缓冲器的输出端取得。而作为I/O使用的数据输入，仍取自三态缓冲器的输出端。不管是作为输入口使用还是第二功能信号输入，输出电路中的锁存器输出和第二功能输出信号线都应保持高电平。

4. 时钟电路与时序

(1)时钟电路。在MCS-51芯片内部有一个高增益反相放大器，其输入端为芯片引脚XTAL1，其输出端为引脚XTAL2。而在芯片的外部，XTAL1和XTAL2之间跨接晶体振荡器和微调电容，从而构成一个稳定的自激振荡器，图2.8是MCS-51单片机内部时钟方式的振荡器电路。

时钟电路产生的振荡脉冲经过触发器进行二分频之后，才成为单片机的时钟脉冲信号。MCS-51在通常应用情况下，使用振荡频率为6 MHz或12 MHz。

外部时钟方式是使用外部脉冲振荡信号，常用于多片MCS-51单片机同时工作，以便于同步。外部的时钟源直接接到XTAL2端，直接输入到片内的时钟发生器上，如图2.9所示。

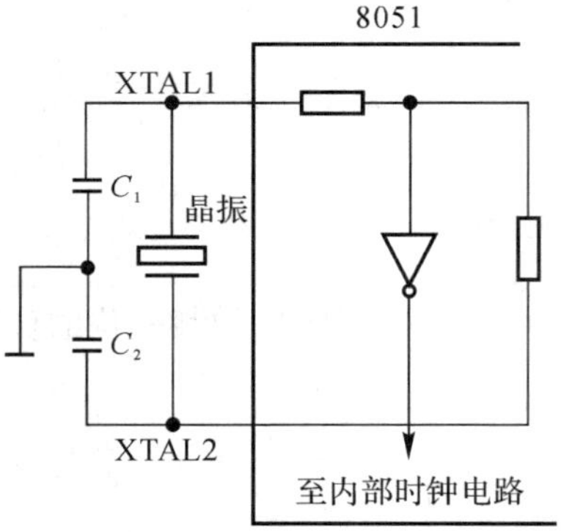

图2.8　MCS-51内部时钟方式电路图

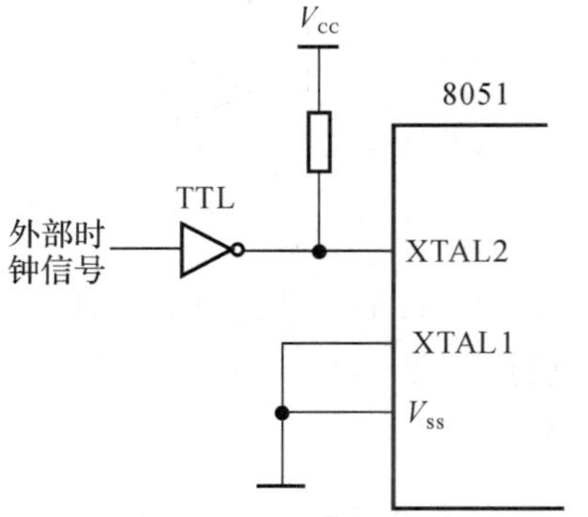

图2.9　MCS-51外部时钟方式电路图

(2)时序。单片机执行的指令均是在CPU控制器的时钟控制电路的控制下进行的，各种时序均与时钟周期有关。

1)时钟周期。时钟周期是单片机的基本时间单位。若时钟的晶体振荡器频率为f_{osc}，则时钟周期$T_{osc}=1/f_{osc}$。

2)机器周期。CPU完成一个基本操作所需要的时间称为机器周期。MCS-51单片机每12个时钟周期为一个机器周期。

MCS-51单片机的一个机器周期包括12个时钟周期，分为6个状态：S1～S6。每个状态又分为两拍，称为P1和P2。因此一个机器周期中的12个时钟周期表示为：S1P1，S1P2，…，S6P2，如图2.10所示。由于一个机器周期共有12个振荡脉冲周期，因此机器周期就是振荡脉冲的十二分频。

当振荡脉冲频率为12 MHz时，一个机器周期为1 μs；当振荡脉冲频率为6 MHz时，一个机器周期为2 μs。

3)指令周期。指令周期是执行一条指令所需的时间,它一般由若干个机器周期组成。不同的指令,所需要的机器周期数也不相同。通常,包含一个机器周期的指令称为单周期指令,包含两个机器周期的指令称为双周期指令等,指令的运算速度与指令所包含的机器周期有关,机器周期数越少的指令执行速度越快。MCS－51 单片机通常可以分为单周期指令、双周期指令和四周期指令三种。四周期指令只有乘法和除法两条指令,其余均为单周期和双周期指令。

单片机执行任何一条指令时都可以分为取指令阶段和执行指令阶段。MCS－51 的取指/执行时序如图 2.10 所示。图中分别列举了单字节单周期指令、双字节单周期指令、单字节双周期指令的取指/执行时序。指令执行的时间分别为 1 μs 或 2 μs。

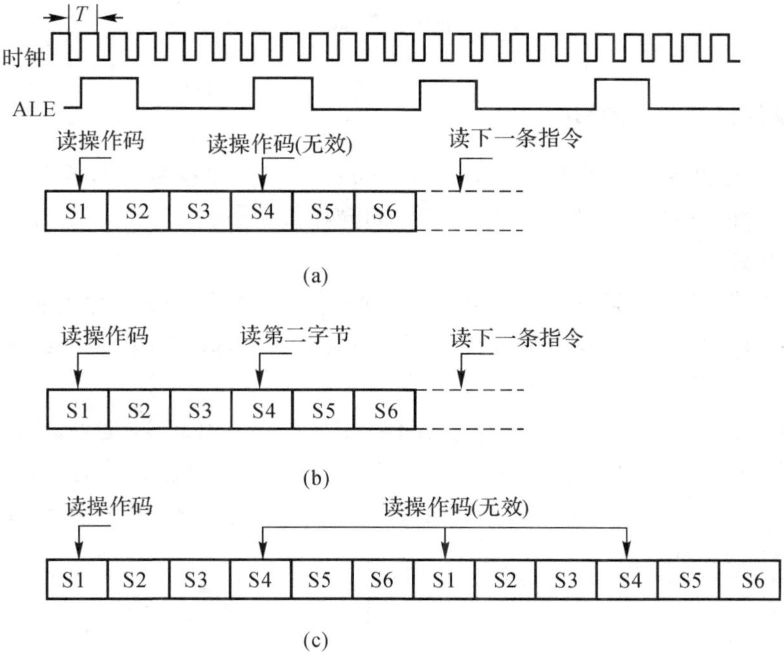

图 2.10　MCS－51 单片机的取指/执行时序

(a)单字节单周期指令；(b)双字节单周期指令；(c)单字节双周期指令

5. 单片机复位和复位电路

复位是单片机的初始化操作,只要给 RESET 引脚加上两个机器周期以上的高电平信号,就可使 MCS－51 单片机复位。复位的主要功能是把 PC 初始化为 0000H,使 MCS－51 单片机从 0000H 单元开始执行程序。复位之后,单片机状态如下:四个 I/O 口输出高电平;PC 和特殊功能寄存器清零;SP 写入初值 07H;复位期间,内部 RAM 的内容不变;ALE 和 PSEN 输出高电平;RESET 端返回低电平以后,CPU 从 0000H 地址开始执行程序。

MCS－51 单片机通常采用自动复位和开关复位两种方式,如图 2.11 所示。

图 2.11(a)所示为自动上电复位电路,它是通过外部复位电路的电容充电来实现的。只要 V_{CC}的上升时间不超过 1ms,就可实现自动上电复位。图 2.11(b)所示为开关复位电路,若要复位,只须按开关按键,此时电源 V_{CC} 经电阻 R_1,R_2 分压,在 RESET 端产生一个复位高电平。

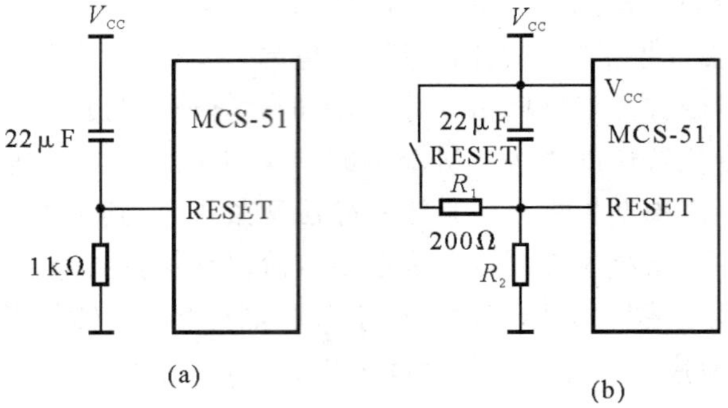

图 2.11　单片机常见的复位电路

2.2.2　单片机存储器的结构

MCS－51 单片机存储器采用的是哈佛(Harvard)结构,即程序存储器空间与数据存储器空间截然分开,它们有各自的寻址方式、寻址空间和控制系统。

1. 程序存储器

MCS－51 的程序存储器用于存放编好的程序和表格常数。8051 片内有 4 KB 的 ROM,8751 片内有 4 KB 的 EPROM,8031 片内无程序存储器。MCS－51 的片外最多能扩展 64 KB 的程序存储器,片内外的 ROM 是统一编址的。

如$\overline{EA}$端保持高电平,8051 的程序计数器 PC 在 0000H～0FFFH 地址范围内（即前 4 KB 地址）是执行片内 ROM 中的程序,当 PC 在 1000H～FFFFH 地址范围时,自动执行片外程序存储器中的程序;当$\overline{EA}$保持低电平时,只能寻址外部程序存储器,片外存储器可以从 0000H 开始编址,如图 2.12 所示。

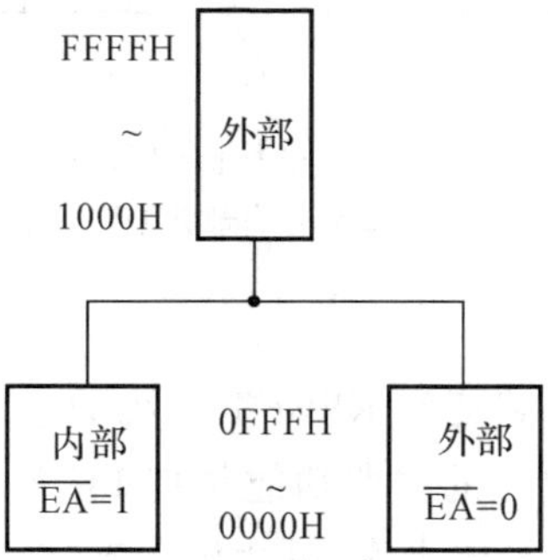

图 2.12　MCS－51 程序存储器结构

当$\overline{EA}$＝1 时,0000H ～0FFFH,为内部 ROM 区;1000H ～FFFFH,为外部 ROM 区。

当$\overline{EA}$＝0 时,0000H ～FFFFH,全部为外部 ROM 区。

MCS－51 的程序存储器中有些单元具有特殊功能,使用时应予以注意。其中一组特殊单元是 0000H～0002H。系统复位后,(PC)＝0000H,单片机从 0000H 单元开始取指令执行程序。如果程序不从 0000H 单元开始,应在这三个单元中存放一条无条件转移指令,以便直接转去执行指定的程序。

在 ROM 中,有几个关键的地址:

0000H：CPU 初始单元，是系统的启动地址；

0003H：外部中断 0 的入口地址；

000BH：定时器 0 溢出的入口地址；

0013H：外部中断 1 的入口地址；

001BH：定时器 1 溢出的入口地址；

0023H：串行口(RXD/TXD)入口地址；

002BH：定时器 2 溢出的入口地址。

2. 内部数据存储器

MCS－51 单片机的片内 RAM 共有 128 个字节单元，字节地址为 00H～7FH。表 2.4 为片内 RAM 的配置。

表 2.4　片内 RAM 的配置

30H ～7FH	数据缓冲区
20H ～2FH	位寻址区(00H～7FH)
18H ～1FH	工作寄存器 3 区(R0～R7)
10H ～17H	工作寄存器 2 区(R0～R7)
08H ～0FH	工作寄存器 1 区(R0～R7)
00H ～07H	工作寄存器 0 区(R0～R7)

片内 RAM 数据存储器，按其用途划分为寄存器区、位寻址区和用户 RAM 区三个区域，如图 2.13(a)所示。

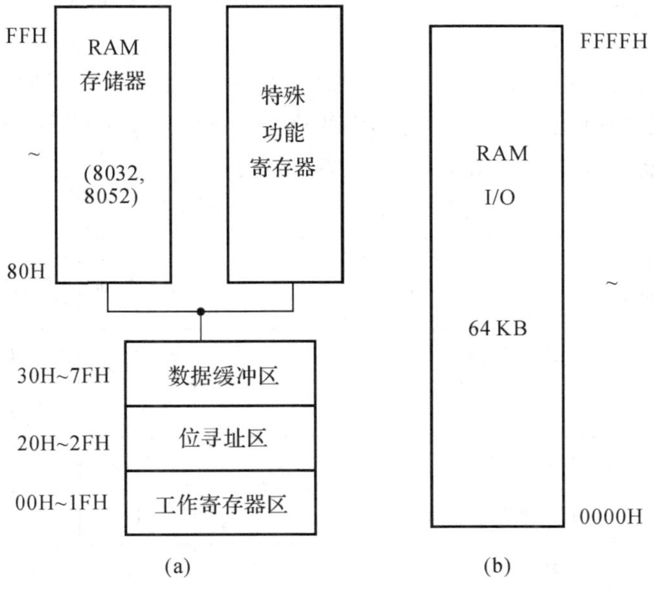

图 2.13　MCS－51 存储器结构

(a)内部数据存储器(RAM)；　(b) 外部数据存储器

(1)寄存器区。8051 共有 4 组寄存器,每组 8 个寄存单元,各组都以 R0～R7 作寄存单元编号。寄存器常用于存放操作数中间结果等。由于它们的功能及使用不作预先规定,因此称之为通用寄存器,有时也叫工作寄存器。4 组通用寄存器占据内部 RAM 的 00H～1FH 单元地址。

在任一时刻,CPU 只能使用其中的一组寄存器,并且把正在使用的那组寄存器称为当前寄存器组。到底是哪一组,由程序状态字寄存器 PSW 中 RS1,RS0 位的状态组合来决定,如表 2.5 所示。

表 2.5　RS1,RS0 与寄存器组的对应关系

RS1	RS0	寄存器组	片内 RAM 地址
0	0	第 0 组	00H～07H
0	1	第 1 组	08H～0FH
1	0	第 2 组	10H～17H
1	1	第 3 组	18H～1FH

(2)位寻址区。内部 RAM 的 20H～2FH 单元,既可作为一般 RAM 单元使用,进行字节操作,也可以对单元中的每一位进行位操作,因此把该区称为位寻址区。位寻址区共有 16 个 RAM 单元,计 128 位,地址为 00H～7FH。MCS-51 具有布尔处理机功能,这个位寻址区可以构成布尔处理机的存储空间。

(3)用户 RAM 区。在内部 RAM 的 128 单元中,通用寄存器占去 32 个单元,位寻址区占去 16 个单元,剩下 80 个单元,就是供用户使用的一般 RAM 区,其单元地址为 30H～7FH。对用户 RAM 区的使用没有任何规定或限制,但在一般应用中常把堆栈开辟在此区中。

3. 特殊功能存储器(SFR)

特殊功能寄存器是一些具有特殊功能的片内 RAM 单元,其单元地址为 80H～FFH。因这些寄存器的功能已作专门规定,故称之为专用寄存器 SFR(Special Function Register),也可称为特殊功能寄存器。表 2.6 列出了 SFR 的名称及分布。

表 2.6　SFR 的名称及分布

特殊功能寄存器符号	名　称	字节地址	位地址
B	B 寄存器	F0H	F7H～F0H
A(或 Acc)	累加器	E0H	E7H～E0H
PSW	程序状态字	D0H	D7H～D0H
IP	中断优先级控制	B8H	BFH～B8H
P3	P3 口	B0H	B7H～B0H
IE	中断允许控制	A8H	AFH～A8H
P2	P2 口	A0H	A7H～A0H

续 表

特殊功能寄存器符号	名　称	字节地址	位地址
SBUF	串行数据缓冲	99H	
SCON	串行控制	98H	9FH～98H
P1	P1 口	90H	97H～90H
TH1	定时器/计数器 1(高字节)	8DH	
TH0	定时器/计数器 0(高字节)	8CH	
TL1	定时器/计数器 1(低字节)	8BH	
TL0	定时器/计数器 0(低字节)	8AH	
TMOD	定时器/计数器方式控制	89H	
TCON	定时器/计数器控制	88H	8FH～88H
PCON	电源控制	87H	
DPH	数据指针高字节	83H	
DPL	数据指针低字节	82H	
SP	堆栈指针	81H	
P0	P0 口	80H	87H～80H

4. 外部数据存储器

MCS－51 单片机内部有 128 B 的 RAM 作为数据存储器，当需要外部扩展时，最多可外部扩展 64 KB 的 RAM 或 I/O。

外部数据存储器单独占用 64 KB 的空间，如图 2.13(b)所示。

2.2.3　MCS－51 单片机的低功耗操作方式

在 MCS－51 系列的 CHMOS 型单片机有两种低功耗工作方式：待机方式和掉电方式。其所涉及的硬件如图 2.14 所示。

这两种工作方式都是由专用的电源控制寄存器 PCON 中有关的位来控制的。该寄存器的地址为 87H，其各位的定义见表 2.7。

表 2.7　PCON 各位的定义

SMOD	—	—	—	GF1	GF0	PD	IDL

其中：

SMOD：波特率倍增位。当 SMOD＝1，在串行口操作模式 1，2 或 3 时，波特率提高一倍。

GFl：通用标志位。

GF0：通用标志位。

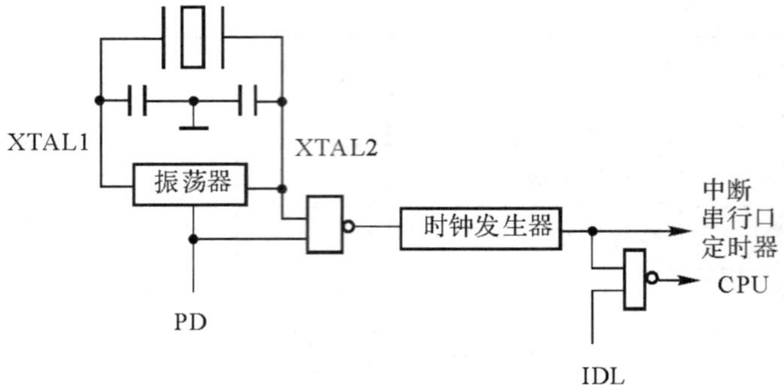

图 2.14　低功耗操作的示意图

PD:掉电方式位。当 PD=1 时,激发掉电工作方式。

IDL:待机方式位。当 IDL=1 时,激发待机工作方式。

若 PD 和 IDL 同时为 1,则先激发为掉电工作方式。

(1)待机工作方式。振荡器连续工作,时钟信号仍然提供给中断逻辑、串行口、定时器等,但 CPU 的时钟信号被切断。CPU 的全部状态在待机期间都被保留下来,它们包括堆栈指针 SP、程序计数器 PC、程序状态字 PSW、累加器 ACC 以及所有的工作寄存器。

其 V_{CC}为 5 V,但消耗的电流可由正常的 24 mA 降为 3 mA。

有两种办法终止待机方式。其一是激发任何一个被允许的中断,IDL 将被硬件清除,结束待机状态。其二是采用硬件复位,复位脉冲至少保持两个机器周期。

(2)掉电工作方式。PD=1,振荡器被冻结,时钟电路不工作,一切功能都停止,只有片内 RAM 的内容被保持。退出掉电工作方式的唯一办法是硬件复位。

在掉电工作方式下,V_{CC}可降低到 2 V,耗电仅 50 μA。

2.3　MCS-51 单片机的指令系统

MCS-51 单片机所能执行的指令集合就是它的指令系统。指令常以其英文名称或缩写形式来作为助记符,以助记符形式表示的指令是汇编语言。

2.3.1　指令系统分类

MCS-51 单片机指令系统共有 111 条指令。

(1)按指令长度分类,可分为 1 字节、2 字节和 3 字节指令。

(2)按指令执行时间分类,可分为 1 个机器周期、2 个机器周期和 4 个机器周期指令。

(3)按指令功能分类,可分为数据传送类、算术运算类、逻辑运算类、位操作类和控制转移类 5 大类指令。

2.3.2　指令的基本格式

指令的表示方法称为指令格式,一条指令通常由两部分组成,即操作码和操作数。一条标准的指令格式如下:

[标号:]　操作码助记符　[目的操作数]　[,源操作数]　[;注释]

标号是该指令的符号地址，某条指令一旦赋于某个标号，则在其他指令的操作数中就可引用该标号，以便控制程序的转移或寻址。

操作码在汇编语言中用助记符表示，其作用是命令主机作何操作。操作码和操作数之间用若干空格分隔开。

操作数分为目的操作数和源操作数，两者之间用逗号分开。

注释是对该指令功能的解释，可有可无。注释前必须加分号。

例如，START： MOV R0， #20H ；注释

MCS-51 单片机的指令系统含有 255 种操作码，用汇编语言表达这些代码时，使用 42 种助记符。指令功能助记符与操作数各种可能的寻址方式相结合，一共构造出 111 条指令。

中央处理器 CPU 读入和分析每条指令，根据每条指令的功能要求，控制单片机各个部件执行指定操作。

2.3.3 指令系统的寻址方式

寻找操作数地址的方式称为寻址方式。寻址方式所解决的问题是，如何在整个存储空间内灵活而方便地找到所需的单元地址。MCS-51 单片机有七种基本寻址方式，下面分别予以介绍。

1. 立即寻址方式

立即寻址方式是由指令直接给出操作数，操作数前有立即数符“ # ”。例如指令：

```
MOV   A，#30H            ；将立即数 30H 传送至 A 中
MOV   DPTR，#5678H       ；将立即数 5678H 传送至 DPTR
```

2. 直接寻址方式

直接寻址方式是给出操作数的直接地址。直接寻址范围为片内 RAM 中的 128 B 单元和特殊功能寄存器。例如指令：

```
MOV   A，3AH ；将片内 RAM 中 3AH 单元的数据传送至 A 中
MOV   A，P0  ；将特殊功能寄存器 P0 口中的数据传送至 A 中
```

说明：3AH 和 P0 是以 direct 形式出现的直接地址。

3. 寄存器寻址方式

寄存器寻址方式的操作数在规定的寄存器中。

规定的寄存器有工作寄存器 R0～R7、累加器 A、双字节 AB、数据指针 DPTR、进位位 Cy。这些被寻址寄存器中的内容就是操作数。例如指令：

```
MOV   A，R1  ；将 R1 中的数据传送至 A 中
```

4. 寄存器间接寻址方式

间接寻址方式是根据操作数的地址寻找操作数。间接寻址用间址符“@”作为前缀。例如指令：

```
MOV    A，@R0        ；将以 R0 中的内容为地址的存储单元中的数据传送至 A 中
MOVX   A，@DPTR      ；将外 RAM 中 DPTR 所指存储单元中的数据传送至 A 中
```

5. 变址寻址方式

在变址寻址中，操作数地址＝基址＋变址。变址寻址方式用于读 ROM 数据操作。例如指令：

MOVC A，@A+DPTR ；将 A 的内容与 DPTR 内容相加，得到一个新地址，从该地址 ROM 中读取数据送入 A 中。

6. 相对寻址方式

相对寻址方式一般用于相对转移指令，转移目的地址＝当前 PC 值＋相对偏移量 rel。例如指令：

JZ rel；累加器为零则转移

7. 位寻址方式

位寻址方式是对片内 RAM 和特殊功能寄存器中的可寻址位进行操作的寻址方式。例如指令：

MOV C，07H ；将位地址 07H(字节地址 20H 中最高位)中的数据传送至进位位 Cy

2.3.4 MCS-51 单片机指令系统分类介绍

MCS-51 的 111 条指令按功能分类，可分为五类，即数据传送类指令、算术操作类指令、逻辑操作类指令、控制程序转移类指令和布尔变量操作类指令。

数据传输类指令(29 条)：

MOV MOVX MOVC PUSH POP XCH SWAP

算术运算类指令(24 条)：

ADD INC SUB DEC MUL DIV

逻辑运算类指令(24 条)：

ANL ORL XRL RL RR

控制转移类指令(17 条)：

JMP RET DJNZ CJNE NOP

位操作类指令(17 条)：

MOV CLR SETB ANL ORL JMP

1. 数据传送类指令

一般数据类传送指令的助记符为“MOV”，通用的格式为：

MOV ＜目的操作数＞，＜源操作数＞

(1)以累加器 A 为目的字节的传送指令(4 条)：

```
MOV  A, Rn
MOV  A, @Ri
MOV  A, direct
MOV  A, #data
```

(2)以工作寄存器 Rn 为目的字节的传送指令(3 条)：

```
MOV  Rn, A
MOV  Rn, direct
MOV  Rn, #data
```

(3)以直接地址为目的字节的传送指令(5 条)：

```
MOV  direct, A
MOV  direct, Rn
```

MOV　direct，@Ri
MOV　direct1，direct2
MOV　direct，# data

(4)以寄存器间址为目的字节的传送指令(3 条)：

MOV　@Ri，A
MOV　@Ri，direct
MOV　@Ri，# data

(5)16 位数据传送指令(1 条)：

MOV　DPTR，# data16

(6)累加器与外部数据存储器传送指令(4 条)：

MOVX　A，@Ri
MOVX　A，@DPTR
MOVX　@Ri，A
MOVX　@DATR，A

(7)读 ROM 指令(2 条)：

MOVC　A，@A+DPTR
MOVC　A，@A+PC

(8)堆栈操作指令(2 条)：

PUSH　direct
POP　direct

(9)交换指令(5 条)：

1)字节交换指令：

XCH　A，Rn
XCH　A，@Ri
XCH　A，direct

2)半字节交换指令：

XCHD　A，@Ri

3)累加器高低四位互换：

SWAP　A

2. 算术运算类指令

(1)加法指令：

1)不带 Cy 加法指令(4 条)：

ADD　A，Rn
ADD　A，@Ri
ADD　A，direct
ADD　A，# data

2)带 Cy 加法指令(4 条)：

ADDC　A，Rn
ADDC　A，@Ri

ADDC　A，direct

ADDC　A，#data

(2)减法指令(4条)：

SUBB　A，Rn

SUBB　A，@Ri

SUBB　A，direct

SUBB　A，#data

(3)加1减1指令：

1)加1指令(5条)：

INC　A

INC　Rn

INC　@Ri

INC　direct

INC　DPTR

2)减1指令(4条)：

DEC　A

DEC　Rn

DEC　@Ri

DEC　direct

(4)BCD码调整指令：

DA　A　;对加法运算结果进行BCD码调整

(5)乘除法指令：

1)乘法指令(1条)：

MUL　AB

2)除法指令(1条)：

DIV　AB

3. 逻辑运算及移位指令

(1)逻辑“与”运算指令(6条)：

ANL　A，Rn

ANL　A，@Ri

ANL　A，#data

ANL　A，direct

ANL　direct，A

ANL　direct，#data

(2)逻辑“或”运算指令(6条)：

ORL　A，Rn

ORL　A，@Ri

ORL　A，#data

ORL　A，direct

ORL　direct，A

ORL　direct，#data

(3)逻辑“异或”运算指令(6 条)：

XRL　A,Rn

XRL　A,@Ri

XRL　A,#data

XRL　A,direct

XRL　direct,A

XRL　direct,#data

(4)清零和取反指令：

CLR　A

CPL　A

(5)循环移位指令(4 条)：

循环左移:RL　A

带 Cy 循环左移:RLC　A

循环右移:RR　A

带 Cy 循环右移:RRC　A

4.位操作类指令

(1)位传送指令(2 条)：

MOV　C，bit

MOV　bit，C

(2)位修正指令(6 条)：

1)位清 0 指令：

CLR　C

CLR　bit

2)位取反指令：

CPL　C

CPL　bit

3)位置 1 指令：

SETB　C

SETB　bit

(3)位逻辑运算指令(4 条)：

1)位逻辑“与”运算指令：

ANL　C,bit

ANL　C,$\overline{\text{bit}}$

2)位逻辑“或”运算指令：

ORL　C，bit

ORL　C,$\overline{\text{bit}}$

(4)条件转移类指令(5 条)：

JC rel

JNC rel

JB bit，rel

JNB bit，rel

JBC bit，rel

5.控制转移类指令

(1)无条件转移指令(4 条)：

长转移指令： LJMP   addr16

短转移指令： AJMP   addr11

相对转移指令：SJMP   rel

间接转移指令(散转指令)：JMP @A+DPTR

(2)条件转移指令(8 条)：

1)判 A 转移指令(2 条)：

A=0 转移指令:JZ   rel

A≠0 转移指令:JNZ rel

2)减 1 非 0 转移指令(2 条)：

DJNZ Rn， rel

DJNZ direct，rel

3)比较转移指令(4 条)：

CJNE A，direct ，rel

CJNE A，# data,rel

CJNE Rn，# data,rel;

CJNE @Ri，# data,rel

(3)调用和返回指令(5 条)：

1)长调用指令：

LCALL addr16

2)短调用指令：

ACALL addr11

3)返回指令有子程序返回和中断返回两种：

RET

RETI

(4)空操作指令(1 条)：

NOP

NOP 为单机周指令，在时间上占用一个机器周期，常用于时间“微调”。

2.4 MCS－51 单片机的中断系统

中断系统是为 CPU 对单片机外部或内部随机发生事件的实时处理而设置的。MCS－51 片内的中断系统大大提高了 MCS－51 单片机处理外部或内部事件的能力。

2.4.1　中断的概念

CPU 暂时终止其正在执行的程序，转去执行请求中断的那个外设或事件的服务程序，等处理完毕后再返回执行原来终止的程序，叫做中断，如图 2.15 所示。

设置中断的优点：

(1)提高 CPU 工作效率；

(2)具有实时处理功能；

(3)具有故障处理功能；

(4)实现分时操作。

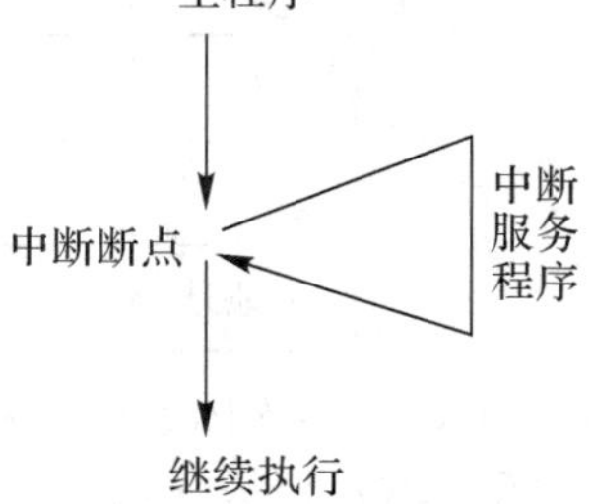

图 2.15　中断示意图

2.4.2　中断源和中断控制寄存器

1. 中断源

中断源是指能发出中断请求，引起中断的装置或事件。MCS－51 单片机的中断源共有 5 个，其中 2 个为外部中断源，3 个为内部中断源：

(1)$\overline{INT0}$：外部中断 0，中断请求信号由 P3.2 输入。

(2)$\overline{INT1}$：外部中断 1，中断请求信号由 P3.3 输入。

(3)T0：定时/计数器 0 溢出中断，对外部脉冲计数由 P3.4 输入。

(4)T1：定时/计数器 1 溢出中断，对外部脉冲计数由 P3.5 输入。

(5)串行中断：包括串行接收中断 RI 和串行发送中断 TI。

2. 中断控制寄存器

MCS－51 单片机中涉及中断控制的有 4 个特殊功能寄存器。

中断请求控制寄存器：定时和外部中断控制寄存器 TCON；串行控制寄存器 SCON；

中断允许控制寄存器 IE；

中断优先级控制寄存器 IP。

下面分别介绍这 4 个特殊功能寄存器。

(1)中断请求控制寄存器。TCON 为定时器/计数器的控制寄存器，字节地址为 88H，可位寻址。其格式见表 2.8。

表 2.8　TCON 格式

	D7	D6	D5	D4	D3	D2	D1	D0
TCON	TF1	—	TF0	—	IE1	IT1	IE0	IT0
位地址	8FH	8EH	8DH	8CH	8BH	8AH	89H	88H

与中断有关的各标志位的功能如下：

TF1：T1 溢出中断请求标志，T1 计数溢出后，TF1＝1。

TF0：T0 溢出中断请求标志，T0 计数溢出后，TF0＝1。

IE1：外中断 1 中断请求标志，当 P3.3 引脚信号有效时，IE1＝1。

IE0：外中断 0 中断请求标志，当 P3.2 引脚信号有效时，IE0＝1。

IT1：外中断 1 触发方式控制位。IT1＝1，边沿触发方式；IT1＝0，电平触发方式。

IT0：外中断 0 触发方式控制位，其意义和功能与 IT1 相似。

SCON 为串行控制寄存器，字节地址为 98H，可位寻址。其格式见表 2.9。

表 2.9 SCON 格式

位	D7	D6	D5	D4	D3	D2	D1	D0
TCON	—	—	—	—	—	—	TI	RI
位地址	—	—	—	—	—	—	99H	98H

SCON 中各标志位的功能如下：

TI：串行口发送中断请求标志；

RI：串行口接收中断请求标志。

(2)中断允许控制寄存器 IE。MCS－51 对中断源的开放或关闭由中断允许控制寄存器 IE 控制。IE 的字节地址为 A8H，可进行位寻址。其格式见表 2.10。

表 2.10 IE 格式

位	D7	D6	D5	D4	D3	D2	D1	D0
IE	EA	—	—	ES	ET1	EX1	ET0	EX0
位地址	AFH	—	—	ACH	ABH	AAH	A9H	A8H

IE 中各标志位的功能如下：

1)EA：CPU 中断允许控制位。

EA＝1，CPU 开放所有中断；

EA＝0，CPU 屏蔽所有的中断请求。

2)ES：串行口中断允许控制位。

ES＝1，允许串行口中断；

ES＝0，禁止串行口中断。

3)ET1：定时器/计数器 T1 中断允许控制位。

ET1＝1，允许 T1 中断；

ET1＝0，禁止 T1 中断。

4)EX1：外中断 1 中断允许控制位。

EX1＝1，允许外部中断 1 中断；

EX1＝0，禁止外部中断 1 中断。

5)ET0：定时器/计数器 T0 中断允许控制位。

ET0＝1，允许 T0 中断；

ET0＝0，禁止 T0 中断。

6)EX0：外中断 0 中断允许控制位。

EX0＝1，允许外部中断 0 中断；

EX0＝0，禁止外部中断 0 中断。

(3)中断优先级寄存器 IP。MCS－51 的中断请求源有两个中断优先级，对于每一个中断请求源可由软件设定为高优先级中断或低优先级中断源，可实现两级中断嵌套，两级中断请求的过程如图 2.16 所示。

由图 2.16 可见，一个正在执行的低优先级中断程序可以被高优先级的中断源所中断，但不能被另一个低优先级的中断源所中断。MCS－51 中断优先控制的基本原则是：高优先级中断可以中断正在响应的低优先级中断源，反之则不能；同优先级中断不能互相中断；同一中断优先级中，若有多个中断源同时请求中断，CPU 将先响应优先权高的中断源，后响应优先权低的中断。

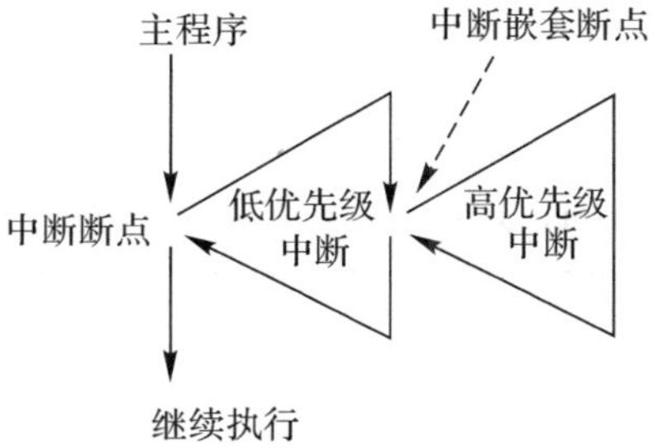

图 2.16　两级中断嵌套

MCS－51 片内有一个中断优先级寄存器 IP，其字节地址为 B8H，可进行位寻址。IP 寄存器的格式见表 2.11。

表 2.11　IP 格式

位	D7	D6	D5	D4	D3	D2	D1	D0
IP	—	—	—	PS	PT1	PX1	PT0	PX0
位地址	—	—	—	BCH	BBH	BAH	B9H	B8H

中断优先级寄存器 IP 各位的功能如下：

1)PS：串行口中断优先级控制位。

PS＝1，串行口定义为高优先级中断；

PS＝0，串行口定义为低优先级中断。

2)PT1：定时器 T1 中断优先级控制位。

PT1＝1，定时器 T1 定义为高优先级中断；

PT1＝0，定时器 T1 定义为低优先级中断。

3)PX1：外部中断 1 中断优先级控制位。

PX1＝1，外部中断 1 定义为高优先级中断；

PX1＝0，外部中断 1 定义为低优先级中断。

4)PT0：定时器 T0 中断优先级控制位。

PT0＝1，定时器 T0 定义为高优先级中断；

PT0＝0，定时器 T0 定义为低优先级中断。

5)PX0：外部中断 0 中断优先级控制位。

PX0＝1，外部中断 0 定义为高优先级中断；

PX0＝0，外部中断 0 定义为低优先级中断。

在同时收到几个同一优先级的中断请求时，哪一个中断请求能优先得到响应，取决于内部的查询顺序。其内部查询顺序见表 2.12。

由表 2.12 可见，各中断源在同一优先级的条件下，外部中断 0 的优先权最高，串行口的优先权最低。

表 2.12　同一优先级的中断响应顺序

中断源	中断级别
外部中断 0	最高
T0 溢出中断	↓
外部中断 1	↓
T1 溢出中断	↓
串行口中断	最低

2.4.3　中断处理过程

中断处理过程可分为四步：中断请求、中断响应、中断服务、中断返回。

(1)中断请求。中断源发出中断请求信号，相应的中断请求标志位置“1”。

(2)中断响应。CPU 查询(检测)到某中断标志为“1”，在满足中断响应条件下，响应中断。

中断响应的条件如下：

1)申请中断的中断允许位=1，即该中断处于允许状态；

2)CPU 此时没有响应同级或更高级的中断；

3)当前正处于所执行指令的最后一个机器周期；

4)正在执行的指令不是 RETI 或者是访向 IE，IP 的指令，否则必须在另外执行一条指令后才能响应。

CPU 响应中断后，进行下列操作：保护断点地址；撤除该中断源的中断请求标志；关闭同级中断；将相应中断的入口地址送入 PC。

各中断源的服务程序入口地址是固定的，见表 2.13。

表 2.13　中断源的服务程序入口地址

中断源	入口地址
外部中断 0	0003H
定时器/计数器 T0	000BH
外部中断 1	0013H
定时器/计数器 T1	001BH
串行口中断	0023H

(3)执行中断服务程序。中断服务程序应包含以下几部分：

1)保护现场；

2)执行中断服务程序主体,完成相应操作;

3)恢复现场。

(4)中断返回。在中断服务程序最后,必须安排一条中断返回指令 RETI,CPU 执行RETI 指令后,自动完成下列操作:

1)恢复断点地址;

2)开放同级中断,以便允许同级中断源请求中断。

若排除 CPU 正在响应同级或更高级的中断情况,中断响应等待时间为 3～8 个机器周期。

2.4.4　中断请求的撤除

中断源发出中断请求,相应的中断请求标志位置"1"。CPU 响应中断后,必须清除中断请求"1"标志。否则中断响应返回后,将再次进入该中断,引起死循环出错。

(1)对定时器/计数器 T0,T1 中断,外中断边沿触发方式,CPU 响应中断时就用硬件自动清除相应的中断请求标志。

(2)对外中断电平触发方式,需要采取软硬件结合的方法消除后果。

(3)对串行口中断,用户应在串行中断服务程序中用软件清除 TI 或 RI。

【例 2.1】 若系统中有多个外部中断请求源,可以按它们的轻重缓急进行排队。0#,1#,2#,3# 四个中断请求均连接到 $\overline{\text{INT0}}$ 上,无论哪一个中断源为低电平,都会使 $\overline{\text{INT0}}$ 变低,究竟是哪一个中断源,可通过程序查询 P1.0～P1.3 的逻辑电平即可知道。外部中断源的扩展接口电路如图 2.17 所示。

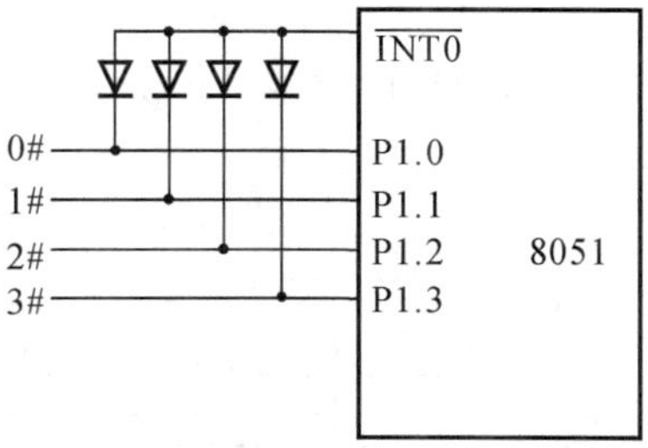

图 2.17　外部中断源的扩展接口电路

外部中断源的扩展程序如下:

```
            ORG   0003H               ;外中断 0 入口地址
            LJMP  INTEX0              ;跳到 INTEX0 执行
INTEX0:     PUSH  PSW                 ;PSW 入堆栈保护
            JNB   P1.0,INTFUN0        ;P1.0 为 0 转 INTFUN0
            JNB   P1.1,INTFUN1        ;P1.1 为 0 转 INTFUN1
            JNB   P1.2,INTFUN2        ;P1.2 为 0 转 INTFUN2
            JNB   P1.3,INTFUN3        ;P1.3 为 0 转 INTFUN3
INTOUT:     POP   PSW                 ;恢复 PSW
            RETI                      ;中断返回
INTFUN0:    ……                        ;0# 中断处理程序
```

```
            ……
            LJMP INTOUT
NTFUN1：    ……                  ；1＃中断处理程序
            ……
            LJMP INTOUT
INTFUN2：   ……                  ；2＃中断处理程序
            ……
            LJMP INTOUT
NTFUN3：    ……                  ；3＃中断处理程序
            ……
            LJMP INTOUT
            END                  ；程序结束
```

从程序可以看出，中断优先级是由查询的顺序决定的。

2.5　MCS－5l 单片机的定时器/计数器

MCS－51 系列单片机有两个可编程的 16 位定时器/计数器。它们可用于定时和外部事件计数，也可以作为串行接口的波特率发生器。

2.5.1　定时器/计数器的结构

MCS－51 单片机有两个 16 位定时器/计数器 T0 和 T1，定时器/计数器的结构如图 2.18 所示。

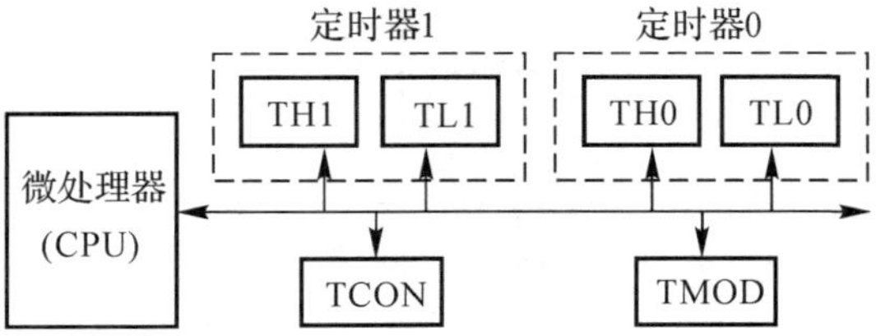

图 2.18　定时器/计数器的内部结构

T0 由特殊功能寄存器 TL0，TH0 构成。T1 由特殊功能寄存器 TLl，THl 构成。特殊功能寄存器 TMOD 用来设定 T0 和 T1 的工作方式，特殊功能寄存器 TCON 用来控制定时器/计数器的运行。通过对 TL0，TH0 和 TLl，THl 的初始化编程，可以设定 T0 和 T1 的计数起始值。对 TMOD 和 TCON 的初始编程可以选择 T0，T1 的工作方式和控制 T0，T1 的计数。两个定时器/计数器都具有定时器和计数器的两种工作方式。

在计数方式时，计数脉冲来自相应的外部输入引脚 P3.4 或 P3.5。当输入信号产生由“1”至“0”的跳变时，特殊功能寄存器（TH0，TL0 或 THl，TLl）的值增 1。外部输入信号的脉冲频率≤1/24 单片机振荡频率。

若工作在定时方式，计数输入信号是内部时钟脉冲，每个机器周期使寄存器的值增 1，故计数速率＝1/12 振荡频率。当采用 12 MHz 晶体振荡器时，计数速率为 1 MHz。

MCS-51 系列单片机设置由两个特殊功能寄存器 TMOD 和 TCON 来进行。

1. 工作方式寄存器——TMOD

工作方式寄存器 TMOD 用于选择定时器/计数器的工作模式和工作方式，它的字节地址为 89H，不能进行位寻址。其格式见表 2.14。

表 2.14　TMOD 格式

TMOD	D7	D6	D5	D4	D3	D2	D1	D0
	GATE	$C/\overline{T}$	M1	M0	GATE	$C/\overline{T}$	M1	M0
	定时器 1				定时器 0			

下面对 TMOD 的各个位作以说明：

(1)GATE——门控位，指 T0，T1 的运行是否受到$\overline{INT0}$和$\overline{INT1}$的控制。

当 GATE=1 时，T0，T1 的运行受到$\overline{INT0}$和$\overline{INT1}$的控制；

当 GATE=0 时，T0，T1 的运行不受$\overline{INT0}$和$\overline{INT1}$的控制，仅由运行控制位 TR0，TR1 来启动定时器/计数器的运行；

复位时，TMOD 的所有位清零。

(2)M1，M0——工作方式选择位。

M1，M0 工作方式选择见表 2.15。

表 2.15　M1，M0 工作方式选择位

M1	M0	工作方式	功　能
0	0	方式 0	13 位定时器/计数器
0	1	方式 1	16 位定时器/计数器
1	0	方式 2	具有自动再装入的 8 位定时器/计数器
1	1	方式 3	定时器 0 分为两个 8 位计数器，定时器 1 关闭

(3)$C/\overline{T}$——定时器/计数器方式选择位。

$C/\overline{T}=0$ 时，为定时器方式；

$C/\overline{T}=1$ 时，为计数器方式，计数器对外部输入引脚 T0(P3.4 脚)或 T1(P3.5 脚)的外部脉冲(负跳变)计数。

2. 定时器控制寄存器——TCON

TCON 的字节地址为 88H，可进行位寻址。TCON 的格式见表 2.16。

表 2.16　TCON 格式

TCON	D7	D6	D5	D4	D3	D2	D1	D0
	TF1	TR1	TF0	TR0	IE1	IT1	IE0	IT0
	T1		T0		与中断有关			

(1)TF1,TF0——T1,T0 计数溢出中断请求标志。

定时器溢出时该位置 1;CPU 响应中断转入中断服务程序时,该位由硬件清零。

(2)TR1,TR0——计数器运行控制位。

由软件设定为“1”,则定时器/计数器工作;

由软件设定为“0”,则定时器/计数器停止工作。

(3)其他 4 位为中断方面内容,在此不作介绍,复位时,TCON 清零。

2.5.2 定时器/计数器的 4 种工作方式

1. 方式 0

当 M1,M0 均为零时,定时器/计数器被设置为工作方式 0,为 13 位计数器,如图 2.19 所示。

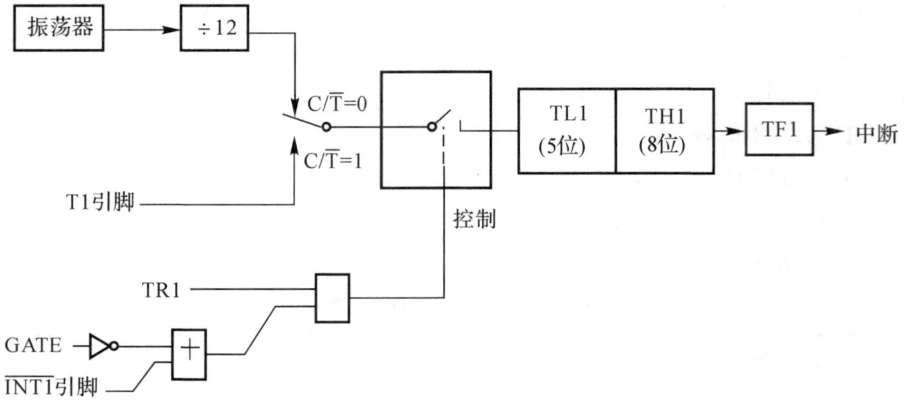

图 2.19 定时器 1 方式 0:13 位计数器

由图 2.19 可见,13 定时器/计数器由 TL0 低 5 位和 TH0 高 8 位组成,TL0 低 5 位计数满时不向 TL0 第 6 位进位,而是向 TH0 进位,13 位计满溢出,TF0 置“1”。

在图 2.19 中,$C/\overline{T}$ 位控制的电子开关决定了定时/计数器的工作模式:

(1) $C/\overline{T}=0$,电子开关打在下面位置,T1 为定时器工作模式,以振荡器的 12 分频后的信号作为计数信号。

(2) $C/\overline{T}=1$,电子开关打在上面位置,T1 为计数器工作模式,计数脉冲为 P3.4,P3.5 引脚上的外部输入脉冲,当引脚上发生负跳变时,计数器加 1。

2. 方式 1

当 M1,M0 为 01 时,定时器/计数器被设置为工作方式 1,为 16 位计数器,方式 1 和方式 0 的差别仅仅在于计数器的位数不同,方式 1 为 16 位计数器,而方式 0 则为 13 位计数器,有关控制方式的含义与方式 0 相同。

3. 方式 2

方式 0 和方式 1 的最大缺点是计数器溢出后,计数器全为 0,因此在循环定时或循环计数应用时就存在反复用软件设置计数初值的问题。这不仅影响定时精度,而且也给程序设计带来麻烦。方式 2 就是针对此问题而设置的。

当 M1,M0 为 10 时,定时器/计数器被设置为工作方式 2,为 8 位自动再装入的定时器/计数器,如图 2.20 所示。

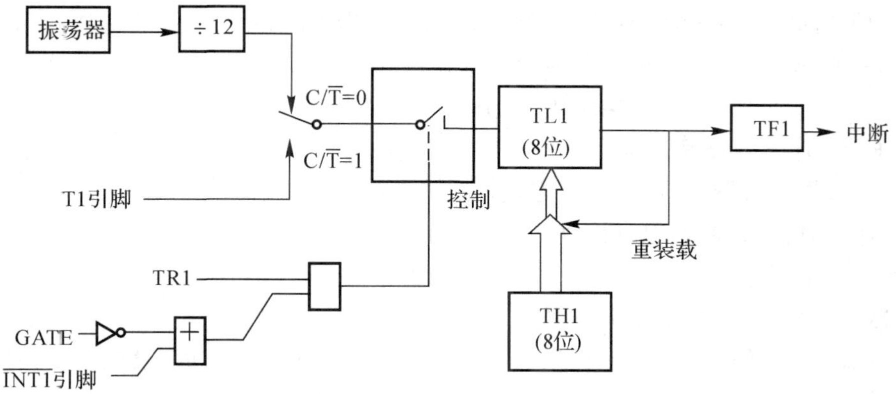

图 2.20　定时器 1 方式 2:8 位自动再装入定时器/计数器

4. 方式 3

当 M1,M0 为 11 时,定时器/计数器被设置为工作方式 3,此时,定时器 0 分为两个 8 位计数器,定时器 1 关闭,各引脚与 T0 的逻辑关系图如图 2.21 所示。

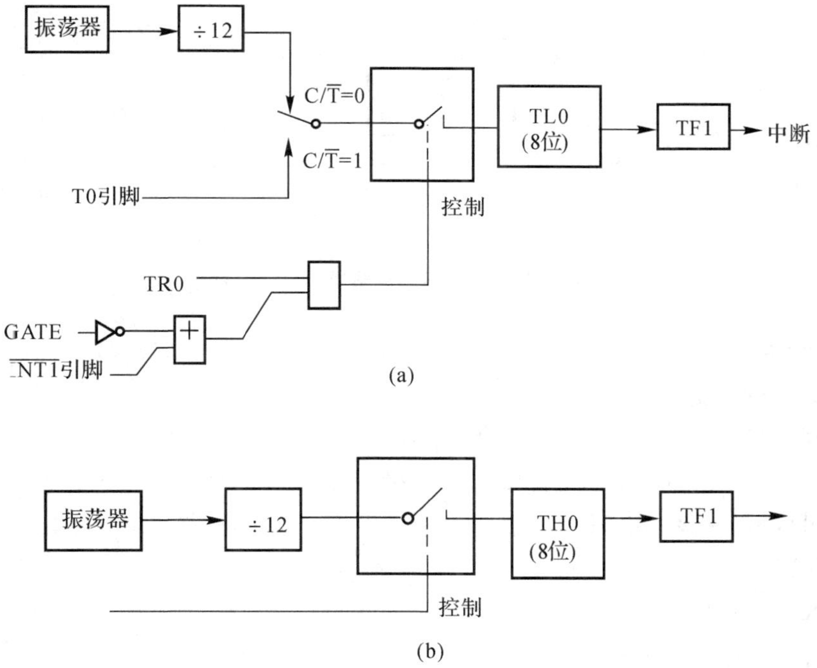

图 2.21　定时器方式 3

(a)TL0 作 8 位定时器/计数器;　(b)TH0 作 8 位定时器

2.5.3　定时器/计数器的应用

1. 计算定时/计数初值

MCS-51 定时/计数器初值计算公式:

$$T_{初值}=2^n-定时时间/机器周期时间$$

式中，n 与工作方式有关。在方式 0 时，$n=13$；在方式 1 时，$n=16$；在方式 2，3 时，$n=8$。

机器周期时间与主振频率有关：机器周期时间 $=12/f_{osc}$。

当 $f_{osc}=12$ MHz 时，1 个机器周期 $=1\ \mu s$；

当 $f_{osc}=6$ MHz 时，1 个机器周期 $=2\ \mu s$。

2. 定时器/计数器应用步骤

(1)合理选择定时器/计数器工作方式；

(2)计算定时器/计数器定时初值；

(3)编制应用程序。

定时器/计数器应用包括以下步骤：

1)定时器/计数器的初始化。它包括定义 TMOD、写入定时初值、设置中断系统、启动定时器/计数器运行等。

2)正确编制定时器/计数器中断服务程序。注意是否需要重装定时初值，若需要连续反复使用原定时时间，且未工作在方式 2，则应在中断服务程序中重装定时初值。

【例 2.2】 利用定时器 T1 的方式 1 产生一个 50Hz 的方波，由 P1.0 输出，已知 $f_{osc}=12$ MHz，采用查询工作方式，试编程。P1.0 引脚上输出的方波波形如图 2.22 所示。

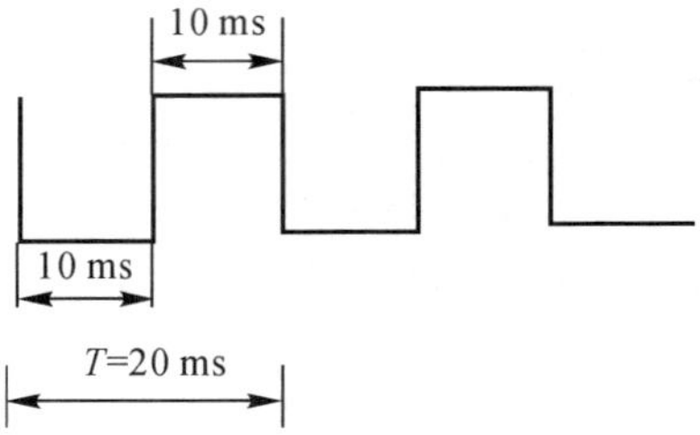

图 2.22 P1.0 输出波形

解 (1)计算定时初值。

机器周期 $=12/f_{osc}=1\ \mu s$

定时时间 $=(1/50)/2=10$ ms $=10\ 000\ \mu s$；

T1 初值 $=2^{16}-10\ 000\ \mu s/1\ \mu s=55\ 536=$ 0D8F0H

TH1＝0D8H，TL1＝0F0H

(2)设置 TMOD。

0 0 01 0000 B＝10H

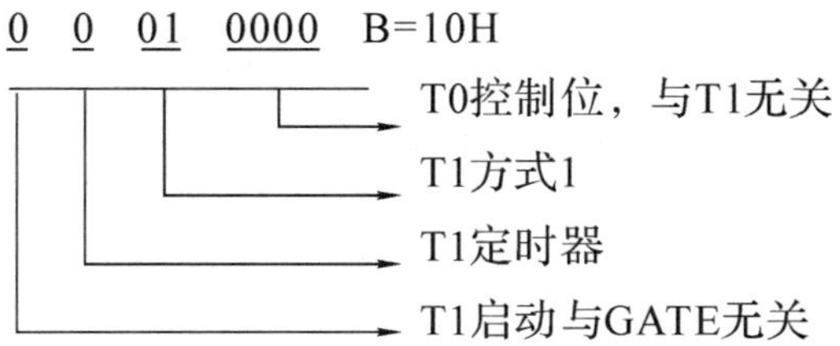

(3)编制程序如下：

```
        MOV     TMOD, #10H      ;置 T1 定时器方式 1
```

```
          SETB    TR1           ;T1 运行
LOOP:     MOV     TL1, #0F0H    ;置定时初值
          MOV     TH1, #0D8H
LOOP1:    JNB     TF1, LOOP1    ;查询 TF1 标志是否为 1,
                                ;如为 1,说明 T1 溢出,则往下执行
          CLR     TF1           ;T1 溢出,清 TF1
          CPL     P1.0          ;P1.0 取反
          SJMP    LOOP
```

【例 2.3】 试设定定时器/计数器 T0 为计数方式 2,当 T0 引脚出现负跳变时,向 CPU 申请中断。

解　当 T0 引脚出现负跳变时,申请中断,可设初值为 0FFH,当第一个低电平来时,即发生溢出中断申请。程序如下:

```
          ORG     0000H         ;主程序入口地址
          LJMP    MAIN          ;跳至 MAIN 执行
          ORG     00BH          ;定时器 T0 溢出中断服务程序入口地址
          LJMP    INTT0         ;跳至中断服务程序 INTTO 执行

MAIN:     MOV     TMOD, #06H    ;T0 为 8 位自动重装初值计数器
          MOV     TL0, #0FFH    ;初值为#0FF
          MOV     TH0, #0FFH
          SETB    ET0           ;允许 T0 溢出中断
          SETB    EA            ;总中断允许开放
          SETB    TR0           ;开启定时器
          AJMP    $             ;等待
INTT0:    CLR     ET0           ;关定时器 T0 中断
          ...                   ;处理程序
          SETB    ET0           ;允许 T0 中断
          END                   ;程序结束
```

【例 2.4】 设一只发光二极管 LED 和 8051 的 P1.0 脚相连。当 P1.0 脚是高电平时,LED 不亮;当 P1.0 脚是低电平时,LED 发亮。编制程序用定时器来实现发光二极管 LED 的闪烁功能。已知单片机系统主频为 12 MHz,设置 LED 每 60 ms 闪烁一次。

解　采用定时器/计数器 0 的工作方式 1,单片机系统主频为 12 MHz。

机器周期时间$=12/f_{osc}=1\ \mu s$

T0 初值$=2^{16}-60\ 000\ \mu s/1\ \mu s=65\ 536-60\ 000=5\ 536=15A0H$

方法一:利用查询方式实现。

```
          ORG     0000H
          AJMP    START         ;转入主程序
          ORG     0030H
```

```
START:  MOV   SP, #60H        ;设置堆栈指针
        MOV   P1, #0FFH       ;关发光二极管 LED(使其灭)
        MOV   TMOD, #01H      ;定时器/计数器 0 工作方式 1
        MOV   TH0, #15H       ;设置定时器初值
        MOV   TL0, #0A0H
        SETB  TR0             ;启动定时器/计数器 0
LOOP:   JBC   TF0, NEXT       ;如果 TF0=1,则清 TF0 并转 NEXT 处
        AJMP  LOOP            ;否则跳转到 LOOP 处运行
NEXT:   CPL   P1.0            ;若 LED 原来灭,P1.0 取反后为亮
                              ;若 LED 原来亮,P1.0 取反后为灭
        MOV   TH0, #15H       ;重置定时器/计数器初值
        MOV   TL0, #0A0H
        AJMP  LOOP            ;返回等待
        END
```

方法二:利用中断方式实现。

```
        ORG   0000H
        AJMP  START           ;转入主程序
        ORG   000BH           ;定时器/计数器 0 的中断服务程序入口地址
        AJMP  TIME0           ;跳转到真正的定时器中断服务程序处
        ORG   0030H
START:  MOV   SP, #60H        ;设置堆栈指针
        MOV   P1, #0FFH       ;关发光二极管 LED(使其灭)
        MOV   TMOD, #01H      ;定时器/计数器 0 工作方式 1
        MOV   TH0, #15H       ;设置定时器初值
        MOV   TL0, #0A0H
        SETB  EA              ;开总中断允许
        SETB  ET0             ;开定时器/计数器 0 中断允许
        SETB  TR0             ;启动定时器/计数器 0
LOOP:   AJMPLOOP              ;循环等待
                              ;定时器/计数器 0 的中断服务程序:
TIME0:  PUSH  ACC             ;将 PSW 和 ACC 推入堆栈保护
        PUSH  PSW
        CPL   P1.0            ;若 LED 原来灭,P1.0 取反后为亮
                              ;反之,P1.0 取反后为灭
        MOV   TH0, #15H       ;重置定时器/计数器初值
        MOV   TL0, #0A0H
        POP   PSW             ;恢复 PSW 和 ACC
```

```
        POP     ACC
        RETI            ;中断返回
        END
```

【例 2.5】 用定时器/计数器测量脉冲信号的频率。

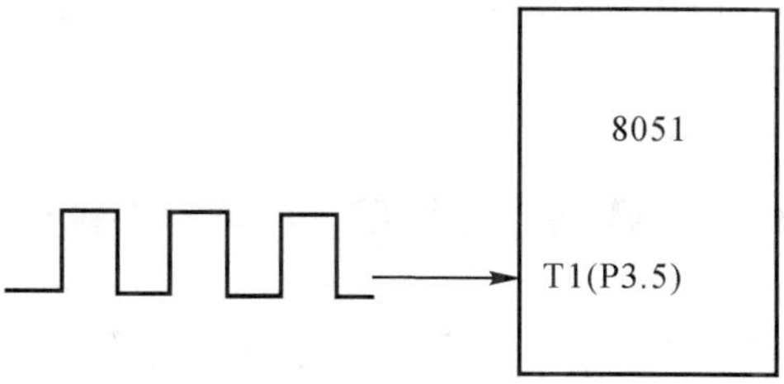

图 2.23　频率测量接口电路

解　如图 2.23 所示，用 T1 作为计数器，T0 作 1 s 定时器，当 1 s 时间到时，将 T1 的计数值移入 70H，71H。T0 定时采用 50 ms，则初值为 65 536－50 000＝15 536＝3CB0H。

程序如下：

```
TESTF：   MOV     TMOD，#51H      ;T0 为 16 位定时器，T1 为 16 位计数器
          MOV     R0，#14H        ;T0 溢出 20 次为 1 ms
          MOV     TL1，#00H       ;清 T1 计数器
          MOV     TH1，#00H       ;清 T1 计数器
          MOV     TL0，#0B0H      ;T0 计数器赋初值
          MOV     TH0，#3CH
          SETB    P3.5            ;P3. 5 端口置输入状态
          SETB    EA              ;开中断总允许
          SETB    ET0             ;允许 T0 溢出中断
          CLR     F0              ;清标志位 F0
LOOP：    JB      P3.5，LOOP      ;等待 P3.5 口低电平脉冲输入
          SETB    TR0             ;1 ms 定时启动
          SETB    TR1             ;脉冲计数开始
WAIT：    JB      F0，TESTEND     ;标志 F0 为 1 时测试结束
          SJMP    WAIT            ;标志 F0 为 0 时等待
TESTEND： RET                     ;测试结束
          ORG     000BH           ;T0 溢出中断服务程序入口地址
          LJMP    INTT0           ;T0 溢出中断服务程序入口
INTT0：   DJNZ    R0，INTOUT      ;T0 溢出不到 20 次转 INTOUT
          CLR     TR1             ;T0 溢出 20 次则关计数器 T1
          CLR     TR0             ;关定时器 T0
          CLR     EA              ;关总中断允许
          CLR     ET0             ;关 T0 中断允许
          MOV     70H，TH1        ;将脉冲个数计数值(高位)移入 70H 地址单元
```

```
         MOV    71H，TL1       ;将脉冲个数计数值(低位)移入71H地址单元
         SETB   F0             ;将标志位F0置1
         RETI                  ;中断返回
INTOUT:  MOV    TL0，#0B0H     ;T0溢出不到20次重装初值
         MOV    TH0，#3CH      ;T0溢出不到20次重装初值
         RETI                  ;中断返回
```

2.6 MCS－51单片机的串行口

MCS－51单片机内部有一个全双工的异步串行口。所谓全双工就是双机之间串行发送、接收数据可同时进行；所谓异步通信，就是收、发双方没有用同一时钟来控制收发双方的同步传送。要传送的串行数据是以数据帧形式一帧一帧地发送，通过传输线由接收数据设备一帧一帧地接收。

2.6.1 串行口的结构

MCS－51单片机串行口的内部结构如图2.24所示。它由物理上独立的发送/接收部分组成，其中发送数据缓冲SBUF与接收数据缓冲SBUF共用一个地址99H。由SCON和PCON进行控制，TXD，RXD进行数据发送与接收。

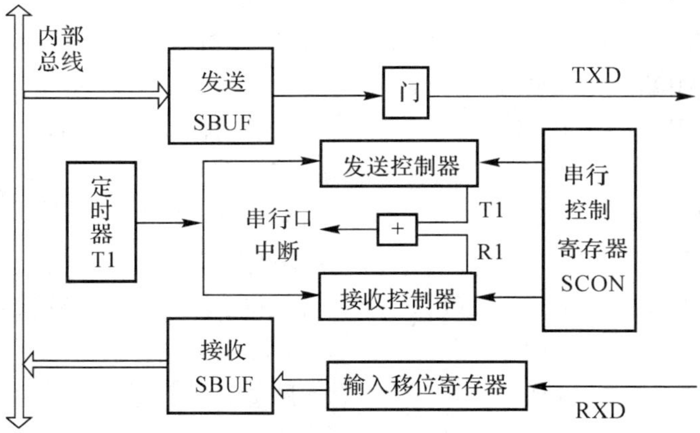

图2.24 串行口的内部结构

MCS－51单片机串行口的控制寄存器共有两个：特殊功能寄存器SCON和PCON。

1. 串行口控制寄存器SCON(98H)

SCON的格式见表2.17。

表2.17 SCON格式

	D7	D6	D5	D4	D3	D2	D1	D0
SCON	SM0	SM1	SM2	REN	TB8	RB8	TI	RI

表2.17中：SM0，SM1为串行口工作方式选择位，功能如表2.18所示。SM2：方式2和3

中多处理器通信使能位。

在方式 0 时，该位必须为“0”；

在方式 1 时，若 SM2=1，则只有收到有效的停止位才会激活 RI；

在方式 2，3 时，若 SM2=1，在收到第 9 位数据(RB8)为“0”时，不激活 RI。

表 2.18　串行口工作方式

SM0	SM1	方　式	功　能	波特率
0	0	0	同步移位寄存器	$f_{osc}/12$
0	1	1	8 位 UART	可变
1	0	2	9 位 UART	$f_{osc}/64$ 或 $f_{osc}/32$
1	1	3	9 位 UART	可变

UART 全称为 Universal Asynchronous Receiver Transmitter。

REN：允许接收位。“1”允许接收，“0”禁止接收。

TB8：发送数据位 8。即方式 2，3 的第 9 位，可作为奇偶位，由软件设置与清除。

RB8：接收数据位 8。在方式 2，3 中为接收的第 9 位数据，在方式 1 中，如果 SM2=0，则作为停止位。方式 0 不用此位。

TI：发送中断标志。硬件置位，软件清除。在方式 0 中，发送完第 8 位数据后由硬件置位；在其他方式中，在发送停止位之前，由硬件置位。

RI：接收中断标志。硬件置位，软件清除。在方式 0 中，接收第 9 位结束，由硬件置位；在其他方式中，在接收停止位的半拍中间，由硬件置位。

系统复位时，SCON 清零。

2. 波特率选择寄存器 PCON(87H)

其中 D7 为 SMOD。若 SMOD=1，波特率比正常设置快 1 倍。

2.6.2　串行口的工作方式

MCS-51 单片机的串行口有四种工作方式，波特率可由软件设置，由片内的定时器/计数器产生。

1. 串行工作方式 0

方式 0 为移位寄存器输入/输出方式，这种方式常应用于移位寄存器的并行 I/O 口的扩展。方式 0 以 8 位数据为一帧，不设起始位和停止位，无论输入/输出，均低位在前，高位在后，波特率为 $f_{osc}/12$，方式 0 的帧格式见表 2.19。

表 2.19　方式 0 的帧格式

……	D0	D1	D2	D3	D4	D5	D6	D7	……

当串行口以方式 0 发送时，发送数据由 RXD 端串行发出，低位在先，高位在后，同步信号由 TXD 端输出，发出数据的波特率为 $f_{osc}/12$。方式 0 可将串行输入/输出数据转换成并行输入/输出数据。通过外接串行输入并行输出的移位寄存器 74LS164，实现“串入并出的变换”，如图 2.25 所示。

在移位时钟脉冲(TXD)的控制下，数据从串行口 RXD 端逐位移入 74LS164 SA 端。8 位数据全部移出后，SCON 寄存器的 TI 位被自动置 1。其后 74LS164 的内容即可并行输出。74LS164 $\overline{CLR}$为清 0 端，输出时$\overline{CLR}$必须为 1，否则 74LS164 的 Q0～Q7 输出为 0。

当串行口以方式 0 接收时，RXD 为数据输入端，TXD 为同步输出端，数据输入波特率为 $f_{osc}/12$。也可外接并行输入串行输出的移位寄存器 74LS165，实现“并入串出”的变换，如图 2.26 所示。

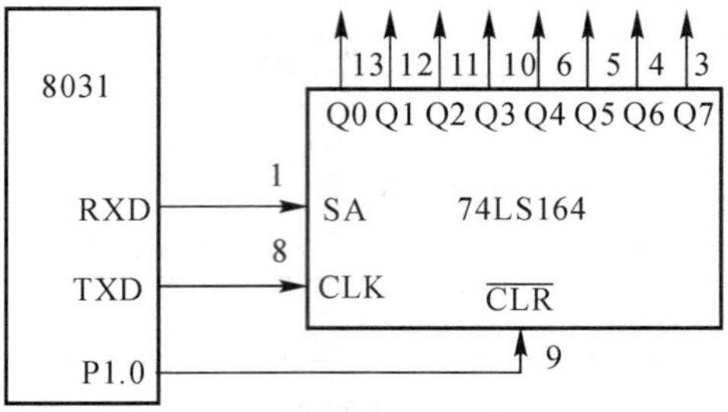

图 2.25　串行口扩展为并行输出口

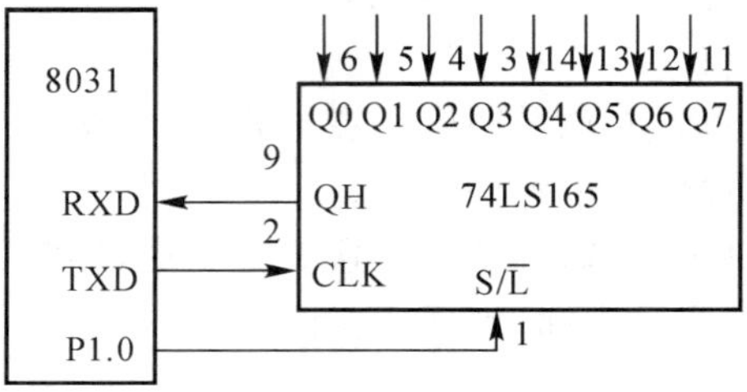

图 2.26　串行口扩展为并行输入口

74LS165 的 S/$\overline{L}$ 端为移位/置入端，当 S/$\overline{L}$=0 时，从 Q0～Q7 并行置入数据，当 S/$\overline{L}$=1 时，允许从 QH 端移出数据。在 8031 串行控制寄存器 SCON 中的 REN=1 时，TXD 端发出移位时钟脉冲，从 RXD 端串行输入 8 位数据。在接收到第 8 位数据 D7 后，置位中断标志 RI，表示一帧数据接收完成。

2. 串行工作方式 1

方式 1 是一帧 10 位的异步串行通信方式，包括 1 个起始位、8 个数据位和 1 个停止位。其帧格式见表 2.20。

表 2.20　方式 1 的帧格式

起始位	D0	D1	D2	D3	D4	D5	D6	D7	停止位

方式 1 发送数据时，只要将数据写入 SBUF，在串行口由硬件自动加入起始位和停止位，构成一个完整的帧格式。然后在移位脉冲的作用下，由 TXD 端串行输出。一帧数据发送完毕，将 SCON 中的 TI 置 1。

方式 1 接收数据时，在 REN=1 前提下，当采样到 RXD 从 1 向 0 跳变状态时，就认定为已接收到起始位。随后在移位脉冲的控制下，将串行接收数据移入 SBUF 中。一帧数据接收完毕，将 SCON 中的 RI 置 1，表示可以从 SBUF 取走接收到的一个字符。

方式 1 波特率可变，由定时/计数器 T1 的计数溢出率来决定。

$$方式1波特率=\frac{2^{SMOD}}{32}\times(定时器1的溢出率)$$

其中 SMOD 为 PCON 寄存器中最高位的值，SMOD=1 表示波特率倍增。

3. 串行工作方式 2

方式 2 是一帧 11 位的串行通信方式，即 1 个起始位、8 个数据位、1 个可编程位 TB8/RB8 和 1 个停止位。其帧格式见表 2.21。

表 2.21　方式 2 的帧格式

起始位	D0	D1	D2	D3	D4	D5	D6	D7	TB8/RB8	停止位

可编程位 TB8/RB8 既可作奇偶校验位用，也可作控制位（多机通信）用，其功能由用户确定。数据发送和接收与方式 1 基本相同，区别在于方式 2 把发送/接收到的第 9 位内容送入 TB8/RB8。

$$方式2波特率=\frac{2^{SMOD}}{64}\times(振荡器频率)$$

4. 串行工作方式 3

方式 3 同样是一帧 11 位的串行通信方式，其通信过程与方式 2 完全相同，所不同的仅在于波特率。方式 2 的波特率只有固定的两种，而方式 3 的波特率则与方式 1 相同，即通过设置 TI 的初值来设定波特率。

$$方式3波特率=\frac{2^{SMOD}}{32}\times(定时器1的溢出率)$$

5. 串行口四种工作方式的比较

串行口四种工作方式的区别主要表现在帧格式及波特率两个方面。表 2.22 对四种工作方式分别进行了比较。

表 2.22　四种工作方式比较

工作方式	帧格式	波特率
方式 0	8 位全是数据位，没有起始位、停止位	固定，即每个机器周期传送一位数据
方式 1	10 位，其中 1 位起始位、8 位数据位、1 位停止位	不固定，取决于 TI 溢出率和 SMOD
方式 2	11 位，其中 1 位起始位、9 位数据位、1 位停止位	固定，即 $2^{SMOD}\times f_{osc}/64$
方式 3	同方式 2	同方式 1

【例 2.6】　设有一个多机分布式系统，其中有一个 8031 系统为主机，另外 3 个 8031 应用系统为从机，不考虑口驱动时，实现主机与从机的通信，多机系统通信如图 2.27 所示。

从机的地址分别定义为 00H，01H，02H 等。从机系统由初始化程序将串行口编程为方式 2 或方式 3 接收，即 9 位异步通信方式。且置 SM2=1 和 REN=1，允许串行口中断。在主机和某一从机通信之前，先将从机地址发送给各个从机系统，接着才传送数据和命令，主机发出的地址信息的第 9 位为 1，数据（包括命令）信息的第 9 位为 0。当主机向各个从机发送地址时，各从机的 8031 串行口接收到的第 9 位信息 RB8 均为“1”，置中断标志 RI=1，各从机 8031

响应中断,执行中断服务程序,判断主机送来的地址是否和本系统地址相等。若为本机地址,则使 SM2 清零以准备接收主机的数据或命令;若地址不一致,则保持 SM2=1 的状态。接着主机发送数据,此时,各从机串行口接收到的 RB8 均为“0”。只有前面地址相等的从机系统(SM2 已清零)激活中断标志 RI,转入中断程序,接收主机的数据或执行主机的命令,实现和主机的信息传送。其余的从机系统因为 SM2 保持为 1,且 RB8=0,不激活中断标志,所接收的数据丢失不作处理,从而实现主机和从机的一对一通信。图 2.27 所示的多机系统是主从式,由主机控制处理器之间的通信,从机和从机之间的通信只能经主机才能实现。

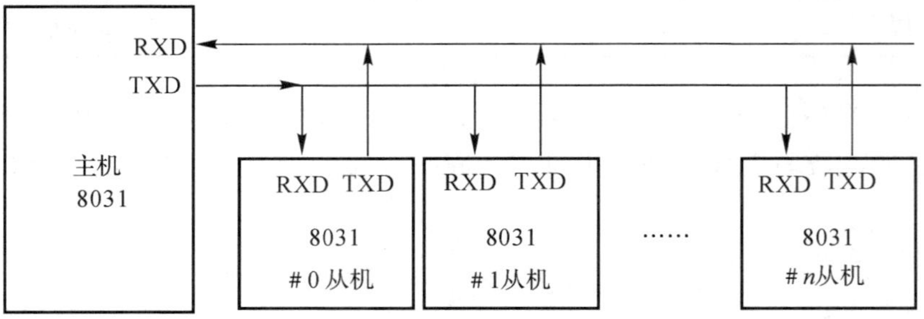

图 2.27　多机系统示意图

【例 2.7】 两个 MCS-51 单片机采用方式 1 进行双机串行通信。发送和接收双方均采用6 MHz的晶振,波特率为 2 400,每一帧信息为 10 位,第 0 位为起始位,1~8 位为数据位,最后 1 位为停止位。发送方把以 78H,77H 单元的内容为首地址,以 76H,75H 单元内容减 1 为末地址的数据块内容通过串行口发送给接收方。

发送方要发送的数据块的地址为 2000H~201FH。发送时先发送地址帧,再发送数据帧;接收方在接收时使用一个标志位来区分接收的数据是地址还是数据,然后将其分别存放到指定的单元中。发送方可采用查询方式或中断方式发送数据,接收方采用中断或查询方式接收数据。下面仅介绍采用中断方式的发送、接收数据。

(1)甲机发送数据。

中断方式的发送程序如下:

```
            ORG     0000H
            LJMP    MAIN
            ORG     0023H
            LJMP    COM_INT
            ORG     1000H
MAIN:       MOV     SP, #53H           ;设置堆栈指针
            MOV     78H, #20H          ;设置要发送的数据块的首、末地址
            MOV     77H, #00H
            MOV     76H, #20H
            MOV     75H, #40H
            ACALL   TRANS              ;调用发送子程序
            SJMP    $
TRANS:      MOV     TMOD, #20H         ;设置定时器/计数器工作方式
            MOV     TH1, #0F3H         ;设置计数器初值
            MOV     TL1, #0F3H
```

```
          MOV     PCON, #80H        ;波特率加倍
          SETB    TR1               ;开计数器
          MOV     SCON, #40H        ;设置串行口工作方式
          MOV     IE, #00H          ;先关闭中断,利用查询方式发送地址帧
          CLRF0
          MOV     SBUF, 78H         ;发送首地址高 8 位
WAIT1:    JNBTI, WAIT1
          CLRTI
          MOV     SBUF, 77H         ;发送首地址低 8 位
WAIT2:    JNB     TI, WAIT2
          CLR     TI
          MOV     SBUF, 76H         ;发送末地址高 8 位
WAIT3:    JNB     TI, WAIT3
          CLR     TI
          MOV     SBUF, 75H         ;发送末地址低 8 位
WAIT4:    JNB     TI, WAIT4
          CLR     TI
          MOV     IE, #90H          ;打开中断允许寄存器,采用中断方式发送数据
          MOV     DPH, 78H
          MOV     DPL, 77H
          MOVX    A, @DPTR
          MOV     SBUF, A           ;发送首个数据
WAIT:     JNB     F0, WAIT          ;发送等待
          RET
COM_INT:  CLR     TI                ;关发送中断标志位 TI
          INC     DPTR              ;数据指针加 1,准备发送下个数据
          MOV     A, DPH            ;判断当前被发送的数据的地址是否是末
                                     地址
          CJNE    A, 76H, END1      ;不是末地址则跳转
          MOV     A, DPL            ;同上
          CJNE    A, 75H, END1
          SETB    F0                ;数据发送完毕,置 1 标志位
          CLR     ES                ;关串行口中断
          CLR     EA                ;关中断
          RET                       ;中断返回
END1:     MOVX    A, @DPTR          ;将要发送的数据送累加器,准备发送
          MOV     SBUF, A           ;发送数据
          RETI    ;中断返回
          END
```

(2)乙机接收程序。

中断方式的接受程序如下:

```
          ORG     0000H
          LJMP    MAIN
          ORG     0023H
          LJMP    COM_INT
          ORG     1000H
MAIN:     MOV     SP, #53H          ;设置堆栈指针
          ACALL   RECEI             ;调用接收子程序
          SJMP    $
RECEI:    MOV     R0, #78H          ;设置地址接收区
          MOV     TMOD, #20H        ;设置定时器/计数器工作方式
          MOV     TH1, #0F3H        ;设置波特率
          MOV     TL1, #0F3H
          MOV     PCON, #80H        ;波特率加倍
          SETB    TR1               ;开计数器
          MOV     SCON, #50H        ;设置串行口工作方式
          MOV     IE, #90H          ;开中断
          CLR     F0                ;清标志位
          CLR     7FH
WAIT:     JNB     7F, WAIT          ;查询标志位等待接收
          RET
COM_INT:  PUSH    DPL               ;压栈,保护现场
          PUSH    DPH
          PUSH    ACC
          CLR     RI                ;清接收中断标志位
          JB      F0, R_DATA        ;判断接收的是数据还是地址,F0=0 为地址
          MOV     A, SBUF           ;接收数据
          MOV     @R0, A            ;将地址帧送指定的寄存器
          DEC     R0
          CJNE    R0, #74H, RETN
          SETB    F0                ;置位标志位,地址接收完毕
RETN:     POP     ACC               ;出栈,恢复现场
          POP     DPH
          POP     DPL
          RETI                      ;中断返回
R_DATA:   MOV     DPH, 78H          ;数据接收程序区
          MOV     DPL, 77H
          MOV     A, SBUF           ;接收数据
          MOVX    @DPTR, A          ;送入指定的数据存储单元中
          INC     77H               ;地址加 1
          MOV     A, 77H            ;判断当前接收的数据地址是否应向高 8 位进位
          JNZ     END2
```

```
          INC     78H
END2:     MOV     A, 76H
          CJNE    A, 78H, RETN     ;判断是否为最后一帧数据,不是则继续
          MOV     A, 75H
          CJNE    A, 77H, RETM     ;是最后一帧数据则清各种标志位
          CLR     ES
          CLR     EA
          SETB    7FH
          SJMP    RETN
          END
```

2.7　MCS-51 单片机的扩展技术

单片机最小应用系统体积小、成本低,但在许多情况下,如构成一个智能仪器仪表系统,单片机最小应用系统常常不能满足要求,因此需要进行扩展。

单片机的扩展主要有以下几个方面:程序存储器的扩展、数据存储器的扩展、外围输入/输出接口扩展、定时器/计数器扩展、中断系统扩展。

本节主要介绍 MCS-51 单片机外部存储器的扩展。单片机的扩展主要是通过三总线结构进行的,包括:

(1)地址总线(AB):其用于传送单片机发出的地址信号,以便进行存储单元和 I/O 口端口的选择。

(2)数据总线(DB):其用于单片机与存储器或单片机与 I/O 之间传送数据。

(3)控制总线(CB):其为一组控制信号线,包括单片机发出的,以及从其他部件传送给单片机的。

图 2.28 为 MCS-51 的系统扩展结构。由图 2.28 可以看出,扩展是通过系统总线进行的,通过总线把 MCS-51 单片机与各扩展部件连接起来,并进行数据、地址和控制信号的传送。

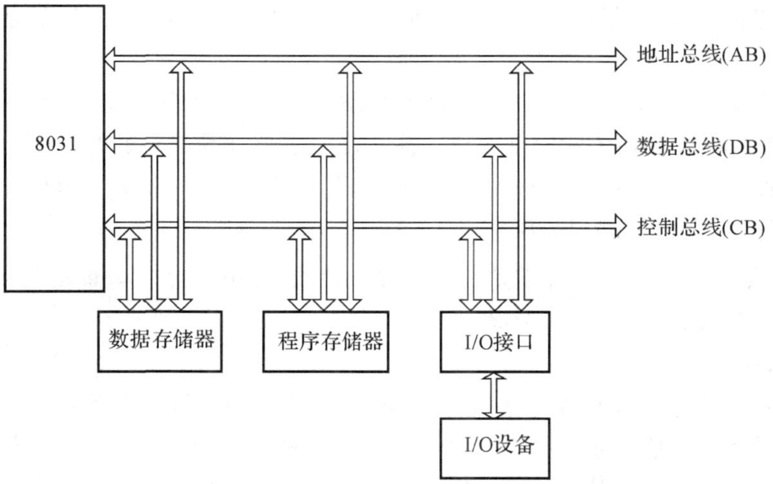

图 2.28　MCS-51 的系统扩展结构

2.7.1 程序存储器扩展

8031 单片机扩展一芯片 2732 程序存储器电路,如图 2.29 所示。

下面对所用芯片以及连线加以说明。

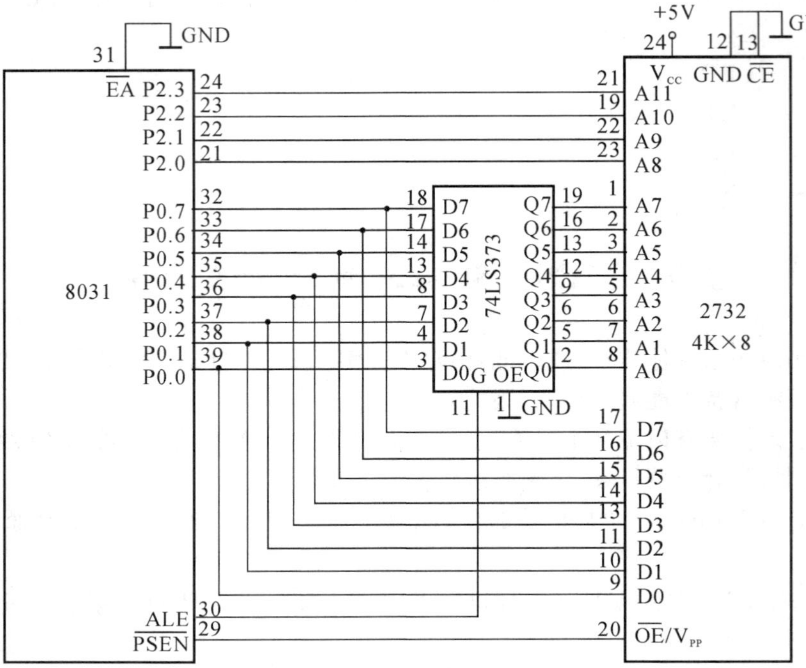

图 2.29 8031 与 2732 接口电路

(1)芯片说明。

1)74LS373。74LS373 是带三态缓冲输出的 8D 锁存器,由于单片机的三总线结构中,数据线与地址线的低 8 位共用 P0 口,因此必须用地址锁存器将地址信号和数据信号区分开。74LS373 的锁存控制端 G 直接与单片机的锁存控制信号 ALE 相连,在 ALE 的下降沿锁存低 8 位地址。

2)EPROM 2732。EPROM 2732 的容量为 4K×8 位。4K 表示有 4×1 024 个存储单元,8 位表示每个单元存储数据的宽度是 8 位。前者确定了地址线的位数是 12 位(A0～A11),后者确定了数据线的位数是 8 位,2732 采用单一+5V 供电。A0～A11 为地址线;D0～D7 为数据线;$\overline{OE}/V_{PP}$为输出允许/编程高压。

除了 12 条地址线和 8 条数据线之外,$\overline{CE}$为片选线,低电平有效。也就是说,只有当$\overline{CE}$为低电平时,2732 才被选中,否则 2732 不工作。

(2)连线说明。

1)地址线。单片机扩展片外存储器时,地址是由 P0 和 P2 口提供的。图 2.29 中,2732 的 12 条地址线(A0～A11)中,低 8 位 A0～A7 通过锁存器 74LS373 与 P0 口连接,高 4 位 A8～A11 直接与 P2 口的 P2.0～P2.3 连接,P2 口本身有锁存功能。注意,锁存器的锁存使能端 G 必须和单片机的 ALE 管脚相连。

2)数据线。2732 的 8 位数据线直接与单片机的 P0 口相连。因此,P0 口是一个分时复用的地址/数据线。

3)控制线。

ALE 用于低 8 位地址锁存控制。

$\overline{PSEN}$为片外程序存储器“读选通”控制信号，$\overline{PSEN}$接外扩 EPROM 的$\overline{OE}$引脚。

$\overline{EA}$为片内、片外程序存储器访问的控制信号。当$\overline{EA}=0$ 时，访问片外程序存储器；当$\overline{EA}=1$时，访问片内程序储存器。

(3)扩展程序存储器地址范围的确定。单片机扩展存储器的关键是搞清楚扩展芯片的地址范围，8031 最大可以扩展 64 KB(0000H～FFFFH)。决定存储器芯片地址范围的因素有两个：一个是片选端的连接方法，一个是存储器芯片的地址线与单片机地址线的连接。在确定地址范围时，必须保证片选端为低电平。

单片机扩展 16 KB 外部程序存储器 27128A EPROM 的硬件电路如图 2.30 所示。

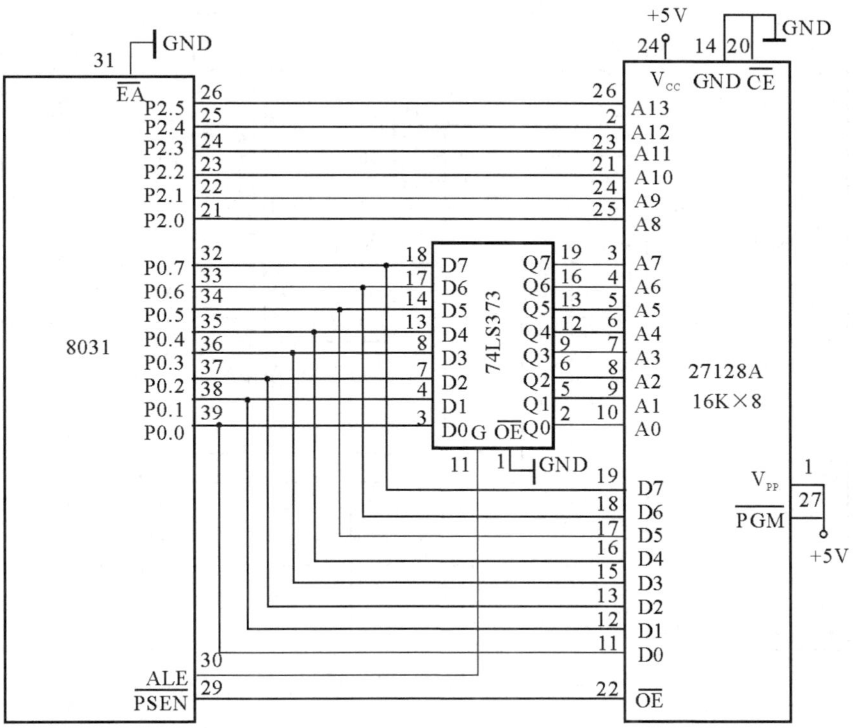

图 2.30　8031 与 27128A 的接口电路

2.7.2　数据存储器扩展

RAM 是用来存放各种数据的，MCS－51 系列 8 位单片机内部有 128 B 的 RAM，CPU 对内部 RAM 具有丰富的操作指令。但是，当单片机用于实时数据采集或处理大批量数据时，仅靠片内提供的 RAM 是远远不够的，因此必须扩展外部数据存储器。常用的外部数据存储器有静态 RAM(Static Random Access Memory，SRAM)和动态 RAM(Dynamic Random Access Memory，DRAM)两种。在单片机应用系统中，外扩的数据存储器都采用静态数据存储器，因此这里仅讨论 SRAM 与 MCS－51 单片机的接口。

MCS-51单片机扩展片外数据存储器的地址线也是由P0口和P2口提供的，因此最大寻址范围为64 KB(0000H～FFFFH)。一般情况下，SRAM用于仅需要小于64 KB数据存储器的小系统。

单片机扩展数据存储器常用的SRAM芯片有6116(2K×8位)、6264(8K×8位)、62128(16K×8位)、62256(32K×8位)等。

8031单片机扩展一芯片6116数据存储器电路如图2.31所示。

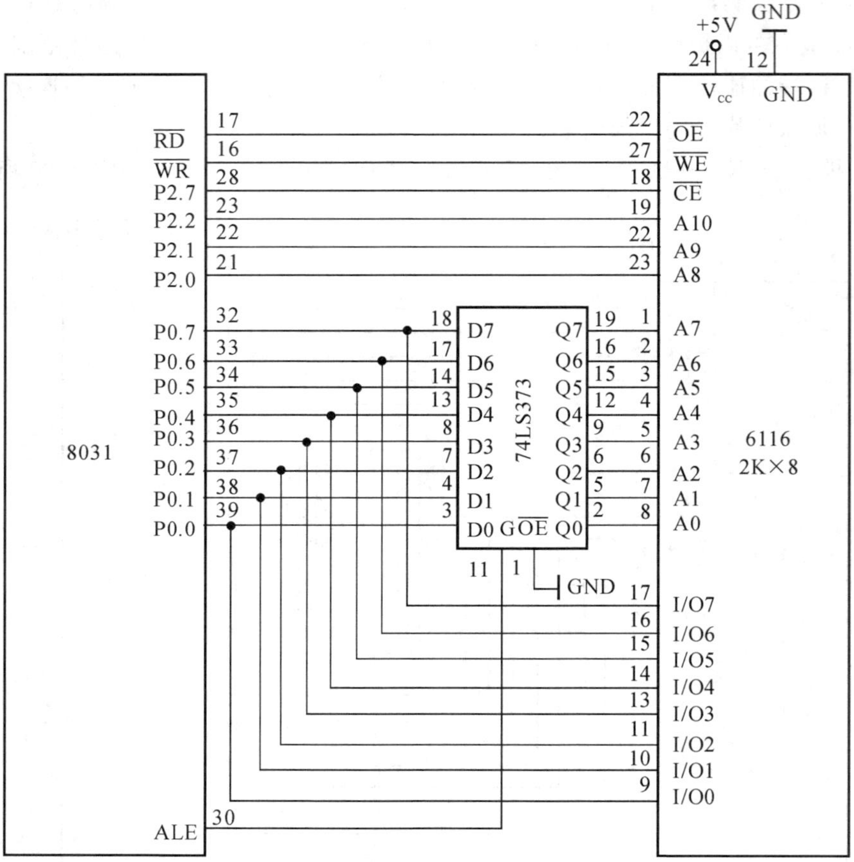

图2.31　8031与6116接口电路

下面对所用芯片以及连线加以说明。

1. 芯片说明

SRAM 6116是一种采用CMOS工艺制成的SRAM，采用单一+5V供电，输入/输出电平均与TTL兼容，具有低功耗操作方式。6116的管脚与EPROM 2716管脚兼容，管脚如图2.32所示。

6116有11条(A0～A10)地址线；8条(I/O0～I/O7)双向数据线；$\overline{CE}$为片选线，低电平有效；$\overline{WE}$为写允许线，低电平有效；$\overline{OE}$为读允许，低电平有效。6116的操作方式见表2.23。

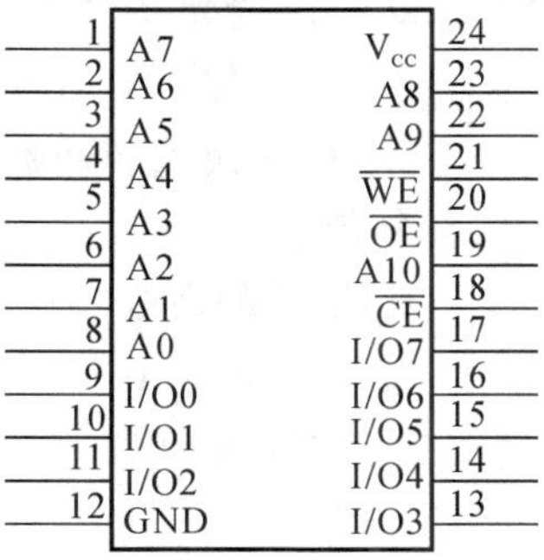

图 2.32　芯片 6116 管脚图

表 2.23　6116 的操作方式

$\overline{CE}$	$\overline{OE}$	$\overline{WE}$	方　式	I/O0～I/O7
H	×	×	未选中	高　阻
L	L	H	读	O0～O7
L	H	L	写	I0～I7
L	L	L	写	I0～I7

2. 连线说明

扩展数据存储器同扩展外部程序存储器一样，由 P2 口提供高 8 位地址，P0 口分时提供低 8 位地址和 8 位双向数据总线。片外 SRAM 的读和写由 8031 的$\overline{RD}$，$\overline{WR}$控制，片选端$\overline{CE}$由地址译码器的译码输出控制。

3. 片外 RAM 地址范围的确定

按照图 2.31 所示的连线，片选端直接与某一地址线 P2.7 相连，这种扩展方法称为线选法。显然，只有 P2.7＝0，才能够选中该片 6116，故其地址范围确定如下：

如果与 6116 无关的管脚取 0，那么，6116 的地址范围是 0000H～07FFH；如果与 6116 无关的管脚取 1，那么，6116 的地址范围是 7800H～7FFFH。这说明只要保证 P2.7＝0，6116 芯片都处于选中状态，而 6116 片内的具体操作地址则由 11 条地址线（A0～A10）确定。这虽然可以节省地址选择所需的译码器，但编程时要注意实际的操作地址空间。

2.7.3　采用 8255 扩展 I/O 口

可编程的接口芯片是指其功能可由微处理机的指令来加以改变的接口芯片，利用编程的方法，可以使一个接口芯片执行不同的接口功能。目前 MCS－51 单片机常用的两种接口芯片是 8255 以及 8155，本节主要介绍 8255 芯片在 MCS－51 单片机中的使用。

8255 和 MCS－51 相连，可以为外设提供三个 8 位的 I/O 端口：A 口、B 口和 C 口，三个端口的功能完全由编程来决定。

1. 8255 的内部结构和引脚排列

图 2.33 为 8255 的内部结构和引脚图。

(1)A 口、B 口和 C 口。A 口、B 口和 C 口均为 8 位 I/O 数据口，但结构上略有差别。A 口由一个 8 位的数据输出缓冲/锁存器和一个 8 位的数据输入缓冲/锁存器组成。B 口由一个 8 位的数据输出缓冲/锁存器和一个 8 位的数据输入缓冲器组成。三个端口都可以和外设相连，分别传送外设的输入/输出数据或控制信息。

(2)A，B 组控制电路。这是两组根据 CPU 的命令字控制 8255 工作方式的电路。A 组控制 A 口及 C 口的高 4 位，B 组控制 B 口及 C 口的低 4 位。

(3)数据缓冲器。这是一个双向三态 8 位的驱动口，用于和单片机的数据总线相连，传送数据或控制信息。

(4)读/写控制逻辑。这部分电路接收 MCS－51 送来的读/写命令和选口地址，用于控制对 8255 的读/写。

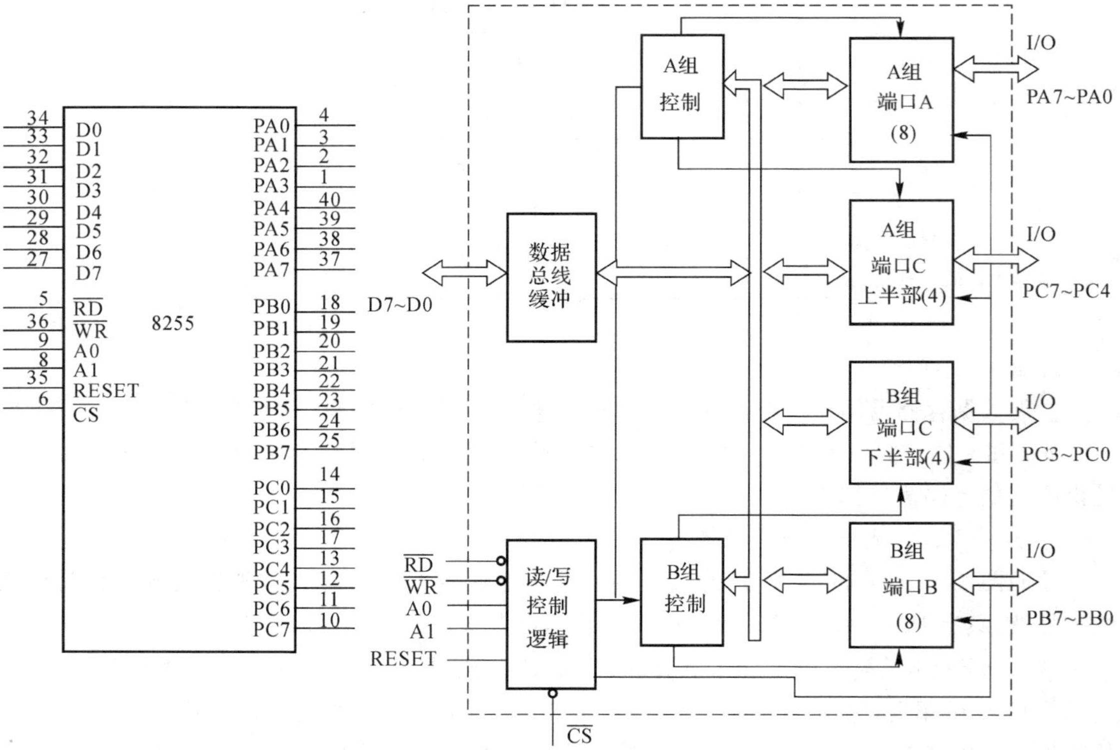

图 2.33　8255 的内部结构和引脚图

2. 引脚

(1)数据线(8 条)。D0～D7 为数据总线，用于传送 CPU 和 8255 之间的数据、命令和状态字。

(2)控制线和寻址线(6 条)。

RESET：复位信号，输入，高电平有效。一般和单片机的复位相连，复位后，8255 所有内部寄存器清 0，所有口都为输入方式。

$\overline{RD}$，$\overline{WR}$：读/写信号线，输入，低电平有效。当$\overline{RD}$为 0 时(平常为 1)，所选的 8255 处于读状态，8255 送出信息到 CPU；当$\overline{WR}$为 0 时(平常为 1)，所选的 8255 处于写状态，CPU 送出信息到 8255。

$\overline{CS}$：片选线，输入，低电平有效。

A1，A0：地址输入线。当$\overline{CS}$=0 时，芯片被选中时，这两位的 4 种组合 00，01，10，11 分别用于选择 A，B，C 口和控制寄存器。

(3)I/O 口线(24 条)。PA0～PA7，PB0～PB7，PC0～PC7 为 24 条双向三态 I/O 总线，分别与 A，B，C 口相对应，用于 8255 和外设之间传送数据。

(4)电源线(2 条)。V_{CC}为+5 V，GND 为地线。

3．8255 的控制字

8255 的三个端口具体工作在什么方式下，是通过 CPU 对控制口的写入控制字来决定的。8255 有两个控制字：方式选择控制字和 C 口置位/复位控制字。用户通过程序把这两个控制字送到 8255 的控制寄存器(A0A1=11)，这两个控制字以 D7 来作为标志。

(1)方式选择控制字。方式选择控制字的格式和定义如图 2.34(a)所示。

(2)C 口置位/复位控制字。C 口置位/复位控制字的格式和定义如图 2.34(b)所示。C 口具有位操作功能，把一个置位/复位控制字送入 8255 的控制寄存器，就能将 C 口的某一位置 1 或清 0 而不影响其他位的状态。

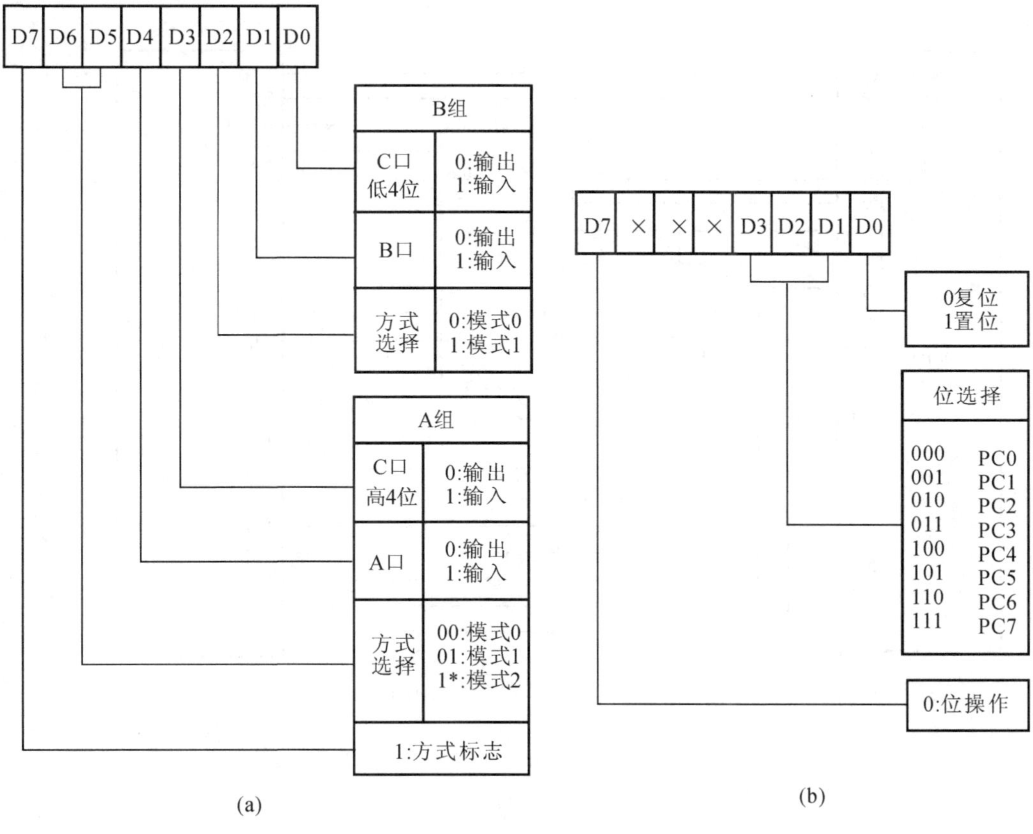

图 2.34　8255 控制字的格式和定义

4．8255 的工作方式

8255 有三种工作方式：方式 0、方式 1、方式 2。方式的选择是通过上述写控制字的方法来完成的。

(1)方式 0。方式 0 是一种基本的输入/输出方式。在这种方式下,三个端口都可以由程序设置为输入或者输出。方式 0 的基本功能如下:

1)具有两个 8 位端口(A,B)和两个 4 位端口(C 口的上半部分和 C 口的下半部分);

2)任何一个端口都可以设定位输入和输出;

3)数据输出时锁存,输入时不锁存。

(2)方式 1。方式 1 是一种选通式输入/输出工作方式。A 口和 B 口皆可独立地设置成这种工作方式。在方式 1 下,8255A 的 A 口和 B 口通常用于传送和它们相连外设的 I/O 数据,C 口用作 A 口和 B 口的应答联络线,以实现中断方式传送 I/O 数据。

(3)方式 2。方式 2 只有 A 口才能设定。在方式 2 下,PA7~PA0 为双向 I/O 总线。

方式 2 特别适应于像键盘、显示终端一类外部设备,因为有时需要把键盘上输入的编码信号通过 A 口送给 CPU,有时又需要把数据通过 A 口送给终端显示。

如图 2.35 所示是 8051 单片机扩展 8255A 的电路图。图中,74LS373 是地址锁存器,8255A 的地址线 A1,A0 经 74LS373 接于 P0.1,P0.0;片选端$\overline{CS}$经 74LS373 与 P0.7 接通,其他地址线悬空;8255A 的$\overline{RD}$,$\overline{WR}$直接接于 8051 的$\overline{RD}$,$\overline{WR}$端;数据线 D0~D7 接于 P0.0~P0.7。

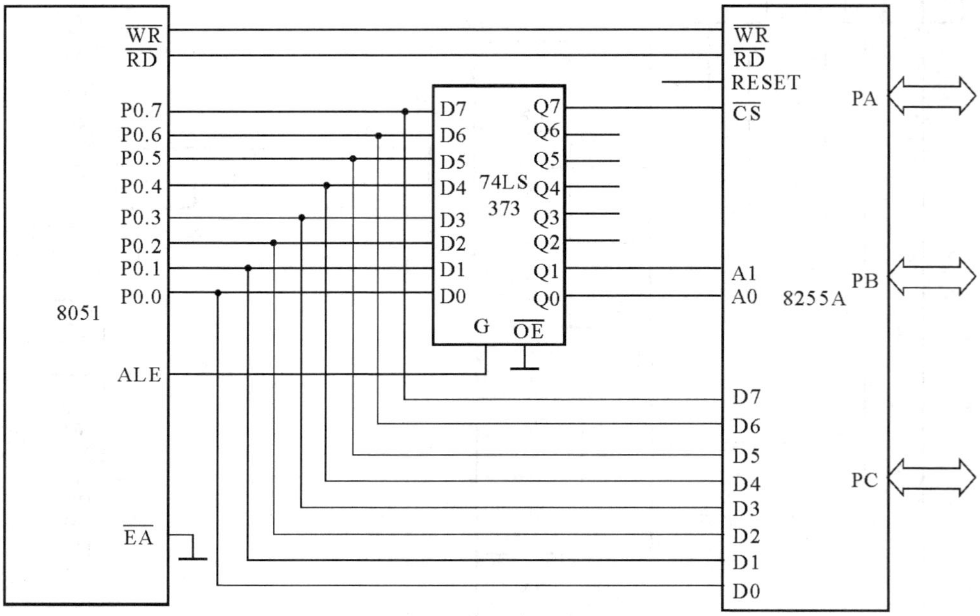

图 2.35 8031 和 8255A 的接口电路

习 题 2

1. MCS-51 单片机内部包含哪些主要逻辑部件?

2. MCS-51 单片机有几种基本寻址方式?试分别介绍。

3. 什么叫做中断?中断处理过程分为哪些部分?

4. 某一以 8031 单片机为主机的系统拟采用一片 2732A EPROM 和一片 6116 RAM 芯片

扩展成 4 KB 程序存储器和 2 KB 数据存储器。请设计硬件电路结构图，并给出芯片的寻址范围。

5. 简述 MCS－51 单片机内部 RAM 的空间分配。说明访问 RAM、外部数据存储器和程序存储器有什么区别。

6. 利用定时器 1 的定时方式 0 产生一个 100 Hz 的方波，方波由 P1.1 输出，试编写汇编语言程序。设晶振频率为 12 MHz，程序采用查询方式。

第 3 章　智能仪器的输入/输出通道及数据采集

3.1　概　　述

在智能仪器的应用系统中，控制和测量对象的变量，往往是一些连续变化的模拟量，如温度、压力、流量、速度等。这种模拟量信号经过各种传感器变换成为模拟电压信号，但模拟电压信号无法直接输入到数字计算机中，必须首先转换为计算机能处理的数字信号。与输入相对应，计算机的处理结果，也常常需要转换为模拟信号。因此，在智能仪器中，微处理机系统与外部的信号转换和传输是由输入/输出通道完成的。实现模拟量转换成数字量的器件称为模数转换器(ADC)，数字量转换成模拟量的器件称为数模转换器(DAC)。

模拟量输入/输出通道的基本结构如图 3.1 所示，包括传感器、信号调理电路、采样/保持器、A/D 转换器、微处理器、D/A 转换器。

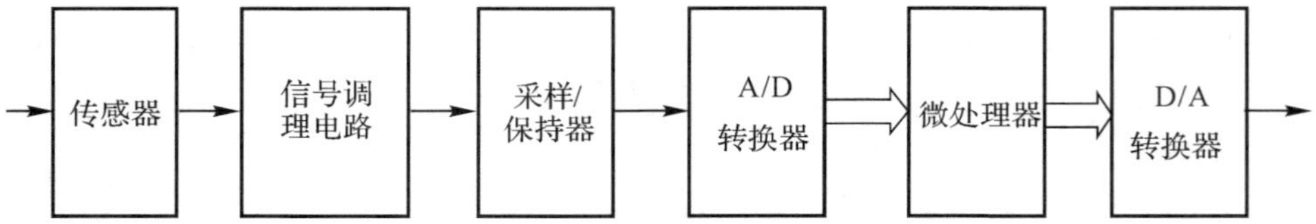

图 3.1　模拟量输入/输出通道基本结构

各个模块的功能如下：

(1)传感器：用于获取被测信息，将外部的各种非电量转换成电量的转换装置。

(2)信号调理电路：由于经过传感器变换后输出的模拟电压信号一般很微弱，而且含有噪声，需要经过调理电路放大、滤波并调节到适合于后级电路转换的电平范围内。

(3)采样/保持器：在指定的时刻对输入信号进行采样，并由保持电路把采样信号保持下来，变成为时间离散信号。

(4)A/D 转换器：经采样保持后的信号输入到 A/D 转换器，转换成数字信号，然后由接口电路输入到计算机中。

(5)微处理器：计算机将输入的数字信号经过处理，再经过接口电路输出到 D/A 转换器中。

(6)D/A 转换器：把计算机输出的数字信号再转换成模拟信号，输出到外部进行各种控制。

3.2 传　感　器

传感器(sensor/transducer)是指“能感受规定的被测量并按照一定的规律转换成可用信号的器件或装置，通常由敏感元件和转换元件组成”。传感器是一种检测装置，能感受到被测量的信息，并能将检测感受到的信息，按一定规律变换成为电信号或其他所需形式的信息输出，以满足信息的传输、处理、存储、显示、记录和控制等要求。它是实现自动检测和自动控制的首要环节。

3.2.1　传感器的分类

传感器的种类繁多，可按转换原理、用途、输出信号分类方法进行分类。

(1)根据传感器工作原理，可分为物理传感器和化学传感器两大类。

物理传感器应用的是物理效应，如压电效应，磁致伸缩现象，离化、极化、热电、光电、磁电等效应，被测信号量的微小变化都将转换成电信号。

化学传感器包括那些以化学吸附、电化学反应等现象为因果关系的传感器，被测信号量的微小变化也将转换成电信号。

(2)按照其用途，传感器可分类为压力敏和力敏传感器、位置传感器、液面传感器、能耗传感器、速度传感器、热敏传感器、加速度传感器、射线辐射传感器、振动传感器、湿敏传感器、磁敏传感器、气敏传感器、真空度传感器、生物传感器等。

(3)按输出信号的形式可将传感器分为以下 3 种。

模拟传感器：将被测量的非电学量转换成模拟电信号。

数字传感器：将被测量的信号量转换成频率信号或短周期信号的输出(包括直接或间接转换)。

开关传感器：当一个被测量的信号达到某个特定的阈值时，传感器相应地输出一个设定的低电平或高电平信号。

3.2.2　传感器的组成

一般说来，传感器由以下三部分组成。

(1)敏感元件：传感器的核心，直接感受被测量，以确定关系输出另一物理量，如将力转换为应变。

(2)转换元件：将敏感元件输出的非电量转换为电量参数(如 R,C,L 等)。

(3)基本转换电路：将电量参数转换为电量(V)，使其可传输处理。

特殊地，敏感元件、转换元件合二为一，有的无基本转换电路，有的必须有基本转换电路，其中包括电桥、放大器、调制解调器等。

3.2.3　传感器的特性

1. 传感器的静态特性

传感器的静态特性是指对静态的输入信号，传感器的输出量与输入量之间所具有的相互关系。因为这时输入量和输出量都和时间无关，所以它们之间的关系，即传感器的静态特性可用一个不含时间变量的代数方程，或用在以输入量作横坐标，把与其对应的输出量作纵坐标的直角坐标系上画出的特性曲线来描述。表征传感器静态特性的主要参数有线性度、灵敏度、分辨力和迟滞等。

(1)传感器的线性度。在通常情况下传感器的实际静态特性输出是一条曲线而非直线。在实际工作中，为使仪表具有均匀刻度的读数，常用一条拟合直线近似地代表实际的特性曲线，线性度(非线性误差)就是这个近似程度的一个性能指标。

(2)传感器的灵敏度。灵敏度是指传感器在稳态工作情况下输出量变化 Δy 对输入量变化 Δx 的比值，它是输出-输入特性曲线的斜率。如果传感器的输出和输入之间是线性关系，则灵敏度 S 是一个常数。否则，它将随输入量的变化而变化。

提高灵敏度，可得到较高的测量精度。但灵敏度愈高，测量范围愈窄，稳定性也往往愈差。

(3)传感器的分辨力。分辨力是指传感器可能感受到的被测量的最小变化的能力。也就是说，如果输入量从某一非零值缓慢地变化，当输入变化值未超过某一数值时，传感器的输出不会发生变化，即传感器对此输入量的变化是分辨不出来的。只有当输入量的变化超过分辨力时，其输出才会发生变化。

通常传感器在满量程范围内各点的分辨力并不相同，因此常用满量程中能使输出量产生阶跃变化的输入量中的最大变化值作为衡量分辨力的指标。上述指标若用满量程的百分比表示，则称为分辨率。

(4)传感器的迟滞特性。迟滞特性表征传感器在正向(输入量增大)和反向(输入量减小)行程间输出-输入特性曲线不一致的程度，通常用这两条曲线之间的最大差值 Δ_{MAX} 与满量程输出 FS 的百分比表示。迟滞可由传感器内部元件存在能量的吸收造成。

2. 传感器的动态特性

传感器的动态特性是指传感器在输入变化时它的输出特性。在实际工作中，传感器的动态特性常用它对某些标准输入信号的响应来表示。这是因为传感器对标准输入信号的响应容易用实验方法求得，并且它对标准输入信号的响应与它对任意输入信号的响应之间存在一定的关系，往往知道了前者就能推定后者。最常用的标准输入信号有阶跃信号和正弦信号两种，因此传感器的动态特性也常用阶跃响应和频率响应来表示。

3.3 模拟信号调理电路

大多数传感器输出信号不适合于 A/D 转换器的要求，必须对其进行调理，从微处理器输出的数字信号，经 D/A 转换之后，也不一定满足外部控制的要求，也必须对其进行处理。对模拟信号的调理包括信号的放大、信号电平偏移、信号变换、信号滤波。

3.3.1 信号的放大

大多数传感器输出信号比较微弱，且通常混杂有噪声和干扰，使用通用的运算放大器不能满足要求，因此需要使用仪器用放大器(又称测量放大器)、隔离放大器、程控增益放大器。

1. 仪器用放大器(又称测量放大器)

在智能仪器中，常常需要放大带有一定共模干扰的微弱的差模信号。仪器用放大器主要应用于对传感器信号的放大，特别适应于微弱信号及具有较大共模干扰的场合。

对仪器用放大器的基本要求：高共模抑制比；高速度，高精度；宽频带；高输入阻抗，低输出阻抗；高稳定性，低噪声。

图 3.2 为仪器用放大器的电路结构图，它由三个通用运算放大器组成。第一级由对称的同相放大器构成，输入信号加在同相端上，具有较高的共模干扰抑制能力；第二级是一个差分放大器，不仅切断了共模干扰的传输，还将双端输入方式变换成单端输出方式，适用负载的需要。仪器用放大器上、下对称，有 $R_1=R_1'$，$R_2=R_2'$，$R_3=R_3'$。

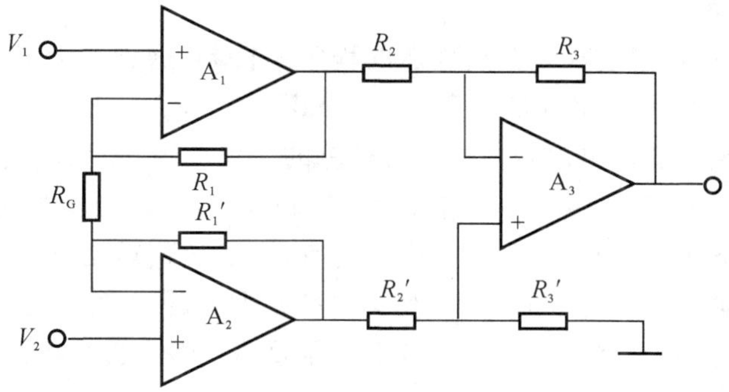

图 3.2　仪器用放大器

这个仪器用放大器的闭环增益可由下式确定：

$$A_f=-\left(1+\frac{2R_1}{R_G}\right)\frac{R_3}{R_2} \tag{3.1}$$

由式(3.1)可知，通过调节电阻 R_G，可以很方便地改变仪器用放大器的闭环增益。R_G 一般为外接电阻。

目前，国内外已有不少厂家生产测量放大器芯片集成模块，如美国 AD 公司提供的有 AD521，AD522，AD612，AD605 等仪器用放大器。国产的如 ZF605，ZF603，ZF604，ZF606 等。

2. 隔离放大器

隔离放大器的输入和输出之间没有直接的电器连接，信号传递通过光电、变压器和电容等耦合元件耦合。当仪器工作环境噪声较大而信号较小时，采用隔离放大器可保护电子仪器设备和人身安全，提高共模抑制比，获得较精确的测量结果。

根据耦合器件的不同，隔离放大器分为光电耦合、变压器耦合和电容耦合三种。隔离放大器的符号如图 3.3 所示。常见的隔离放大器由 4 个基本部分组成：

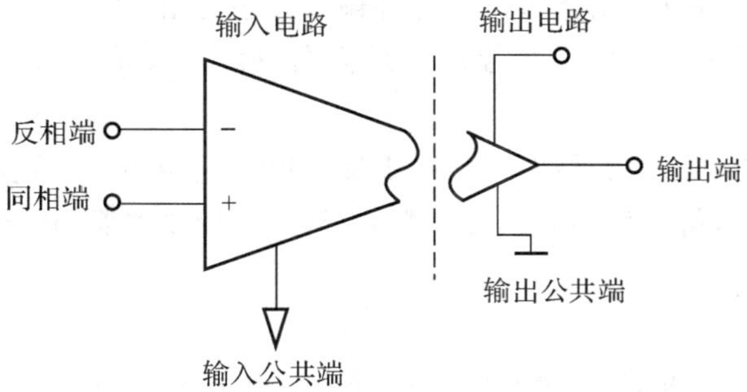

图 3.3　隔离放大器符号

(1)输入部分,包括输入运算放大器、调制器。

(2)输出部分,包括解调器、输出运算放大器。

(3)信号耦合变压器。

(4)隔离电源。

隔离放大器具有很高的抗共模干扰能力,适用于输入信号中共模分量很大(几百伏到几千伏),或输入/输出电路之间不能共地的场合。

3. 程控增益放大器

放大器的增益通过数字逻辑电路由确定的程序来控制,这种放大器被称为可编程增益放大器,亦称程控增益放大器,简称 PGA(Programmable Gain Amplifier)。

在工程应用中,传感器输出信号往往具有较宽的变化范围,如从微伏到伏,而 A/D 转换器的输入电压通常为 0～10 V 或者±5 V,若使用传感器本身的输出电压范围直接作为 A/D 转换器的输入电压,就不能充分利用 A/D 转换器的有效位,这样就必然影响测量范围和测量精度。因此,必须根据输入信号电平的大小,改变测量放大器的增益,使各输入通道均用最佳增益进行放大。程控增益放大器的放大倍数可根据需要通过编程进行控制,使 A/D 转换器的满量程信号达到均一化,提高测量精度。

程控增益放大器由通用运算放大器、电阻和开关网络组成,模拟开关用数字编码控制。它包括程控反相放大器以及程控同相放大器。图 3.4 为反相输入程控增益放大器原理图。

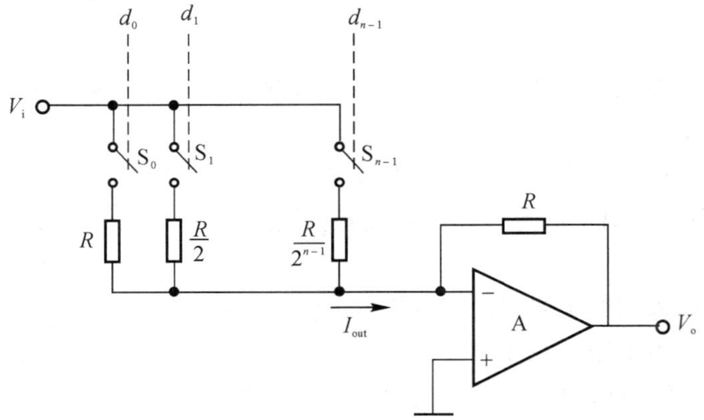

图 3.4　反相输入程控增益放大器

程控增益放大器的特点是增益可以由外部输入数字控制,使用时,可以根据输入模拟信号的大小来改变放大器的增益。因此程控增益放大器是解决大范围输入信号放大的有效方法之一。

程控增益放大器与普通放大器的差别在于反馈电阻网络可变,且受控于控制接口的输出信号。不同的控制信号,将产生不同的反馈系数,从而改变放大器的闭环增益。

3.3.2　信号的变换

传感器输出信号有电压信号,也有电流信号。在输入通道中,A/D 转换器要求输入电压信号,因此需要将电流信号转换为电压信号;在输出通道,有时需要将电压信号转换为电流信号,或将电压信号平移一个值。因此,信号的变换电路包括电流—电压的、电压—电流的、电压—电压的变换电路。

图 3.5 为电压—电压变换电路。其中图 3.5(a)所示为反相电压-电压变换电路，图 3.5(b)所示为同相电压-电压变换电路。

在图 3.5(a)中，反相电压—电压变换电路的输出电压大小为

$$V_o=-\left(\frac{R_f}{R_1}V_R+\frac{R_f}{R_2}V_i\right) \tag{3.2}$$

在图 3.5 (b) 中，同相电压 — 电压变换电路的输出电压大小为

$$V_o=\left(\frac{R_f}{R_1}+\frac{R_f}{R_2}+1\right)V_i-\frac{R_f}{R_1}V_R \tag{3.3}$$

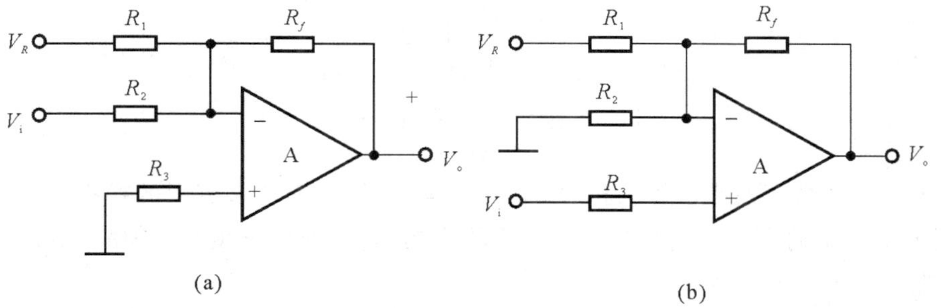

图 3.5　电压-电压变换电路

(a)反相电压—电压变换电路；(b)同相电压—电压变换电路

3.3.3　信号的滤波

由于输入信号通常叠加有噪声和不必要的频率分量，这些噪声分量将会带来误差。在输入/输出通道中，通常采用滤波器来滤除叠加在有用信号上的噪声和不必要的频率分量。根据滤波的范围，滤波器可以分为低通滤波器、高通滤波器、带通滤波器和带阻滤波器，在智能仪器中，通常用低通滤波器。根据实现滤波的方式，滤波器可以分为模拟滤波器和数字滤波器。

低通滤波器又分为无源滤波器和有源滤波器。无源滤波器是仅由电阻、电容等无源器件组成的滤波器。有源滤波器是由无源网络和运算放大器组成的滤波器。

3.4　采样/保持器和多路开关

3.4.1　采样/保持器的工作原理

采样/保持器是在输入逻辑电平控制下，处于采样和保持两种状态的电路。在采样状态下，电路输出信号跟随输入信号的变化；在保持状态下，电路输出信号保持本次采样结束时刻的模拟输入信号，直到进入下一次采样状态为止。采样/保持器的输入信号和输出波形如图 3.6 所示。

采样/保持器一般由输入缓冲放大器、输出缓冲放大器、采样/保持开关、控制逻辑、保持电容几部分组成。图 3.7 为串联型采样/保持器。其工作过程为：当控制信号为采样电平时，开关 S 导通，输入信号通过 A_1 对保持电容充电或放电。充放电速度很快，保持电容两端的电压

跟踪输入信号的变化，输出电压也跟踪输入信号的变化，这就是信号的采样过程。当控制信号为保持电平时，开关S断开，保持电容两端电压保持不变，为开关断开瞬间的电压，输出电压也保持不变，这就是信号的保持过程。

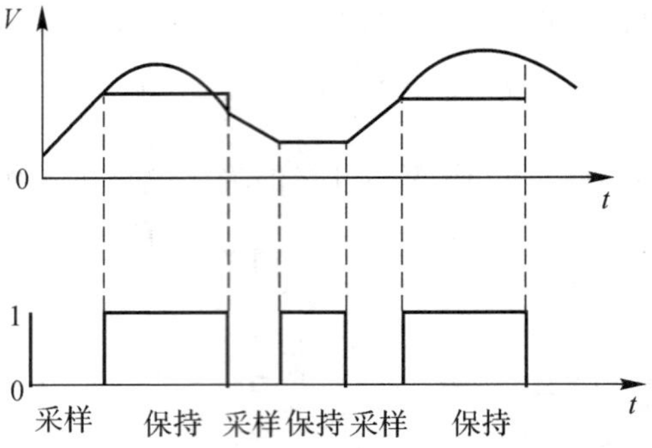

图 3.6 采样/保持器输入输出波形

为了不失真地恢复原来的输入信号，根据采样定理，一个频率有限的模拟信号，其采样频率 f_s 必须大于等于输入模拟信号包含的最高频率的两倍，即采样频率必须满足：$f_s \geqslant 2f_{max}$。

采样保持器的主要性能参数：

(1)孔径时间 t_{AP}：在采样保持器中，由于模拟开关有一定的动作时间，在保持命令发出，直到模拟开关完全断开所需要的时间。在孔径时间内，输出电压仍跟踪输入变化。

(2)捕作时间 t_{AC}：当控制信号由保持电平变为采样电平时，其输出电压由原保持电压过渡到跟踪输入电压变化的时间，称为捕作时间。

(3)保持电压的变化：在保持状态下，由于保持电容的漏电流，会使输出电压不断衰减或上升。

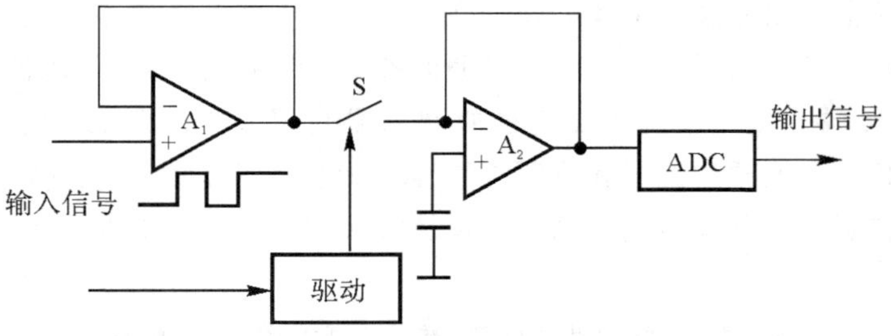

图 3.7 串联型采样/保持框图

3.4.2 多路模拟开关的工作原理

在智能仪器和实时控制系统中，输入信号经常有多路，对于多路输入信号进行输入时，通常采用公共的 A/D 转换器，这就需要从多路到一路的转换开关，即多路模拟开关来完成。图 3.8 为多路模拟开关结构图。

多路模拟开关的主要性能参数：

接通电阻 R_{on}：开关接通时，输入端与输出端之间的电阻。理想开关接通电阻为零。

漏电流 I_S：开关断开时，模拟开关仍有很小的电流流过，这个电流称漏电流。理想开关漏电流为零。

导通时间 t_{on}：地址信号有效到模拟开关完全导通的时间延迟称为导通时间。

断开时间 t_{off}：地址信号无效到模拟开关完全断开的时间延迟称为断开时间。

切换时间 t_{open}：从一个开关的接通状态转换到另一个开关的接通状态时，两个开关都断开的时间。

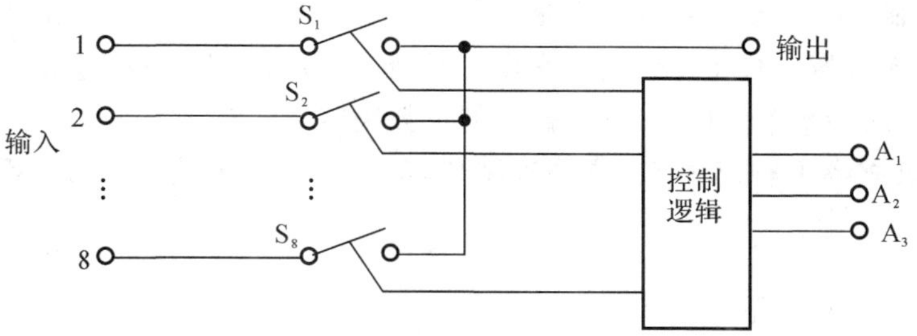

图 3.8　多路模拟开关结构图

3.5　A/D 转换芯片及接口技术

A/D 转换器用来将模拟电压转换成一组相应的二进制数码输出。由于 A/D 转换器的输入量是随时间连续变化的模拟信号，而输出是随时间断续变化的离散数字信号，因此在转换过程中，首先要对模拟信号进行采样、保持，再进行量化、编码。

3.5.1　A/D 转换器的分类

根据 A/D 转换器的工作原理，可将 A/D 转换器分成直接型 A/D 转换器和间接型 A/D 转换器两大类。直接型 A/D 转换器是将模拟电压直接转换成数字量，不经任何中间变量。其特点是工作速度高，转换精度容易保证。间接型 A/D 转换器是将模拟电压转换成某种中间变量（时间、频率、脉冲宽度等等），然后再把这个中间变量转换为数字代码输出。其特点是工作速度较低，但转换精度较高，且抗干扰性强，一般在测试仪表中用得较多。

A/D 转换器的分类如表 3.1 所示。

表 3.1　A/D 转换器的分类

- A/D 转换器
  - 直接 A/D 转换器
    - 反馈比较型
      - 逐次逼近式 A/D 转换器
      - 跟踪计数式 A/D 转换器
    - 非反馈比较型
      - 串行方式 A/D 转换器
      - 并行方式 A/D 转换器
      - 串并行方式 A/D 转换器
  - 间接 A/D 转换器
    - 电压-频率变换型 A/D 转换器（V/F 转换器）
    - 电压-时间变换型
      - 单积分型 A/D 转换器
      - 双积分型 A/D 转换器
      - 多重积分型 A/D 转换器
      - 脉宽调制积分型 A/D 转换

尽管 A/D 转换器的种类很多，但目前应用较广泛的主要有逐次近似型 A/D 转换器、积分型 A/D 转换器和 V/F 转换器。

3.5.2 A/D 转换器的主要技术指标

1. 分辨率(Resolution)

分辨率是指输出数字量对输入模拟量变化的分辨能力,即使输出数增加(或减少)一个最小单位所需要的输入信号最小变化量。它由 A/D 转换器的输出位数 n 决定,可以用输入满量程的百分数表示,或者简单地用 A/D 转换器的位数决定。

例如,A/D 转换器的输出为 12 位二进制数,最大输入模拟信号为 10 V,则其 12 位分辨率为

$$12\text{ 位分辨率}=\frac{1}{2^{12}}=\frac{1}{4\ 096}=0.024\ 4\%$$

12 位 A/D 转换器的输入电压最小可分辨率的变化量为

$$1\text{LSB}=\frac{10}{2^{12}-1}=\frac{10}{4\ 095}=0.002\ 44\ \text{V}=2.44\ \text{mV}$$

式中,LSB 为最低读数位(Low Scale Bit)。

2. 精度(Precision)

精度是指转换的结果相对于实际的偏差,精度有以下两种表示方法:

(1)绝对精度:用最低位(LSB)的倍数来表示,如±(1/2)LSB 或±1LSB 等。

(2)相对精度:用绝对精度除以满量程的百分数来表示,如±0.01%等。

3. 量程(Full Scale Range)

量程是指输入模拟电压的变化范围,如某转换器具有 10V 的量程,也称满刻度范围。

4. 线性度误差(Linerarity Error)

线性度误差是转换器的模拟数字转换关系与理想直线不同而出现的误差。

5. 转换时间(Conversion Time)

转换时间是指完成一次转换所需的时间,转换时间是从接到转换启动信号开始,到输出端获得稳定的数字信号所经过的时间。A/D 转换器的转换时间主要取决于转换电路的类型,不同类型 A/D 转换器的转换时间相差很大。双积分型 A/D 转换器的转换时间需几百毫秒左右;逐次逼近式 A/D 转换器的转换时间为几十微秒;并联型 A/D 转换器的转换时间仅为几十纳秒时间。

3.5.3 常用 A/D 转换器

1. 积分型 A/D 转换器

积分型 A/D 转换器又称为间接型转换器,这类转换器是先将输入的模拟量转换成某种中间量(时间间隔或频率),然后将中间变量变换为相应的数字量。

积分型 A/D 转换器种类较多,如单积分型、双积分型、四重积分型、电荷平衡型等,但应用最为广泛的是双积分型,如 MC14433,ICL7106,ICL7116,5G14433 等。

双积分型 A/D 转换器是一种电压/时间转换的 A/D 转换器,它先把模拟输入电压按比例变换为时间间隔,然后把时间间隔转换为数字量。双积分 A/D 转换器的工作分为采样期和比较期两个工作阶段,双积分式 A/D 转换器原理图如图 3.9 所示。

(1) 采样期。积分器对输入模拟电压进行固定时间 t_1 积分，在采样期结束的 t_2 时刻，积分器输出电压为

$$V_{01}=-\frac{1}{RC}\int_{t_1}^{t_2}V_i\mathrm{d}t=-\frac{T_1}{RC}\overline{V_{\mathrm{i}}} \tag{3.4}$$

式中，$\overline{V_{\mathrm{i}}}=\frac{1}{T_1}\int_{t_1}^{t_2}V_i\mathrm{d}t$ 为被测电压在 T_1 时间内的平均值。

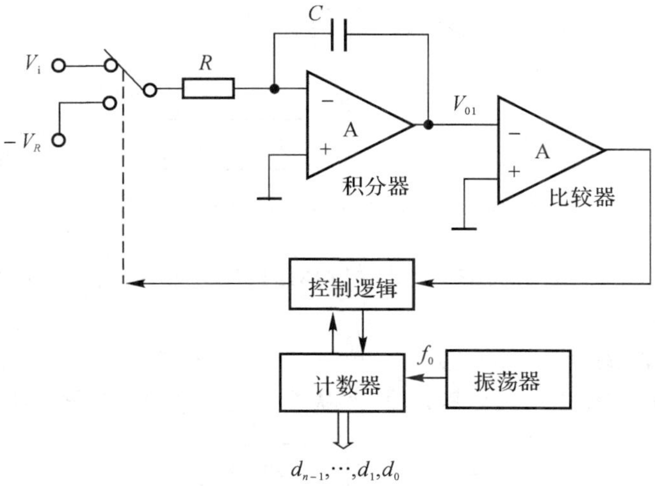

图 3.9　双积式 A/D 转换器原理图

(2) 比较期。从 t_2 时刻开始，将与被测信号极性相反的标准电压进行反向积分。当积分器的输出回到 0 时，反向积分结束，停止计数。

$$0=V_{01}-\frac{1}{RC}\int_{t_2}^{t_3}-V_R\mathrm{d}t=V_{01}+\frac{T_2}{RC}V_R \tag{3.5}$$

比较以上两式得

$$T_2=\frac{T_1}{V_R}\overline{V}_{\mathrm{i}}$$

由于 T_1 和 V_R 都是恒定值，因而比较周期正比于被测电压的平均值$\overline{V}_{\mathrm{i}}$。在 T_2 周期内对时钟脉冲进行计数，其计数值等于被测模拟电压值，实现了 A/D转换。图 3.10 为双积分式 A/D 转换器的积式波形。

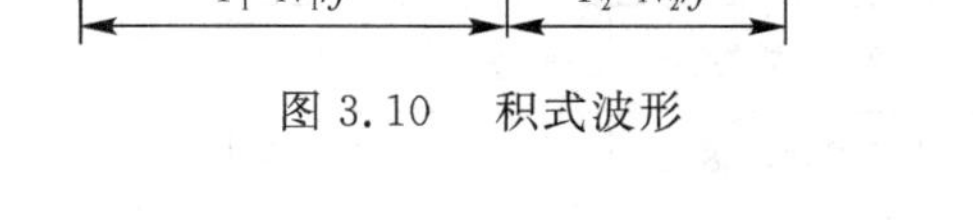

图 3.10　积式波形

2. 比较型 A/D 转换器

(1) 逐次比较式 A/D 转换器。在原理上，逐次比较式 A/D 转换器是通过 D/A 转换器来实现 A/D 转换的。图 3.11 为逐次比较式 A/D 转换器原理图。逐次比较式 A/D 转换器由比较器、逐次逼近逻辑寄存器(SAR) 和 D/A 转换器组成。A/D 转换采用逐位加码比较的方法来实现。加码比较从最高位开始，在给某一位加码(令该位数码为 1)，D/A 转换器把数据寄存器中的数字量转换为模拟电压，输入到比较器，与输入模拟电压进行比较，根据比较结果，即可知道该位数码的大小。若输入模拟电压大于或等于 D/A 转换器的输出电压，即 $V_{\mathrm{i}}\geqslant V_f$，该位数码为 1；若输入模拟电压小于 D/A 转换器的输

出电压，即 $V_i \leqslant V_f$，该位数码为 0。如此反复，直至结束。

(2) 跟踪比较式 A/D 转换器。跟踪比较式 A/D 转换器如图 3.12 所示，它由高速电压比较器、D/A 转换器和计数器等单元组成。转换开始时，计数器复零，D/A 转换器的输出 V_d 为零。

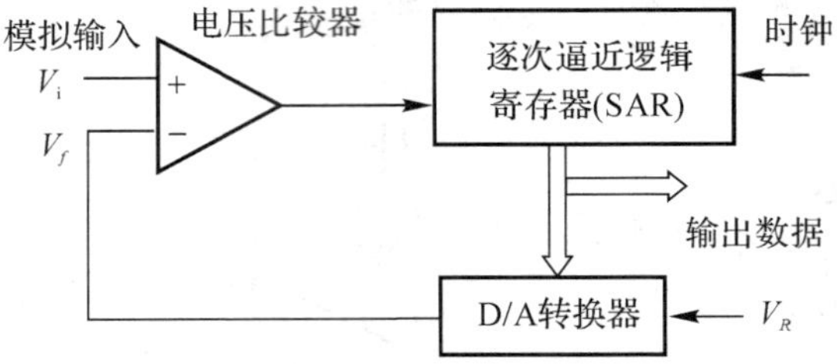

图 3.11　逐次比较式 A/D 转换器原理图

若比较器输出 V_c 为正，则与门打开，计数器对时钟脉冲进行计数，D/A 转换器输出随计数脉冲的增加而增加。

当 $V_d > V_i$ 时，比较器输出 V_c 变负，与门关闭，停止计数。

计数器的计数值正比于输入电压，完成了从输入模拟量到计数器数字量的转换。

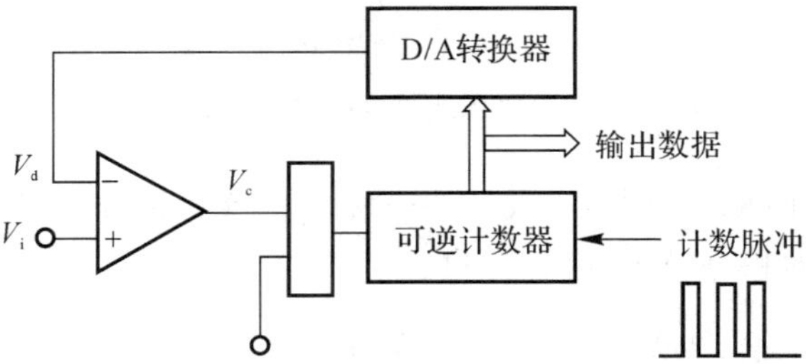

图 3.12　跟踪比较式 A/D 转换器工作原理

比较型 A/D 转换器的特点：转换精度高；转换速率高，转换时间大约在几十微秒；在转换期间，输入信号必须保持不变，否则，会产生错误的转换结果，因此须加采样/保持器。

表 3.2 为几种常用 A/D 芯片的特点和性能，表 3.3 为不同转换精度的 A/D 转换器，表 3.4为不同转换速率的 A/D 转换器。

表 3.2　几种常用 A/D 芯片的特点和性能

芯片型号	分辨率(位数)	转换时间	转换误差	模拟输入范围	数字输出电平
ADC0801，0802，0803,0804	8 位	100 μs	±(1/2)～±1LSB	0～+5 V	TTL 电平
ADC0808，0809，0816,0817	8 位	100 μs	±(1/2)～±1LSB	0～+5 V	TTL 电平
ADC1210	12 位	100 μs	±(1/2) LSB	0～+5 V，0～+10 V，−5～+5 V	CMOS 电平
AD571	10 位	25 μs	±1LSB	0～+10 V，−5～+5 V	TTL 电平

续表

芯片型号	分辨率(位数)	转换时间	转换误差	模拟输入范围	数字输出电平
AD574	12 位	25 μs	±1LSB	0～+10 V,0～+20 V,-5～+5 V,-10～+10 V	TTL 电平
*7109	12 位	≥30 ms	±2LSB	-4～+4 V	TTL 电平
*14433	3 位半(BCD 码)	≥100 ms	±1LSB	-0.2～+0.2 V,-2～+2 V	TTL 电平
*7135	4 位半(BCD 码)	100 ms	±1LSB	-2～+2 V	TTL 电平
MAX1166	16 位	100 μs	±2LSB	+4.75～+5.25 V	TTL 电平
ADC1143	16 位	70 μs/100 μs	±0.006%/±0.003%	±5 V,±10 V,±20 V	CMOS 电平

表 3.3　不同转换精度的 A/D 转换器

类　别	分辨率	线性误差
低精度 A/D 转换器	≤8 位	≤0.1%
中精度 A/D 转换器	9～12 位	≤0.01%
高精度 A/D 转换器	13～16 位	≤0.001%
超高精度 A/D 转换器	>16 位	≤0.0001%

表 3.4　不同转换速率的 A/D 转换器

类　别	转换时间	转换频率	主要应用领域
低速 A/D 转换器	≥1 ms	≤1 kHz	工业电子控制系统,数字电压表,数字电子秤,低速的计算机数据采集系统
中速 A/D 转换器	1 ms～10 μs	1～100 kHz	最常用的 A/D 转换器,工业控制系统及智能化仪器仪表
高速 A/D 转换器	10 μs～1 μs	100 kHz～1 MHz	数字通信系统,高频信号测试系统
超高速 A/D 转换器	<1 μs	>1 MHz	数字音视频处理系统,气象数据分析处理系统,数字信号处理瞬态分析仪

3.5.4 MCS-51 单片机与 ADC0809 接口技术

由于 A/D 转换器完成一次 A/D 转换时间较长，与 CPU 不仅有数据端口，还有控制端口。A/D 转换器与 CPU 的接口数据传送控制通常采用以下三种方法：

(1)查询方式。CPU 在发出 A/D 转换启动信号后，通过读入“A/D 转换结束”信号，查询 A/D 转换是否已经结束。若 A/D 转换没有结束，CPU 继续读入“A/D 转换结束”信号，继续查询。当查询到 A/D 转换结束时，CPU 读入转换好的数据。

(2)中断方式。“A/D 转换结束”信号作为中断信号，输入到 CPU 的中断请求输入端。A/D转换结束后，A/D 转换器向 CPU 发出中断请求，CPU 响应中断请求，读入转换好的数据。

(3)定时方式。在大多数情况下，A/D 转换器的转换时间是一个常数，CPU 在发出 A/D 转换启动信号之后，可以去进行其他工作，经过一段时间(大于 A/D 转换时间，保证 A/D 转换结束)，再读入转换好的数据。

下面介绍 ADC0809 与 80C51 的连接方法。图 3.13 为 ADC0809 的结构框图，图 3.14 为 ADC0809 与 80C51 的连接电路。

ADC0809 的引脚功能如下：

IN0～IN7：8 路模拟信号输入端。

C，B，A：8 路模拟信号转换选择端。与低 8 位地址中 A0～A2 连接。由 A0～A2 地址 000～111选择 IN0～IN7 八路 A/D 通道。

CLK：外部时钟输入端。时钟频率高，A/D 转换速度快。允许范围为 10～1 280 kHz。通常由 80C51 的 ALE 端直接或分频后与 ADC0809 的 CLK 端相连接。

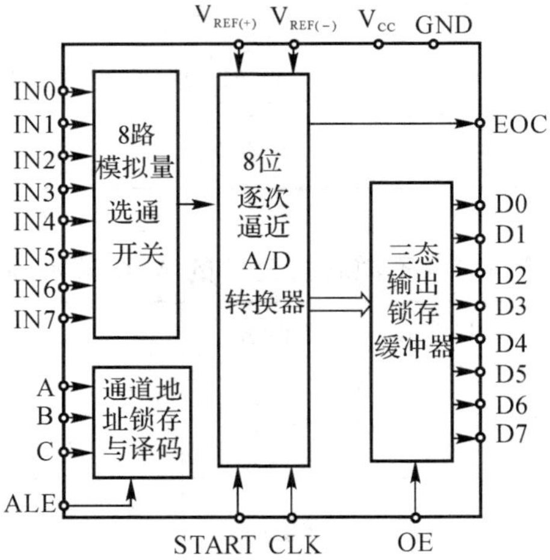

图 3.13 ADC0809 的结构框图

D0～D7：数字量输出端。

OE：A/D 转换结果输出允许控制端。OE=1，允许将 A/D 转换结果从 D0～D7 端输出。通常由 80C51 的 $\overline{RD}$端与 ADC0809 片选端(例如 P2.0)通过或非门与 ADC0809 的 OE 端相连接。

ALE：地址锁存允许信号输入端。ADC0809 的 ALE 信号有效时将当前转换的通道地址锁存。

START：启动 A/D 转换信号输入端。当 START 端输入一个正脉冲时，立即启动 ADC 0809进行 A/D 转换。START 端与 ALE 端连在一起，由 80C51 的$\overline{WR}$与 ADC0809 片选端(例如 P2.0)通过或非门相连。

EOC：A/D 转换结束信号输出端，高电平有效。

$V_{REF}(+)$，$V_{REF}(-)$：正负基准电压输入端。

V_{CC}：正电源电压(+5 V)。

GND：接地端。

工作在查询方式时，ADC0809 EOC 端可不必通过反相器与或相连，直接与 80C51 的 P1 口或 P3 口中任一端线相连。

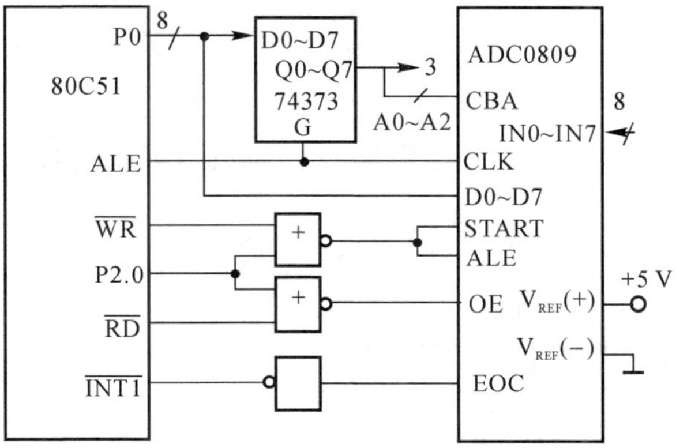

图 3.14　ADC0809 与 80C51 的连接电路

【例 3.1】　在图 3.15 中，用 P1.0 直接与 ADC0809 的 EOC 端相连，试用查询方式编制程序，对 8 路模拟信号依次 A/D 转换一次，并把结果存入以 40H 为首址的片内 RAM 中。

解　采用查询方式编制的程序为：

```
MAIN：  MOV     R1，#40H        ；置数据区首址
        MOV     R7，#8          ；置通道数
        SETB    P1.0            ；置 P1.0 输入态
        MOV     DPTR，#7FF8H    ；置 ADC0809 通道 0 地址
LOOP：  MOVX    @DPTR，A        ；启动 A/D
LOOP1： JNB     P1.0，LOOP1     ；查询 A/D 转换结束否？未完继续查询等待
        MOVX    A，@DPTR        ；A/D 已结束，读 A/D 值
        MOV     @R1，A          ；存 A/D 值
        INC     DPTR            ；修改通道地址
        INC     R1              ；修改数据区地址
        DJNZ    R7，LOOP        ；判 8 路采集完否？未完继续
        RET                     ；8 路采集完毕，返回
```

3.6 D/A 转换芯片及接口技术

3.6.1 D/A 转换器的工作原理

D/A 转换器是将输入的二进制数字信号转换成模拟信号,以电压或电流的形式输出。一般常用的线性 D/A 转换器,其输出模拟电压 U 和输入数字量 D 之间成正比关系,即 $U=KD$,式中 K 为常数。

权电阻 D/A 转换器工作原理如图 3.15 所示,由电阻和开关网络、运算放大器组成。每路电阻大小按加权排列,开关受数字量对应位控制。当 $d_i=1$ 时,开关闭合;当 $d_i=0$ 时,开关断开。

运算放大器输入总电流为

$$I_{\text{out}}=\frac{V_R}{R}(d_0+d_1\times 2^1+\cdots+d_{n-1}\times 2^{n-1}) \tag{3.6}$$

从式(3.6)可以看出,总电流大小与数字量大小成正比,从而实现了从数字量到模拟量的转换。

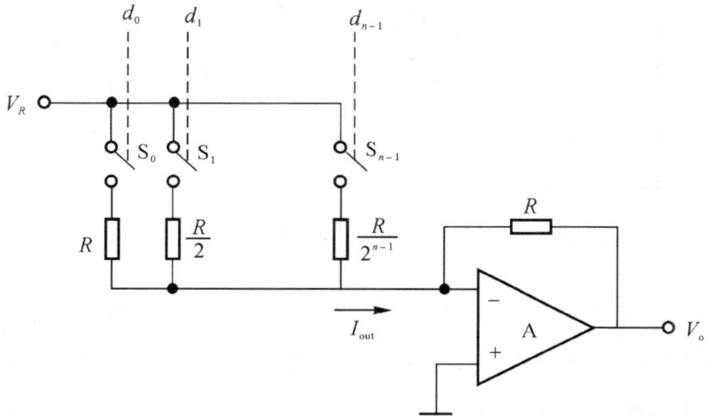

图 3.15 权电阻 D/A 转换器工作原理

在运算放大器的输出端可以得到输出电压为

$$V_o=-V_R(d_0+d_1\times 2^1+\cdots+d_{n-1}\times 2^{n-1}) \tag{3.7}$$

输出电压大小也与数字量成正比。

不同的 D/A 转换器具体电路不同,但结构都一样,由电阻(电容)开关网络、参考电压、电流-电压变换器和数字接口组成,如图 3.16 所示。

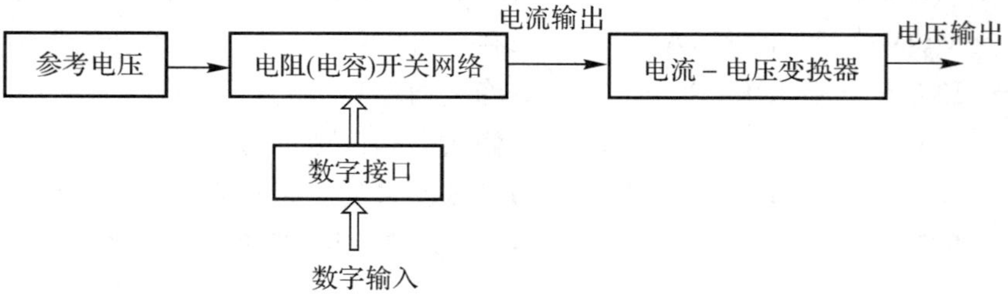

图 3.16 D/A 转换器总体结构图

表 3.5 为几种常用 D/A 芯片的特点和性能。

表 3.5　几种常用 D/A 芯片的特点和性能

芯片型号	分辨率（位数）	建立时间（转换时间）	非线性误差/%	工作电压	基准电压
ADC0832	8 位	1 000 ns	0.2～0.05	+5～+15 V	−10～+10 V
AD7524	8 位	500 ns	0.1	+5～+15 V	−10～+10 V
AD7520	10 位	500 ns	0.2～0.05	+5～+15 V	−25～+25 V
AD7521	12 位	500 ns	0.2～0.05	+5～+15 V	−25～+25 V
DAC1210	12 位	1 000 ns	0.05	+5～+15 V	−10～+10 V
AD768	16 位	35 ns	±2LSB	−5～+5 V	−10～+10 V

对于 D/A 转换器的使用要注意区分输出形式和转换器内部是否带有锁存器。

1. 电压和电流输出

D/A 转换器的模拟量输出有两种方式：电流输出及电压输出。在实际应用中如需要电压模拟量的话，对于电流输出的 D/A 转换器，可在其输出端加运算放大器构成的电流-电压转换电路，将转换器的电流输出变为电压输出。

图 3.17 为 DAC 芯片连接成电压输出的几种方式，其中(a)为反相输出；(b)为同相输出；(c)为双极性输出。

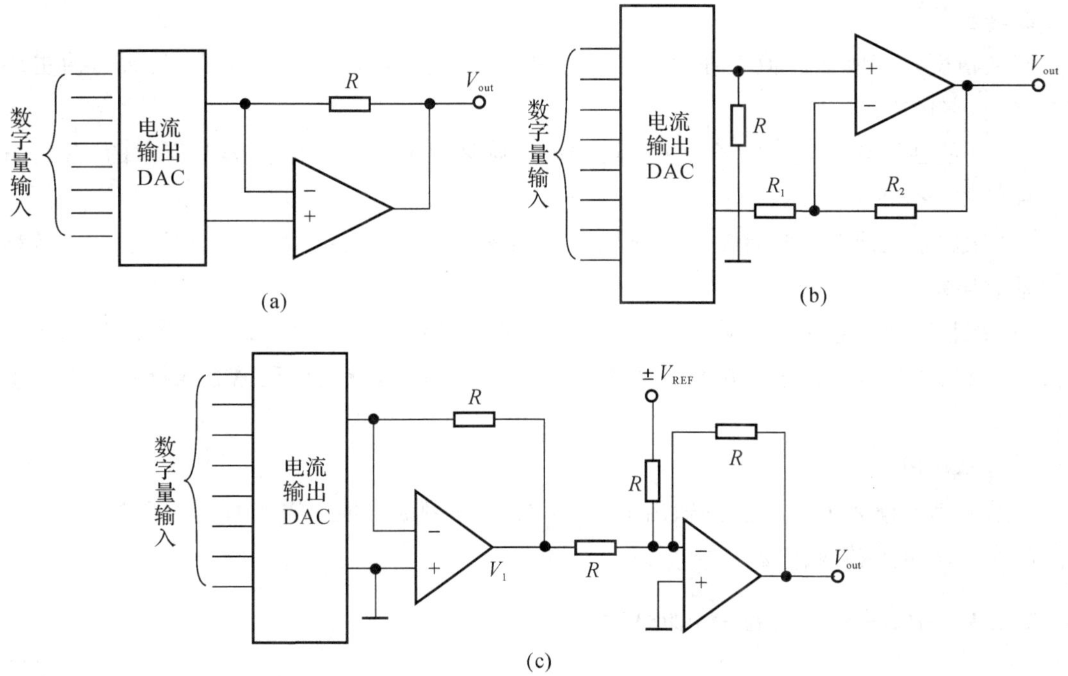

图 3.17　将 DAC 芯片连接成电压输出方式

(a)反相输出；(b)同相输出；(c)双极性输出

反相输出电压为

$$V_{out} = -iR \tag{3.8}$$

同相输出电压为

$$V_{out} = iR\left(1 + \frac{R_2}{R_1}\right) \tag{3.9}$$

双极性输出电压为

$$V_{out} = -2V_1 - V_{REF} \tag{3.10}$$

2. D/A 转换器内部是否带有锁存器

由于实现模拟量转换是需要一定时间的，在这段时间内 D/A 转换器输入端的数字量应保持稳定，为此，应当在数模转换器数字量输入端的前面设置锁存器，以提供数据锁存功能。根据转换器芯片内是否含锁存器，可以把D/A转换器分为无内部数据锁存器的D/A转换器和含内部数据锁存器的 D/A 转换器两类。

对于第一种情况，为了维持 D/A 输出稳定，在同微机接口时，须另加数据锁存器。对于第二种情况，可直接与单片机连接。

3.6.2 D/A 转换器的主要技术指标

1. 分辨率

分辨率是指输入的单位数字量变化所引起的模拟量输出的变化，是对输入量变化敏感程度的描述。通常定义为满刻度值与 2^n 之比。分辨率越高，转换时对输入量的微小变化的反应越灵敏。而分辨率与输入数字量的位数有关，n 越大，分辨率越高。

2. 转换精度

转换精度是实际输出值与理论计算值之差，由转换过程各种误差引起，这种差值主要指静态误差，它包括：

(1) 非线性误差。它是电子开关导通的电压降和电阻网络电阻值偏差产生的，常用满刻度的百分数来表示。

(2) 比例系数误差。它是参考电压 V_{REF} 的偏离而引起的误差，因 V_{REF} 是比例系数，故称为比例系数误差。

(3) 漂移误差。它是由运算放大器零点漂移产生的误差。当输入数字量为 0 时，由于运算放大器的零点漂移，输出模拟电压并不为 0。这使输出电压特性与理想电压特性产生一个相对偏移。

3. 建立时间

从数字信号输入 DAC 起，到输出电流(或电压)达到稳态值所需的时间为建立时间。建立时间的大小决定了转换速度。

3.6.3 MCS－51 与 8 位 DAC0832 的接口

DAC0832 是 8 位 D/A 芯片，由美国国家半导体公司生产，是目前国内应用最广的 8 位 D/A 芯片。图 3.18 为 DAC0832 片内结构图，图 3.19 为 DAC0832 外引脚图。

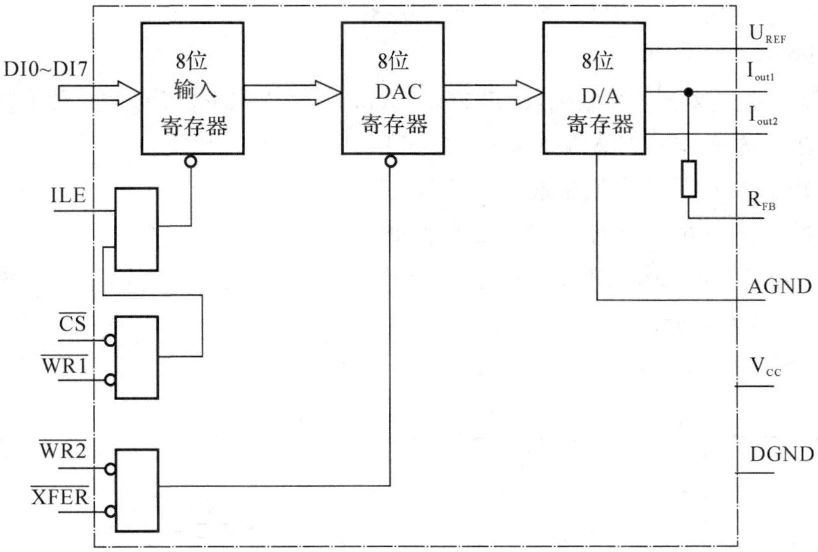

图 3.18　DAC0832 片内结构图

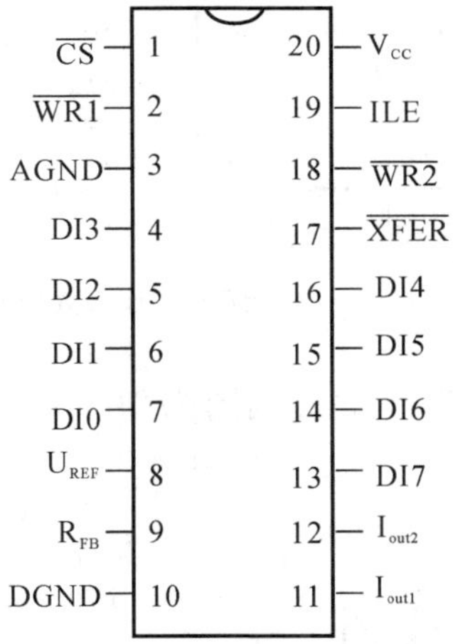

图 3.19　DAC0832 外引脚图

1. 结构和引脚功能

(1)DI0～DI7:8 位数据输入端。

(2)ILE:输入数据允许锁存信号,高电平有效。

(3)$\overline{CS}$:片选端,低电平有效。

(4)$\overline{WR1}$:输入寄存器写选通信号,低电平有效。$\overline{WR2}$:DAC 寄存器写选通信号,低电平有效。

(5)$\overline{XFER}$:数据传送信号,低电平有效。

(6)I_{out1},I_{out2}:电流输出端。

(7)R_{FB}:反馈电流输入端。

(8)U_{REF}:基准电压输入端。

(9) V_{CC}:正电源端;AGND:模拟地;DGND:数字地。

2. DAC 0832 工作方式

用软件指令控制这 5 个控制端:ILE,$\overline{CS}$,$\overline{WR1}$,$\overline{WR2}$,$\overline{XFER}$,可实现三种工作方式:

(1)直通工作方式:5 个控制端均有效,直接 D/A。

(2)单缓冲工作方式:5 个控制端一次选通。

(3)双缓冲工作方式:5 个控制端分二次选通。

由于直通方式下的 DAC0832 常用于不带微机的控制系统中,下面仅对单缓冲工作方式和双缓冲工作方式作以介绍。

图 3.21 为 DAC0832 单缓冲工作方式时接口电路。

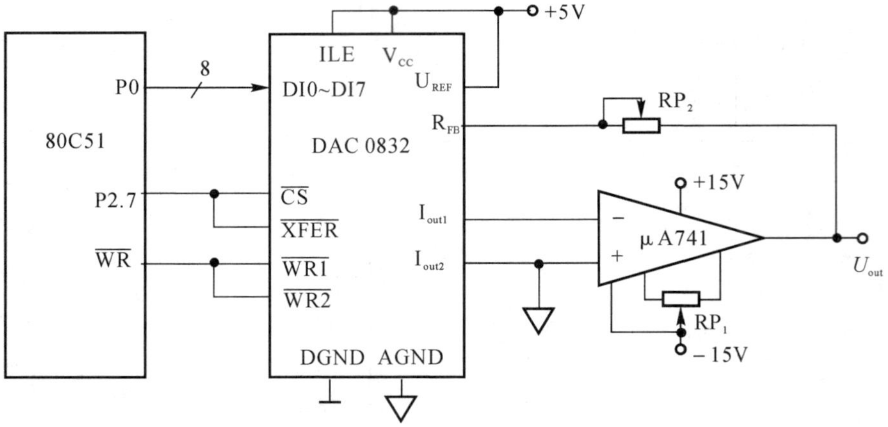

图 3.20 DAC0832 单缓冲工作方式时接口电路

【例 3.2】 DAC 用作波形发生器,试根据图 3.21 所示,要求编写输出锯齿波、矩形波(方波)、正弦波的程序。

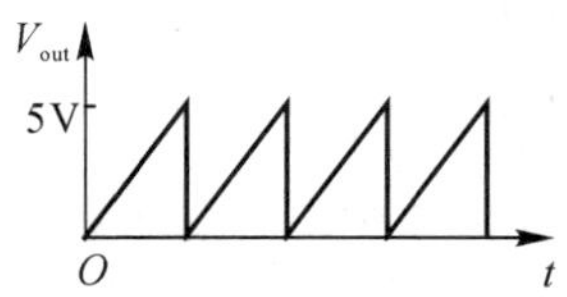

图 3.21 输出锯齿波波形

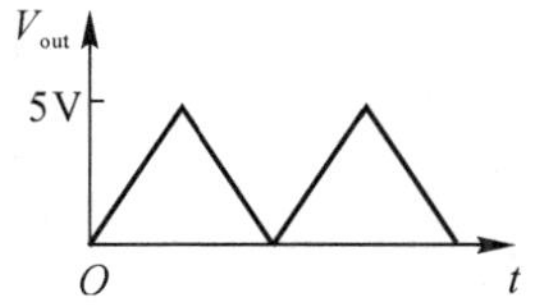

图 3.22 输出三角波波形

解 产生锯齿波程序如下:

```
START:  MOV     DPTR, #7FFFH    ;置 DAC 0832 地址
        MOV     A, #00H         ;给初值
LOOP:   MOVX    @DPTR, A        ;输出
        INC     A               ;数字量逐次加 1
        SJMP    LOOP            ;循环输出
```

当数字量从 0 开始,逐次加 1 变换,模拟量与之成正比输出。当 A=FFH 时,再加 1 则溢出清 0,模拟输出又为 0,然后又重新重复上述过程,如此循环下去,输出波形就是一个锯齿波。输出锯齿波波形如图 3.21 所示。

对于三角波波形(见图 3.22),可以自己练习。

产生方波(见图 3.23)的程序如下:

```
         MOV     DPTR,#7FFFH     ;DAC 0832 的地址
SQ:      MOV     A,#LOW          ;取低电平数字量
         MOVX    @DPTR,A         ;DAC 输出低电平
         ACALL   TIMER1          ;延时 1
         MOV     A,#HIGH         ;取高电平数字量
         MOVX    @DPTR,A         ;DAC 输出高电平
         ACALL   TIMER2          ;延时 2
         AJMP    SQ              ;连续输出波形
TIMER1:  MOV     R1,  #0FFH      ;延时子程序 1
LOOP1:   MOV     R2,  #10H
LOOP2:   NOP
         NOP
         NOP
         DJNZ    R2,  LOOP2
         DJNZ    R1,  LOOP1
         RET
TIMER2:  MOV     R4,  #0FFH      ;延时子程序 2
LOOP3:   MOV     R5,  #10H
LOOP4:   NOP
         NOP
         NOP
         DJNZ    R5,  LOOP4
         DJNZ    R4,  LOOP3
         RET
```

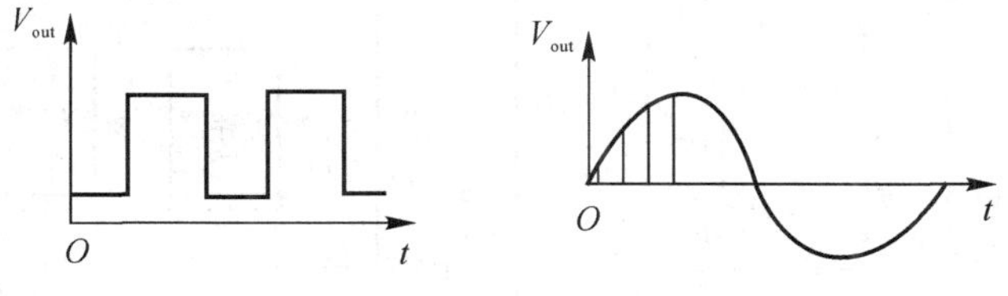

图 3.23　输出矩形波和正弦波波形

产生正弦波(见图 3.23)的方法如图 3.24 所示。

正弦编码表的产生:

(1)计算 0～π/2 区间 N/4 个离散的正弦值;

(2)根据对应关系,复制 π/2～π 区间的值;

(3)将 0～π 区间各点根据求补即得 π～2π 区间各值。

将得到的这些数据根据所用 DAC 的位数进行量化,得到相应的数字值,依次存入 RAM 或固化在 EPROM,从而得到一个全周期的正弦编码表。

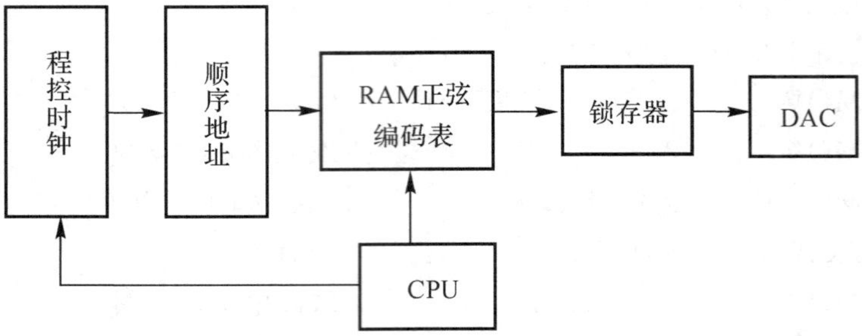

图 3.24　可程控正弦波发生器

产生正弦波的程序如下：

```
        MOV     R5，  ＃00H        ;赋予计数器初始值
SIN：   MOV     A，  R5
        MOV     DPTR，＃TAB        ;编码表首址
        MOVC    A,@A+DPTR          ;查表得到输出值
        MOV     DPTR，＃7FFFH      ;DAC0832 的地址
        MOVX    @DPTR，A           ;DAC 输出
        INC     R5                 ;计数器加 1
AJMP    SIN
TAB：   DB  80H,83H,86H,89H,8DH,90H,93H
        DB  96H,99H,9CH,9FH,A2H,A5H,A8H
        DB  ABH,AEH,B1H,B4H,B7H,BAH,BCH
```

3. *双缓冲方式*

对于多路 D/A 转换，要求同步进行 D/A 转换输出，必须采用双缓冲同步方式。在此种工作方式时，数字量的输入锁存和 D/A 转换输出是分两步完成的。因此，在双缓冲方式时，DAC0832 应为单片机提供两个 I/O 端口。8031 和 DAC0832 在双缓冲工作方式时接口电路如图 3.25 所示。

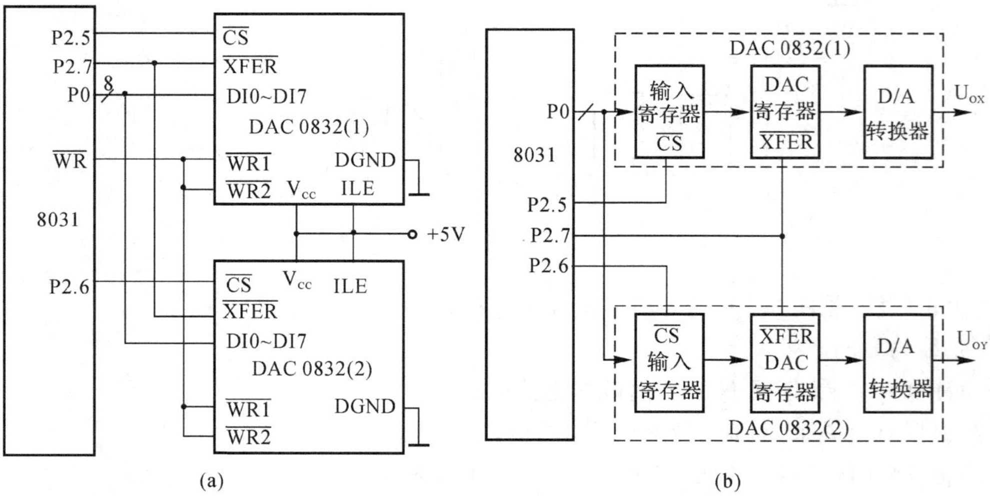

图 3.25　DAC 0832 在双缓冲工作方式时接口电路

(a)接口电路；　(b)逻辑框图

3.7　多通道输入 /输出及数据采集系统

在前文已讨论了智能仪器获取数据的过程，并给出了单路数据采集系统的构成。在实际应用中，有时要输入输出的信号不仅仅是一路，而是多路，这时就需要采用多通道的结构。

图 3.26 为多路并行的数据采集系统。这种电路的每个通道都有自己独立的信号调理电路、A/D 转换器、采样/保持器、D/A 转换器，每路通道结构与一路信号的输入/输出通道相同。这种结构可以处理高频信号，可以进行信号间的相位比较，采样误差小，但硬件复杂，成本高。

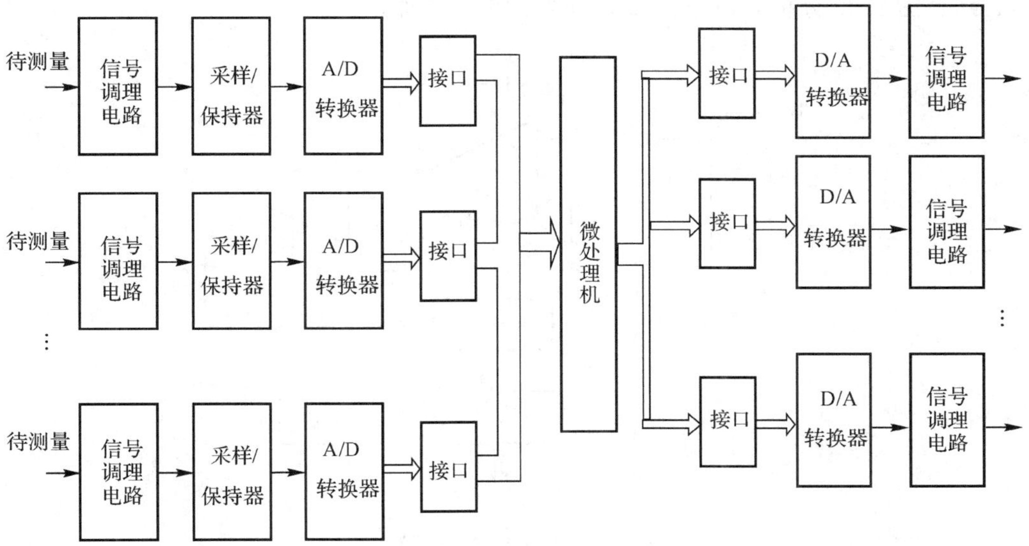

图 3.26　多路并行的输入/输出通道

图 3.27 为多路分时的数据采集系统。它通过模拟多路开关将各路模拟信号分时送给采样/保持器和 A/D 转换器。这种系统适用于多路输入的模拟信号变化范围及变化快慢比较接近的情况。

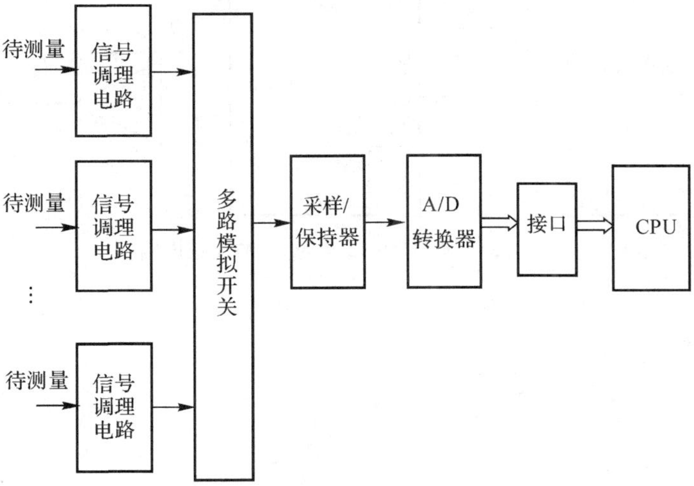

图 3.27　多路分时的数据采集系统

习　题　3

1. 试画出智能仪器的输入输出通道框图，并说明各部分的工作原理。
2. 简述传感器的特征、组成以及各部分的作用。
3. 信号调理电路一般包括哪些部分？各部分的工作原理及要求是什么？
4. 简述采样/保持电路的工作原理。
5. A/D 转换器及 D/A 转换器的主要技术指标分别有哪些？
6. 结合图 3.28 分析双积分 A/D 转换器的工作原理。

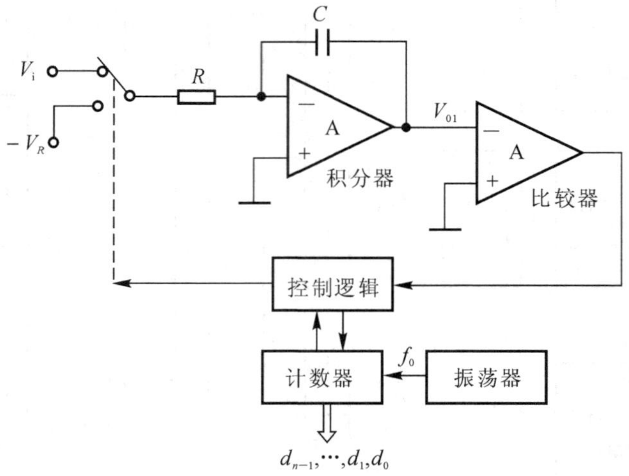

图 3.28　双积分 A/D 转换器

7. 试利用图 3.29 硬件接口电路编写一个三角波程序。

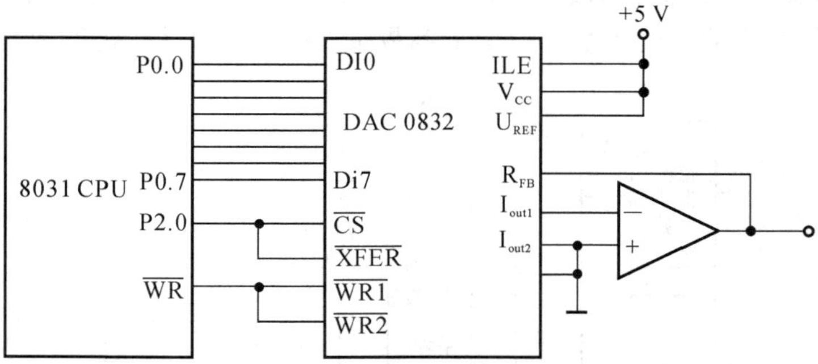

图 3.29　DAC 0832 与 8051 的连接电路

第4章 智能仪器的显示器、键盘及打印机输出接口

智能仪器与常规仪器的区别在于它引入了微型计算机，智能仪器可以通过输入设备十分灵活地接收各种数据和命令，并通过输出设备将测量结果、仪器工作状态进行显示、打印和记录。

智能仪器常用的输入输出设备有七段LED显示器、LCD显示器、键盘、微型打印机、盒式磁带机、绘图仪等。本章主要讨论键盘、七段LED显示器、LCD显示器、微型打印机等接口技术。

4.1 LED显示器接口技术

发光二极管LED(Light Emitting Diode)是智能仪器中简单而常用的输出设备，通常用来指示仪器的状态和其他信息。其优点是耗电省、价格低、寿命长。

4.1.1 LED显示器结构

常用的LED显示器有7段(或8段，8段比7段多了一个小数点"Dp"段)，图4.1(a)为LED数码管段排列图。LED显示器有共阴极和共阳极两种结构，分别如图4.1(b)和4.1(c)所示。

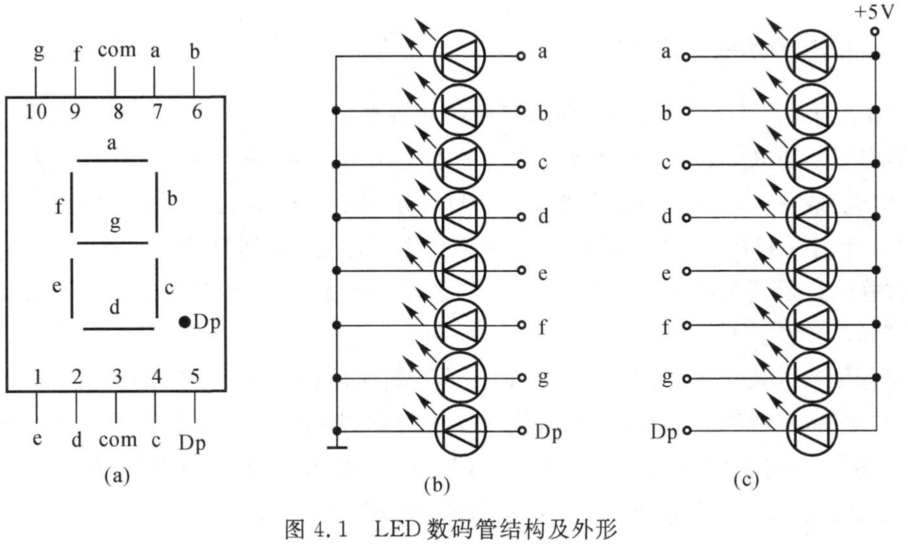

图4.1 LED数码管结构及外形

(a) 外形和引脚；(b)共阴极结构；(c)共阳极结构

共阴极连接：公共阴极接地，当阳极上的信息为"1"时，对应段点亮；当阳极上的信息为"0"

时，对应段不点亮。

共阳极连接：公共阳极接电源，当阴极上的信息为“0”时，对应段点亮；当阴极上的信息为“1”时，对应段不点亮。

使用LED显示器时，为了显示数字或符号，要为LED显示器提供代码，由于这些代码是通过各段的亮与灭来显示不同的字型，因此称为段码。7段LED显示器的段码如表4.1所示。

表4.1 七段LED显示字符与段码的关系

字　符	共阴极段码	共阳极段码	字　符	共阴极段码	共阳极段码
0	3FH	C0H	A	77H	88H
1	06H	F9H	B	7CH	83H
2	5BH	A4H	C	39H	C6H
3	4FH	B0H	D	5EH	A1H
4	66H	99H	E	79H	86H
5	6DH	92H	F	71H	8EH
6	7DH	82H	H	76H	89H
7	07H	F8H	P	73H	8CH
8	7FH	80H	U	3EH	C1H
9	6FH	90H	“灭”	00H	FFH

4.1.2 LED显示器工作原理

LED显示器显示分为静态显示和动态显示两种显示方式。

(1)静态显示方式。LED显示器工作于静态显示方式时，各位的共阴极(或共阳极)连接在一起并接地(或＋5V)；每位的段选线(a～Dp)分别与一个8位的锁存器输出相连。各个LED的显示字符一旦确定，相应锁存器的输出将维持不变，直到显示另一个字符为止。也正因为如此，静态显示器的亮度都较高。其特点为编程较简单，但占用I/O口端线多，一般适用于显示位数较少的场合。

(2)动态显示方式。在多位LED显示时，为了简化硬件电路，通常使用动态显示方式。在动态显示方式下，某一瞬时只显示一位，依次循环扫描，轮流显示，由于人的视觉滞留效应，人们看到的是多位同时稳定显示。其特点为占用I/O口端线少，电路较简单，编程较复杂，CPU要定时扫描刷新显示，一般适用于显示位数较多的场合。

1. 静态显示接口

在串行口设定方式0输出方式时，外接74LS164移位寄存器构成显示接口电路。软件移码的静态扫描LED显示接口如图4.2所示。

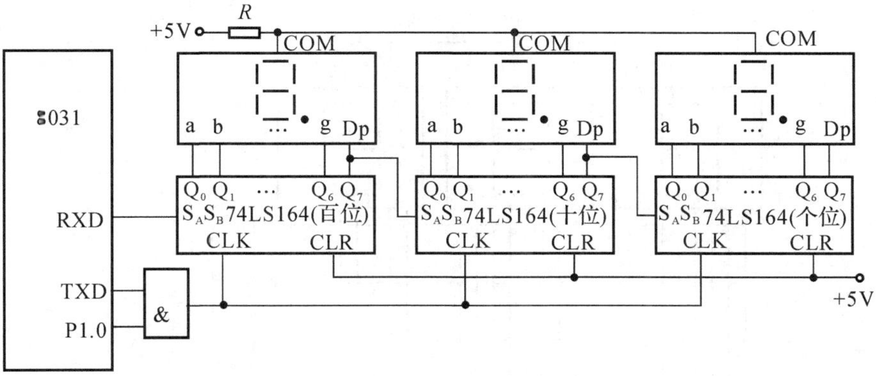

图 4.2　软件移码的静态扫描 LED 显示接口

【例 4.1】　按图 4.2 编制显示子程序，显示字段码已分别存在于 32H～30H 内 RAM 中。

```
DIR2:   MOV    SCON,#00H     ;置串口方式 0
        CLR    ES            ;串口禁止
        SETB   P1.0          ;"与"门开，允许 TXD 发移位脉冲
        MOV    SBUF,30H      ;串行输出个位显示字段码
LOOP1:  JNB    TI, LOOP1     ;等待串行发送完毕
        CLR    TI            ;清串行中断标志
        MOV    SBUF,31H      ;串行输出十位显示字段码
LOOP2:  JNB    TI, LOOP2     ;等待串行发送完毕
        CLR    TI            ;清串行中断标志
        MOV    SBUF,32H      ;串行输出百位显示字段码
LOOP3:  JNB    TI, LOOP3     ;等待串行发送完毕
        CLR    TI            ;清串行中断标志
        CLR    P1.0          ;"与"门关，禁止 TXD 发移位脉冲
        RET
```

2. 动态扫描显示

在多位 LED 显示时，为了简化硬件电路，通常将所有位的段选线相应地并联在一起，由一个 8 位 I/O 口控制，形成段选线的多路复用。而各位的共阳极或共阴极分别由相应的 I/O 线控制，实现各位的分时选通。图 4.3 为一个 3 位 7 段 LED 动态显示器原理图。图 4.3 中各位的段码选线并联，段码的输出对各位来说都是相同的。

因此若要各位 LED 能够显示出与本位相应的字符，就必须采用扫描显示方式，即在某一时刻，只要让某一位的位选线处于选通状态，而其他各位的位选线处于关闭状态，同时，段选线上输出相应位要显示字符的段码。虽然这些字符是在不同时刻出现的，而且同一时刻，只有一位显示，其他各位熄灭，但由于 LED 显示器的余辉和人眼的视觉暂留作用，只要每位显示间隔足够短，则可造成多位同时亮的假象，达到同时显示的目的。

图 4.4 为共阴极型 8 位动态显示电路。位选线由 74LS138 译码器的输出提供，段选线由 P0 口经 74LS374 锁存器锁存输出提供。

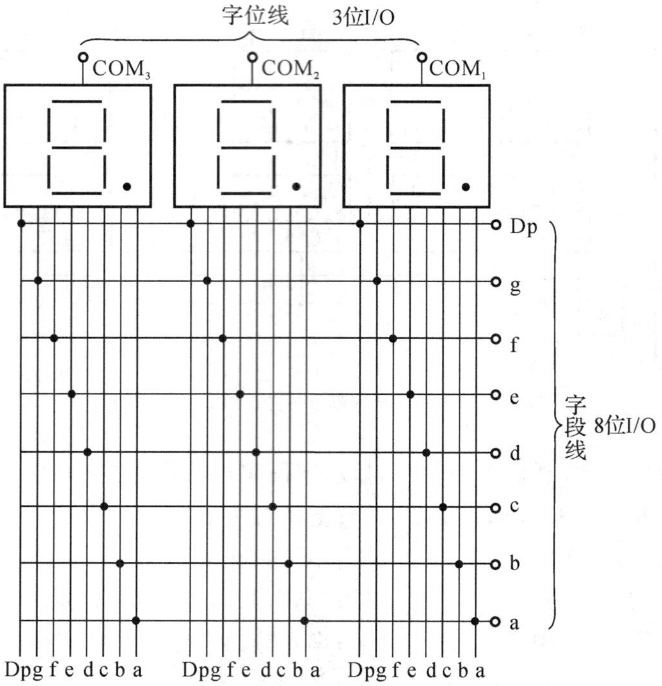

图 4.3 动态显示 LED 数码管连接方式

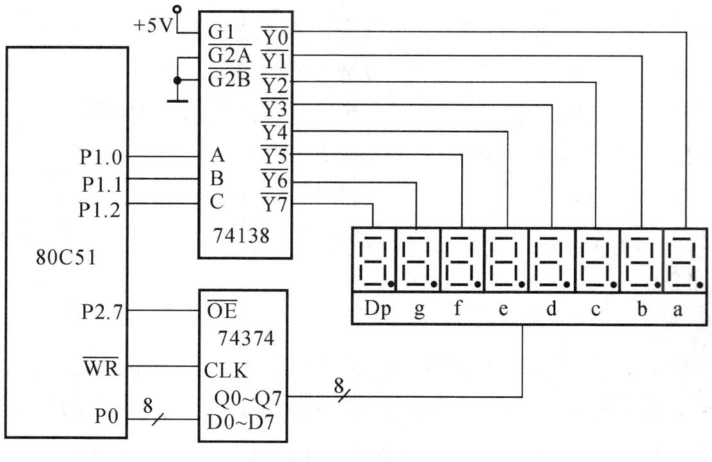

图 4.4 共阴极型 8 位动态显示电路

图 4.5 为软件移码的动态扫描 LED 显示接口。位选线由 8155 的 PA 口经 6 路反相器提供，段选线由 8155 的 PB 口经 8 路驱动器输出提供。

3. 点阵式 LED 显示器

七段 LED 显示器只能显示 0～9 和一些简单的字符，不能显示任意字符，点阵式 LED 显示器克服了这个缺点，能更好地显示各种字符。目前常用的点阵式 LED 显示器有 5×4(5 行 4 列)、7×5(7 行 5 列)、9×7(9 行 7 列)等几种，行列数目越多，分辨率就越高，则显示效果越好。7×5 点阵式 LED 显示器由 7 行 5 列矩阵式连接的 35 个发光二极管组成，其电路图如图

4.6 所示。该电路采用计数器步进选列。欲显示数据的字符及计数器的输出信号分别从字符 ROM 的 A0～A7 和 A8～A10 端输入，以确定数据代码所在 ROM 单元中的地址。假定数据是 5，会从图中表示的字符 ROM 中读出 5 的代码，并发送给阵列 LED。计数器通过译码器送出列信号 C0～C4，当计数器从 0 开始计数到 4 时，第 0 列至第 4 列的行代码通过 R0～R6 依次被读出，然后重复这一过程。

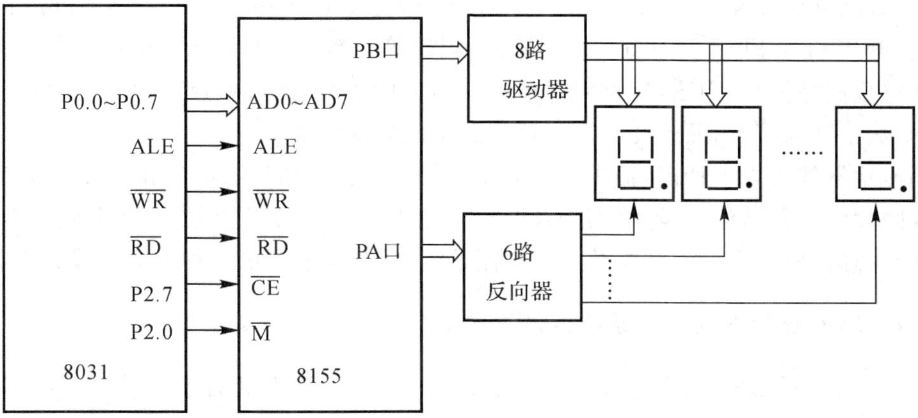

图 4.5　软件移码的动态扫描 LED 显示接口

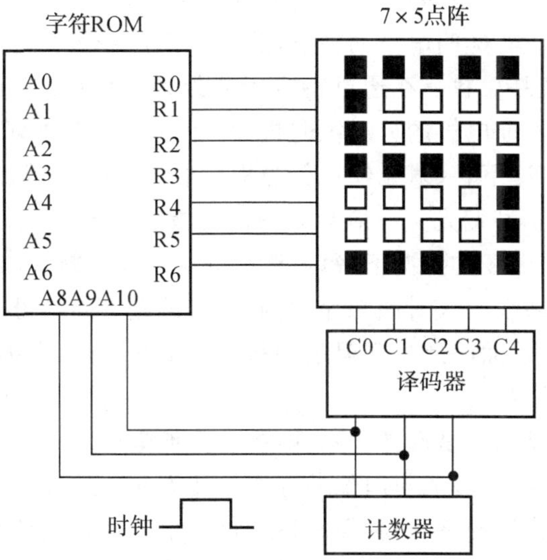

图 4.6　7×5 点阵式 LED 显示电路

从 ROM 中读出的第 0 列代码是 1001111，计数器加 1 后读出的第 1 列代码是 1001001，2，3，4 列依次是 1001001，1001001，1111001，便可产生数字 5。

4.2　液晶显示器接口技术

液晶显示器 LCD(Liquid Crystal Display)是一种被动式的显示器，即液晶本身并不发光，而是利用液晶经过处理后能改变光线通过方向的特性，从而达到白底黑字或黑底白字显示的目的。液晶显示器通常可以分为段式(也称 8 字)、字符型和图形点阵式三种类型。

段式液晶显示器的每个字由 8 段组成,即一个 8 字和一点,只能显示数字和部分字母。字符型液晶显示器主要用于显示字符和数字,对于图形和汉字的显示方式与段式液晶无异。字符型液晶一般有以下几种分辨率:8×1,16× 1,16×2,16×4,20×2,20×4,40×2,40×4 等,其中 8(16,20,40)的意义为一行可显示的字符(数字)数,1(2,4)的意义是指显示行数。图形点阵式液晶,又分为 TN(Twisted Nematic,扭曲向列)、STN(Super Twisted Nematic,超级扭曲向列)、TFT(Thin Film Transistor,薄膜晶体管)等几类。TN 类液晶由于它的局限性,只用于生产字符型液晶模块;而 STN 类液晶模块一般为中小型,既有单色的,也有伪彩色的;TFT 类液晶,则从小到大都有,而且几乎清一色为真彩色显示模块。

液晶显示器件有以下特点:低压微功耗,平板型结构,被动显示型(无眩光,不刺激人眼,不会引起眼睛疲劳),显示信息量大(因为像素可以做得很小),易于彩色化,无电磁辐射(对人体安全,利于信息保密),寿命长。本节主要介绍段式 LCD 显示器的工作原理以及接口技术。

4.2.1 LCD 显示器的工作原理和驱动方式

LCD 显示器中液态晶体材料是一种有机化合物,在常温下既有液体特性又有晶体特性。利用晶体在电场作用下产生光的散射或偏光作用原理,便可实现数字显示。目前广泛使用的是扭曲反射式液晶。下面来分析 TN 型液晶显示器件的基本构造。

TN 是 Twisted Nematic 的缩写,直译为“扭曲向列”,这是 TN 型液晶显示器结构上的基本特征。将上、下两块制作有透明电极的玻璃,通过四周的胶框封接后,形成一个几微米厚的盒。在盒中注入 TN 型液晶材料。在通过特定工艺处理的盒中,TN 型液晶的棒状分子平行地排列于上下电极之间,靠前电极的分子纵向排列,后电极竖直排列,前后电极之间的分子逐步扭曲。在不加电场的情况下,入射光经过偏光板后通过液晶层,偏光被分子扭曲排列的液晶层旋转 90°,离开液晶层时,其偏光方向恰与另一偏光板的方向一致,因此光线能顺利通过,整个电极面呈光亮。在加入电场的情况下,每个液晶分子的光轴转向与电场方向一致,液晶层因此失去了旋光的能力,结果来自入射偏光片的偏光,其偏光方向与另一偏光片的偏光方向成垂直的关系,并无法通过,电极面因此呈现黑暗的状态。由此可知,根据需要制作成不同的电极,就可以实现不同内容的显示。

由上可知,平时液晶显示器呈透亮背景,电极部分加电压后,显示黑色字符或图形,这种显示称为正显示。如将后偏振片转成与前偏振片的偏转方向一致装配,则正好相反,平时背景呈黑色,加电后显示字符部分呈透亮,这种显示称为负显示。现在很流行的 PC 机彩色液晶显示屏就是利用这个基本原理制成的。它是一种带背光源的彩色显示器件。

可见,液晶显示器一个最突出的特点就是其本身不发光,用电来控制对环境照明的光显示部分的反射(或透射)方法而实现显示。因此在所有的显示器件中,它的功耗最小,在 1 $\mu W/cm^2$ 以下,与低功耗的 CMOS 电路匹配最适合于各种便携式的袖珍型仪器仪表、微型计算机作为终端显示用。

LCD 是利用外界光源的被动式显示器件,环境越明亮,显示越清晰,不能用于暗处。对于 LCD 的驱动采用正负对称的交流信号,不希望有直流信号,因为直流信号会导致液晶电解,加速老化。

图 4.7 为液晶显示器结构示意图,图 4.8 为液晶显示驱动电路。在液晶显示驱动电路中:

当 A=0 时，段电极与背电极电平相同，该段不亮；

当 A=1 时，段电极与背电极电平不同，该段点亮。

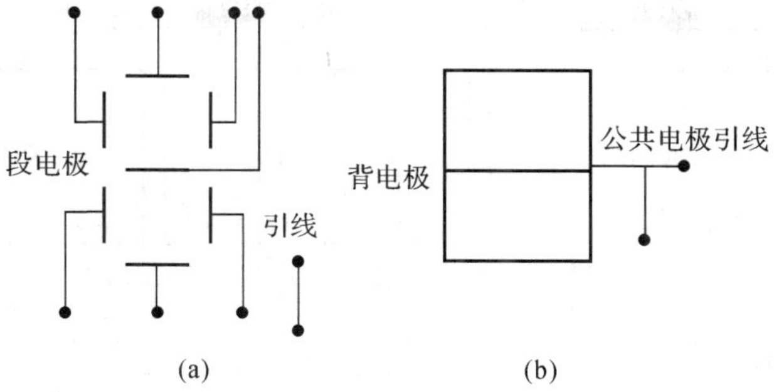

图 4.7　液晶显示器结构示意图

(a)正面；(b)背面

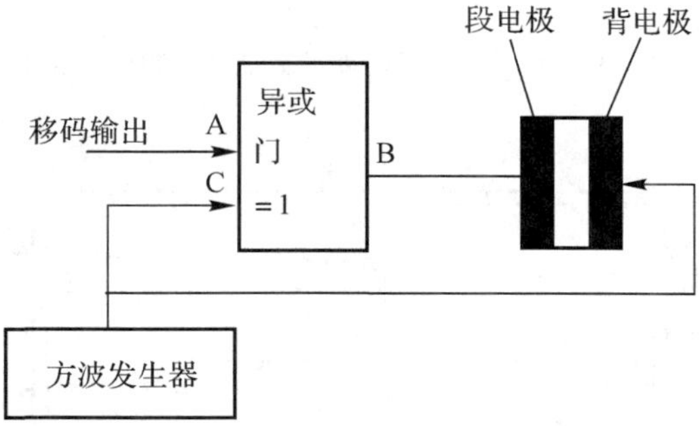

图 4.8　液晶显示驱动电路

4.2.2　LCD 显示器的驱动接口

LCD 的驱动方式分为静态驱动方式和动态驱动方式两种。

静态驱动方式的 LCD 每个显示器的每个字段都要引出电极，所有显示器的公共电极连在一起后引出。显然，显示位数越多，引出线也越多，故适用于显示位数较少的场合。

动态驱动方式实际上是用矩阵驱动法来驱动字符显示。字段引线相当于行引线，公共电极相当于列引线，字符的每一个字段相当于矩阵的一个点。显然，动态驱动方式适用于显示位数较多的场合。

静态 LCD 驱动接口的功能是将要显示的数据通过译码器译为显示码，再变为低频的交变信号，送到 LCD 显示器。图 4.9 为采用硬件译码器的静态 LCD 驱动接口。

译码驱动器采用 MC14543。它是带锁存器的 CMOS 型译码驱动器，可以将输入的 BCD 码数据转换为 7 段显示码输出。

驱动方式由 PH 端控制，在驱动 LCD 时，PH 端输入显示方波信号。

LD 是内部锁存器选通端，LD 为高电平时，允许 A～D 输入 BCD 码。图 4.10 为液晶显示器(SP521PR)顶视图。

LCD 的动态驱动接口通常采用专用的集成电路芯片来实现。

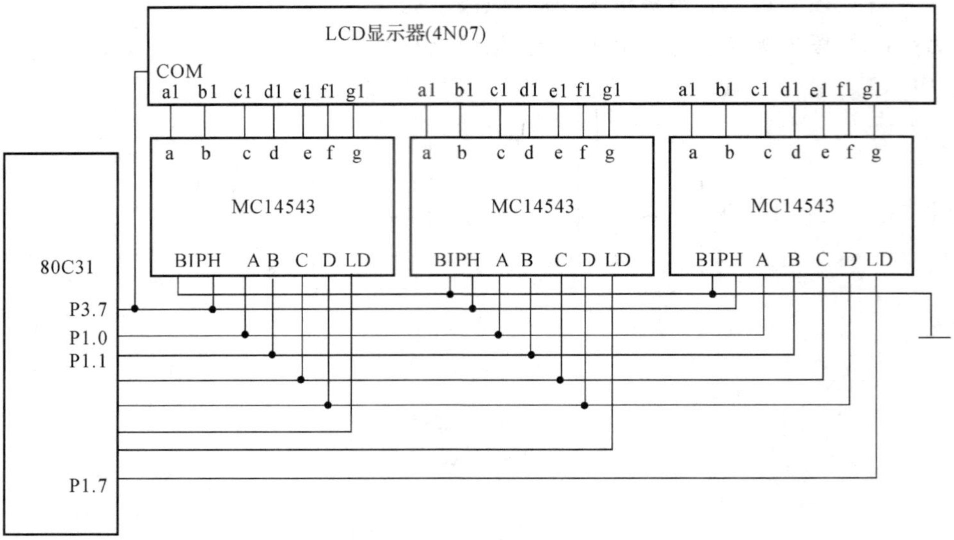

图 4.9　采用硬件译码器的静态 LCD 驱动接口

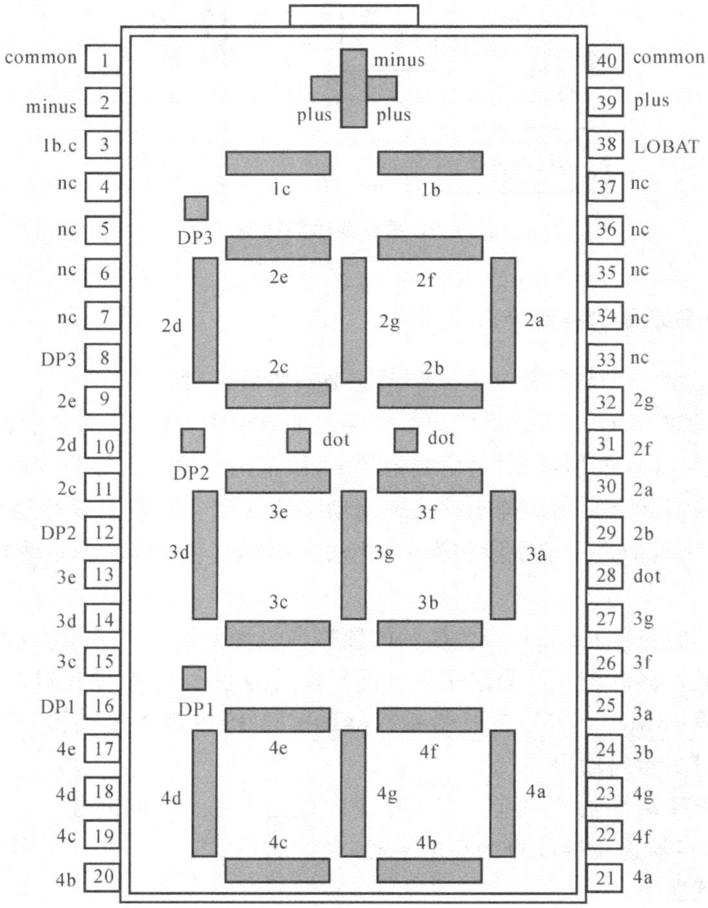

图 4.10　液晶显示器(SP521PR)顶视图

4.3　键盘接口技术

常规仪器常常采用各种固定机械开关和一些调节装置来调整和控制仪器的功能和状态，这些设备功能弱、可靠性低、使用不灵活，难以胜任智能仪器的自动测试要求。而在智能仪器中常常使用键盘向 CPU 输入数据或命令。

键盘是由一组按压式或触摸式开关构成的阵列。智能仪器仪表的键盘除了包括 0～9 十个数字键外，还可设置一些功能键，如自检、量程自动切换、远程控制等。智能仪表常常采用专用的功能键盘，如图 4.11 所示。

1	2	3		FB4
4	5	6	FB1	FB5
7	8	9	FB2	FB6
—	0	.	FB3	FB7

图 4.11　键盘面板

智能仪器采用键盘作为输入装置的优点：

(1)简单可靠。键盘采用单触点瞬间接通方式，与传统的旋钮开关和琴键开关相比，机械结构简单，可靠性高。

(2)面板布局清晰，便于使用人员操作。使用为数不多的按键，采用软硬件结合的方法，就可完成传统仪器中很多面板旋钮的作用。

(3)易于修改。在键盘的软件设计中，可以修改键盘的功能。

(4)易采用标准化的大规模集成电路(LSI)实现键盘的编码。

(5)易实现仪器的远控。按键的“按下”和“释放”对应“0”“1”两个状态，实现仪器的远控。

4.3.1　键盘输入的处理

键盘输入需要解决的三个主要问题：

(1)按键的识别(识键)。判断是否有按键按下，若有，则须进一步译键；若无，则须进一步等待键入。键的闭合与否，反映在行线输出电压上就是呈现出高电平或低电平，如果高电平表示断开，则低电平表示键闭合，因此通过对行线高低电平的检测，便可确认按键按下与否。

(2)译键。在有键入的情况下，进一步识别出是哪一个键，并作相应的译码。

(3)键义分析。在单义键的情况下，微处理器只须根据键码来查表，找出对应的处理子程序入口地址，并进行程序转移即可；在多义键的情况下，特别是在使用键语时，还须作键语分析。

键抖动问题：按键采用弹簧结构，在键闭合的过程中，会产生抖动而误认为连续按几次按键。抖动时间大约在 10～20 ms。因此按键操作必须进行去抖动处理，而克服键抖动有两种方法，一种是硬件方法，另一种是软件方法。

1)硬件消除按键抖动方法。硬件消除按键抖动有 RC 滤波以及 RS 触发器两种方法，分别如图 4.12(a)(b)所示。利用 RS 触发器互锁功能去抖动，可以得到理想的按键输出波形，一般只适用按键数目较少的场合。

2)软件消除按键抖动方法。在检测到有按键按下时,执行一段 20 ms 的软件延时程序,延时到键状态稳定后再去读键的信息。

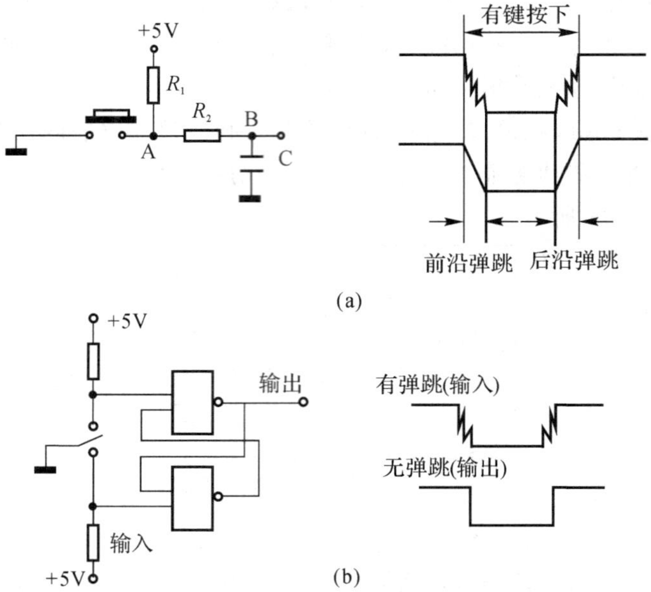

图 4.12　按键弹跳及反弹跳电路

(a)RC 滤波电路;　(b) RS 防抖电路

4.3.2　键盘接口的工作原理

常用的键盘接口分为独立式键盘接口和矩阵式键盘接口。

独立式键盘指能够由硬件自动提供与被按键对应的 ASCII 码或其他编码,硬件要求较多,价格昂贵;矩阵式键盘指仅提供行和列的矩阵,其硬件逻辑和按键编码不存在严格的对应关系,而由所用的程序来确定。矩阵式键盘硬件结构简单,但占用较多 CPU 时间。

1. 独立式键盘

独立式按键是每个按键占用一根 I/O 端线。其特点为:①各按键相互独立,电路配置灵活;②按键数量较多时,I/O 端线耗费较多,电路结构繁杂;③软件结构简单,适用于按键数量较少的场合。下面分别介绍在独立式键盘处理软件中用到的三种扫面方式。

(1)程序控制扫描方式。键处理程序固定在主程序的某个程序段。其特点是对 CPU 工作影响小,但应考虑键盘处理程序的运行间隔周期不能太长,否则会影响对键输入响应的实时性。

(2)定时控制扫描方式。利用定时/计数器每隔一段时间产生定时中断,CPU 响应中断后对键盘进行扫描。与程序控制扫描方式的区别是,在扫描间隔时间内,前者用 CPU 工作程序填充,后者用定时/计数器定时控制。定时控制扫描方式也应考虑定时时间不能太长,否则会影响对键输入响应的及时性。

(3)中断控制方式。中断控制方式是利用外部中断源,响应键输入信号。这种方式克服了前两种控制方式可能产生的空扫描和不能及时响应键输入的缺点,既能及时处理键输入,又能提高 CPU 运行效率，但要占用一个宝贵的中断资源。

下面介绍几种独立式按键的接口。

(1)按键直接与 I/O 口连接。图 4.13 为独立式按键接口电路，按键直接与 8031 的 I/O 口线相接，通过读 I/O 口，判定各 I/O 口线的电平状态，即可识别出按下的按键。

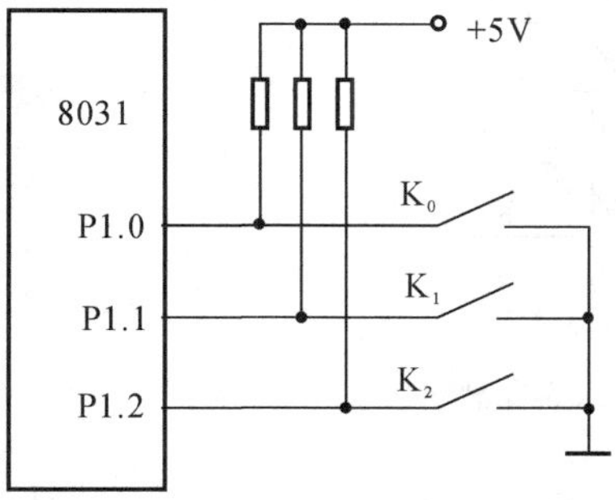

图 4.13　独立式按键接口电路

(2)按键与扩展 I/O 口连接。图 4.14 为采用锁存器的独立式按键接口，这种连接方式是把按键当做外部 RAM 某一工作单元的位来对待，通过读片外 RAM 的方法，识别按键的工作状态。

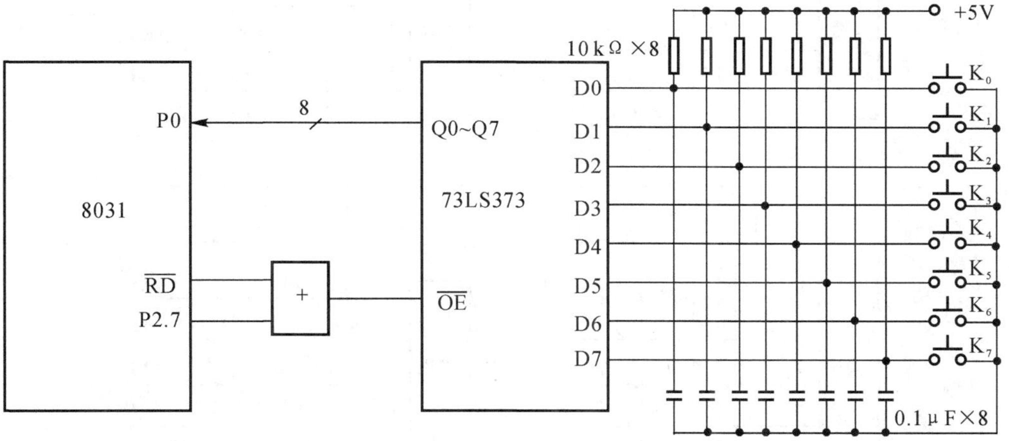

图 4.14　采用锁存器的独立式按键接口

2. 矩阵式键盘

矩阵式键盘大都采用按行、列排列的矩阵开关结构，图 4.15 为矩阵式 16 键盘结构。I/O 端线分为行线和列线，按键设置在行、列线交叉点上，行、列线分别连接到按键开关的两端。列线通过上拉电阻接到＋5V 上。平时无键按下时，列线处于高电平状态，而当有键按下时，列线电平状态将由与此相连的行线电平决定。如果行线电平为低，则列线电平为低；如果行线电平为高，则列线电平为高。这是识别矩阵键盘是否被按下的关键所在。要确定按键闭合的位置，必须将行、列线信号配合起来并适当处理，这样才能最终确定键闭合的位置。

矩阵式键盘的特点为：占用 I/O 端线较少；软件结构较复杂；适用于按键较多的场合。

按键的识别有两种方法：行扫描法和线反转法。

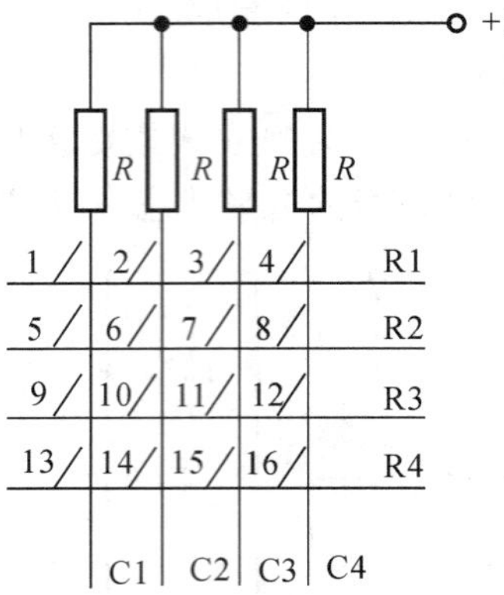

图 4.15　矩阵式 16 键盘结构

(1)行扫描法(Row - Scanning)。如图 4.16 所示,行扫描法是采用步进扫描方式,CPU 通过输出口把低电平"0"逐行给键盘的行线,然后通过输入口检查列线的电平的变化,如果某列线电平为低电平,则可确定此行此列交叉点的按键被按下。

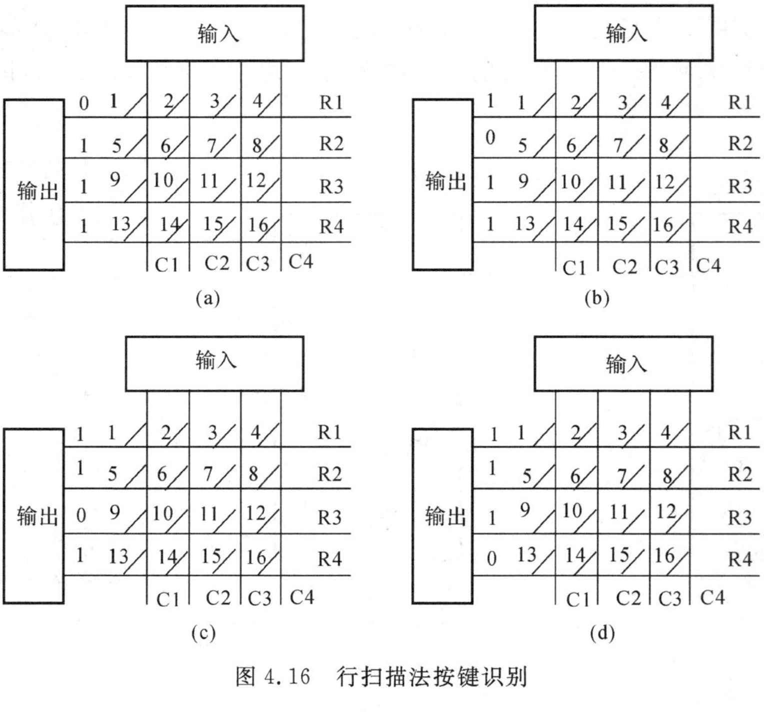

图 4.16　行扫描法按键识别

图 4.16(a)(b)(c)(d)分别为 CPU 对行线的输出为 0111,1011,1101,1110,如果是键 10 按下去,则得到的行值为 1101,列值为 1011。因此行扫描注的具体步骤如下:

1)寻找有无键按下去。

2)找出按下的键属于哪一列。

3)找出按下的键属于哪一行。

4)CPU 根据查得的按键特征值转入相应的子程序中,完成该键的操作功能。

(2)线反转法(Line - Reverse)。行扫描法要逐行扫描查询,一般情况下要经过多次扫描才能最后得到按键所处的行列值。而线反转法只须经过两步便能获得按键所在的行列值。线反转法是借助于可编程的通用接口芯片来实现的，它比扫描法的速度要快。

图 4.17 为 4×4 矩阵式键盘与可编程通用接口的连接。并行接口有方向寄存器和数据寄存器。方向寄存器规定了接口总线 PB0～PB7 的方向，寄存器的某位置“1”时该位为输出，置“0”时该位为输入。数据寄存器可读取选择键的行与列值。其方法如下：

1)由行值读列值——取得列值。令方向寄存器为 0FH，即 4 条行线 PB3～PB0 为输出，4 条列线 PB7～PB4 为输入。然后把 0FH 写入数据寄存器，PB3～PB0 为“0”。这时若无键按下，则 4 条列线均为“1”；若有键按下，则行线的“0”电平通过闭合键使相应的列线变为“0”，并经与非门发出键盘中断请求信号。图中是第三行第一列键按下的情况，此时 PB7～PB4 的输入为 1011。

2)由列值读行值——取得行值。接口总线方向反转，令方向寄存器为 F0H，即 4 条列线 PB7～PB4 输出“0”，4 条行线 PB3～PB0 为输入，读得数据 0111。

3)将行、列组合，查键值。CPU 从数据寄存器得到的完整数据为 PB7～PB0：10110111。

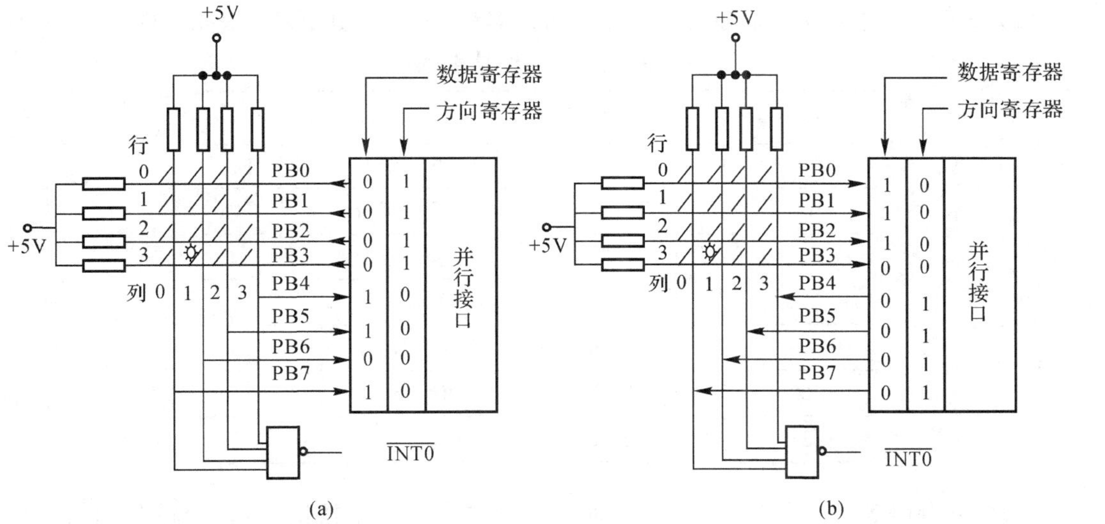

图 4.17　线反转法键盘接口

(a)行输出列输入；(b)　行输入列输出

4.3.3　键值分析

键盘上的按键可以分为两类：数字键和功能键。功能键又可分为单键指令和多键指令。

单键指令：一个键单独闭合一次就构成一条指令，这种指令一般称为命令。

多键指令：多个键以一定的顺序闭合构成的指令。这种指令不仅取决于按下过哪些键，而且与键的闭合顺序有关。

键值分析常用的方法：查表法和状态分析法。

查表法：根据得到的键值代码，到固化在 ROM 里的表格中查找对应代码子程序的入口地址。该方法适应于单键指令。

状态分析法：根据键码和当前所处的状态找出下一个应进入的状态及子程序。该方法适应于多键指令。

1. 转移表法

单转移表法的核心是一个固化在 ROM 中的子程序入口地址表。

在转移表内存有各功能子程序的入口地址，根据键值代码查阅此表就可获得相应的子程序入口地址，从而可以转移到相应的命令处理子程序。

下面以 16 个数字键、6 个功能键(见表 4.2)组成的键盘来说明转移表法监控程序设计的主要内容。

表 4.2　16 个数字键及 6 个功能键组成的键盘

0	1	2	3	RUN	RET
4	5	6	7	ADRS	STORE
8	9	A	B	READ	WRITE
C	D	E	F		

(1) 建立按键功能表。将键盘上各个按键的名称、定义及功能列于表 4.3 中。

表 4.3　按键功能表

序　号	键名代号	功能定义
0～15	0～F	数字键 0～数字键 F
16	RUN	程序运行
17	RET	程序返回
18	ADRS	地址
19	STORE	数据储存
20	READ	读
21	WRITE	写

(2)建立键码表。为了让 CPU 能识别出闭合的是哪一个按键，对每个键分别给一个代码，此代码称为按键的键码。键码分配必须具有唯一性，一个键码只能对应于一个按键。键码一般由两部分组成，一部分是键码的类别值，另一部分是按键的号码。如数字键类别值为 0；功能键类别值为 1。这样便可以用键码代表按键，如表 4.4 所示。

表 4.4　键码表

键　名	键　码
0～F	00～0F
RUN	10
RET	11
ADRS	12
STORE	13
READ	14
WRITE	15

(3)译码、键义分析及建立键码转移表。某一个按键被按下以后，监控程序应根据键闭合的所在行、列位置译出其键码，并据键码决定键义，从而转到对应的程序中去。键码与程序之间的联系由转移表来实现。

所谓“转移表”就是将各个功能程序的入口地址汇集到一张表，由闭合按键的键码驱动(查阅)转移表(见表 4.5)，决定程序应转到何处去。

表 4.5　键码转移表

键　名	子程序标号	子程序入口地址
RUN	KEYDC0	入口地址 1
RET	KEYDC1	入口地址 2
ADRS	KEYDC2	入口地址 3
STORE	KEYDC3	入口地址 4
READ	KEYDC4	入口地址 5
WRITE	KEYDC5	入口地址 6

MCS－51 汇编指令编写的转移表及查表程序如下所示：

```
START:  MOV     R2, A           ;保护键码值
        ANL     A, #10H         ;判断何键闭合
        JZ      DIGHT           ;是数据键,存数据
        MOV     A, R2
        ANL     A, #0FH         ;是命令键,查转移表
        RL      A
        MOV     DPTR, #TBJ1;转移表首地址送指针
        JMP     @ A+DPTR
TBJ1:   AJMP    KEYDC0          ; RUN
        AJMP    KEYDC1          ; RET
        AJMP    KEYDC1          ; ADRS
        AJMP    KEYDC1          ; STORE
        AJMP    KEYDC1          ; READ
        AJMP    KEYDC7          ; WRITE
DIGHT   …       …               ;把数据存入存储器并显示
```

2. 状态变量法

当按键较多、复用次数较多时，常常采用状态变量法设计监控程序。

“状态”是系统理论中的一个基本概念。系统的状态是表示系统的最小一组变量。只要知道一个系统在 $t=t_0$ 时的状态和 $t \geqslant t_0$ 时的输入，那么就能完全确定系统在 $t \geqslant t_0$ 任何时间内的行为。

对于一键一义的监控程序，在 $t \geqslant t_0$ 时的状态仅取决于程序结构及当时的键入按键，而无

状态可言。

对于一键多义的监控程序，在 $t \geqslant t_0$ 时的状态不仅取决于程序结构、当前按键，还取决于以前的按键序列 K_1, K_2, K_3…… 所携带的影响系统状态的信息总和。用状态 ST 来表示这些信息的总和，则有

$$ST = f(K_1, K_2, K_3, \cdots) \tag{4.1}$$

这样，一键多义监控程序的状态是由程序结构、输入按键及状态三者决定的。在每个状态，各按键都有确定的含义，在不同的状态，同一个按键具有不同的含义。

一般来说，仪器在任何一个状态对各个按键均应作出响应，即状态与按键的每一种组合都应执行一个子程序并变迁到下一个状态(称为次态，用 NEXST 表示)，这可用矩阵来表示，如表 4.6 所示，该矩阵称为状态矩阵。

表 4.6　状态矩阵

按键 状态	K_1	K_2	……	K_n
ST_0	SUB01 NEXST01	SUB02 NEXST02	…	SUB0nNEXST0n
ST_1	SUB11 NEXST11	SUB12 NEXST12	…	SUB02 NEXST1n
…	…			
ST_m	SUBm1 NEXSTm1	SUBm2 NEXSTm2	…	SUB02 NEXSTmn

表中表示仪器有 n 个按键，$m+1$ 个状态。若在 $ST_i (0 \leqslant i \leqslant m)$ 态按 $K_j (1 \leqslant j \leqslant n)$ 键，则将执行 SUBL(L 为子程序号或首址)，并变迁到 $NEXS_r (0 \leqslant r \leqslant m)$。状态矩阵明确规定了仪器在每个状态接受各种按键时所进行的实际动作，也规定了状态的变迁，因而是监控程序的大纲。这样，用状态变量法设计的键盘监控程序就归结为根据现态与当前按键两个关键字查阅状态矩阵这样一件事情。

状态变量法设计键盘监控程序具有以下优点：

(1)应用一张状态矩阵表，统一处理任何一组按键-状态的组合，使复杂的按键序列的编译过程变得简洁、直观、容易优化，设计的程序易懂、易读。

(2)翻译、解释按键序列与执行子程序完全分离，因此键盘程序的设计不受其他程序的影响。

(3)若仪器功能发生改变，监控程序的结构不变，仅须改变状态矩阵。

(4)设计任务越复杂，按键复用次数越多，此方法的效率越高，对于复杂的仪器仅是状态矩阵规模大些，监控程序的设计方法是一样的。

4.4　打印输出接口技术

在智能仪器仪表中，常常需要将测量数据通过打印机打印输出。打印机(Printer)是智能仪器的输出设备之一，用于将智能仪器的测量结果打印在相关介质上。衡量打印机好坏的指标有三项：打印分辨率、打印速度和噪声。

4.4.1　打印机的分类

1.按打印机的工作原理分类

(1)击打式打印机。击打式打印机的打印过程是利用机械作用,击打活字载体上的字符,使之与色带和打印纸相撞而印出字符;或者利用打印针撞击色带和打印纸打出点阵,组成字符或图形。击打式打印机包括针式打印机、打字机(字模式)。

(2)非击打式打印机。非击打式打印机的打印过程是不依靠机械击打动作,而是使用各种物理的或化学的方法印刷字符,如激光扫描、液晶扫描、喷墨、静电感应、热敏效应等。非击打式打印机主要有热敏式打印机、激光打印机、喷墨打印机等。

1)热敏式打印机。它的工作原理是把打印头压在受热后会改变颜色的白色热敏记录纸上,在控制电路的控制下,打印头上的发热元件瞬时发热,热量传到热敏纸上使记录纸改变颜色形成字符或图形。

2)激光打印机。它是一种高速打印机,综合了激光技术和电子照相技术,速度可达20 000行/s。其打印过程如下:由 He－Ne(氦-氖)激光发生器发出的高亮度单方向极细光束,经控制器的调制作用发生相应于被打印字符的偏转,然后照射到旋转的感光鼓面上。感光鼓面上有静电,被激光照射的地方静电消失,可吸附色粉,此色粉黏到旋转的纸筒上(打印纸),纸上便呈现被打印的字符,鼓面不被照射的地方,电荷不消失,印不出字符。

3)喷墨打印机。它使用一般的纸,把墨水喷到普通纸上实行印刷,有电场控制型和电荷控制型等多种。

2.按印字方式分类

(1)串行式打印机:在一行的打印中依次打印每一个字符的打印机。

(2)行式打印机:以行为单位进行打印的打印机。

(3)页式打印机:以页为单位进行打印的打印机。

3.按颜色分类

(1)单色打印机:只能在打印介质上打印出单色图文的打印机。

(2)彩色打印机:通过专门的色彩控制电路和部件能实现色彩的控制与输出的打印机,彩色打印机需要配有彩色色带或彩色墨盒。

4.按速度分类

(1)串行式打印机按每秒打印的字符数(CPS)分为低速打印机、中速打印机、高速打印机(200CPS 以上)、超高速打印机、特高速打印机。

(2)行式打印机按每分钟打印的行数(LPM)分为低速打印机、中速打印机、高速打印机(600LPM 以上)。

5.按用途分类

(1)办公和事务通用打印机。由于针式打印机具有中等分辨率和打印速度、耗材便宜,同时还具有高速跳行、多份拷贝打印、宽幅面打印、维修方便等特点,目前仍然是办公和事务处理中打印报表、发票等的优选机种。

(2)商用打印机。商用打印机是指商业印刷用的打印机,由于这一领域要求印刷的质量比较高,有时还要处理图文并茂的文档,因此,一般选用高分辨率的激光打印机。

(3)专用打印机。专用打印机一般是指各种微型打印机、存折打印机、平推式票据打印机、条形码打印机、热敏印字机等用于专用系统的打印机。

(4)家用打印机。家用打印机是指与家用电脑配套进入家庭的打印机，根据家庭使用打印机的特点，目前低档的彩色喷墨打印机逐渐成为主流产品。

(5)便携式打印机。便携式打印机一般用于与笔记本配套，具有体积小、质量小、可用电池驱动、便于携带等特点。

(6)网络打印机。网络打印机用于网络系统，要为多数人提供打印服务，因此要求这种打印机具有打印速度快、能自动切换打印模式和网络协议、便于网络管理员进行管理等特点。

4.4.2 打印机输出接口技术

在智能仪器中多使用微型点阵式打印机，例如 PP40，TPuP－40A 等微型打印机。在微型打印机的内部有一个控制用单片机，固化有控制打印程序，智能化程度高。打印机启动后，由内部单片机执行固化程序，就可以接收和分析主机发送来的数据和命令，然后通过控制电路，实现对打印机头机械动作的控制，进行打印。

1. TpuP－40A 打印机接口

TpuP－40A 是一种微型点阵式打印机，它内部采用了单片机控制，具有 2 KB 的程控打印程序，打印命令丰富，格式简单，可打印出标准 ASCII 字符、非标准字符和图符。TpuP－40A 每行打印 40 个字符。

TpuP－40A 微型打印机的接口信号如表 4.7 所示。该打印机与单片机间是通过一条 20 芯电缆及插件相连的。

表 4.7 TpuP－40A 的接口信号

针位	信号	针位	信号	针位	信号	针位	信号
1	$\overline{\text{STB}}$	6	GND	11	DB4	16	GND
2	GND	7	DB2	12	GND	17	DB7
3	DB0	8	GND	13	DB5	18	$\overline{\text{ACK}}$
4	GND	9	DB3	14	GND	19	BUSY
5	DB1	10	GND	15	DB6	20	$\overline{\text{ERR}}$

其中：

DB0～DB7：单向数据线。由计算机输入给打印机。

$\overline{\text{STB}}$：数据选通信号。在它的上升沿，数据线的数据被打印机读入机内锁存。

BUSY：打印机忙状态信号。打印机忙时，输出高电平；空闲时，输出低电平。

$\overline{\text{ACK}}$：打印机应答信号。该信号为低电平时，表示打印机已取走数据线上的数据。

$\overline{\text{ERR}}$："出错"信号。当送入打印机的命令格式有错时，打印机立刻打印出一行出错信息。在打印出错信息之前，该信号线出现一个负脉冲，脉冲宽度为 30 μs。

TpuP－40A 是智能打印机，其控制电路由单片机构成，在输入电路中有锁存器，在输出电路中有三态门控制，因此可以直接与单片机相连。TpuP－40A 与 8031 接口电路如图 4.18 所示。

图 4.18 中，错误命令信息$\overline{\text{ERR}}$采用查询方式读取。忙信号 BUSY 用于中断请求，也可以

采用查询方式。

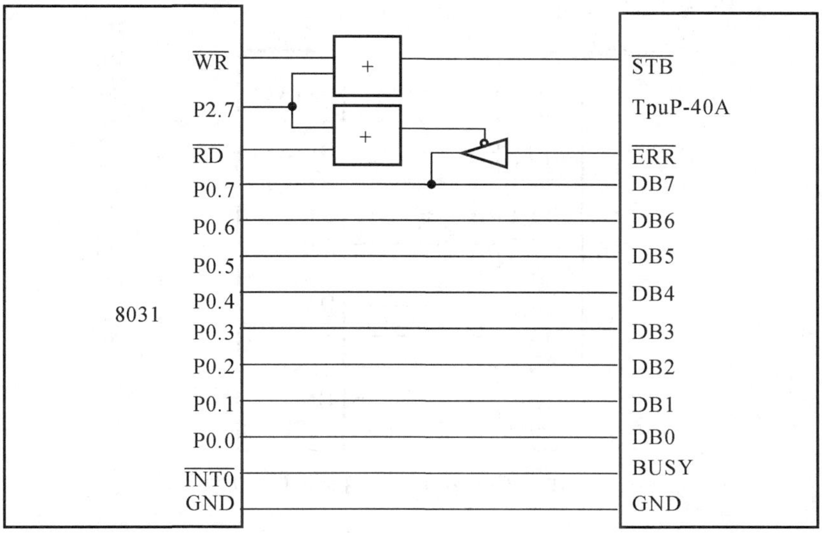

图 4.18　TpuP－40A 与 8031 接口

2. PP40 绘图仪接口

PP40 是 40 行的彩色描绘器，它可靠性高，工作时噪声小，能描绘出所有可显示的 ASCII 字符和精度较高的彩色图表，与计算机接口十分方便。PP40 具有文本模式和图案模式两种操作方式。在文本模式时，能打印所有的 ASCII 字符。在图案模式时，能描绘出用户设计的各种彩色图案。表 4.8 为 PP40 的接口信号。

表 4.8　PP40 的接口信号

针位	信号	针位	信号	针位	信号	针位	信号
1	$\overline{\text{STROBE}}$	10	$\overline{\text{ACK}}$	19	GND	28	GND
2	DATA1	11	BUSY	20	GND	29	GND
3	DATA2	12	GND	21	GND	30	GND
4	DATA3	13	NC	22	GND	31	NC
5	DATA4	14	GND	23	GND	32	NC
6	DATA5	15	GND	24	GND	33	GND
7	DATA6	16	GND	25	GND	34	NC
8	DATA7	17	GND	26	GND	35	NC
9	DATA8	18	NC	27	GND	36	NC

其中：

DATA1～ DATA 8：数据线。

$\overline{\text{STROBE}}$：选通输入信号线。它的上升沿将 DATA1～DATA8 上的信息打入 PP40，并启动 PP40 机械装置开始描绘。

BUSY：状态输出线。打印机忙时，输出高电平；空闲时，输出低电平。

$\overline{ACK}$：响应输出线。当打印机接收并处理完命令和数据时，$\overline{ACK}$输出负脉冲，也可以作为中断请求线。图 4.19 为 PP40 和单片机的直接接口方法。

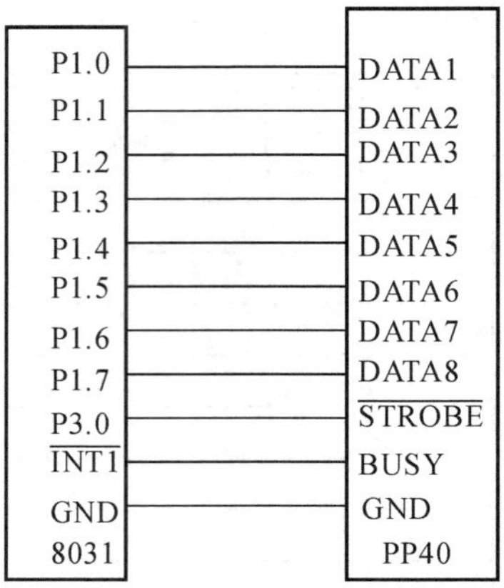

图 4.19　PP40 和单片机的直接接口方法

图 4.19 中，P3.0 接选通信号输出线。该选通信号必须由软件产生；$\overline{INT1}$接中断请求输入线。打印程序及中断服务程序如下：

打印程序：

```
        MOV     R0,#40H         ;置打印缓冲区指针初值
        MOV     R7,10
        MOV     P1,#20H         ;输出 20H(空格)
        SETB    P3.0            ;产生选通脉冲
        CLR     P3.0
        CLR     P3.0
        SETB    P3.0
        SETB    IT1             ;置外中断 1 为边沿触发方式
        MOV     IE,#84H         ;允许中断 1 为边沿触发方式
        ……
```

中断服务程序：

```
PRINT:  PUSH    ACC             ;现场保护
        PUSH    PSW
        JPUSH   DPH
        PUSH    DPL
        MOV     A,@R0           ;取打印字符
        MOV     P1,A            ;输出
        CLR     P3.0            ;产生选通脉冲
        SET     BP3.0
        INC     R0
        DJNZ    R7,PR1
        MOV     A,@0FFH         ;置打印完成标志
```

```
        CLR     EX1              ;关外中断 1
        POP     DPL
        POP     DPH
        POP     PSW
        POP     ACC
        RETI
```

PP40 和 8255 的接口连接如图 4.20 所示。

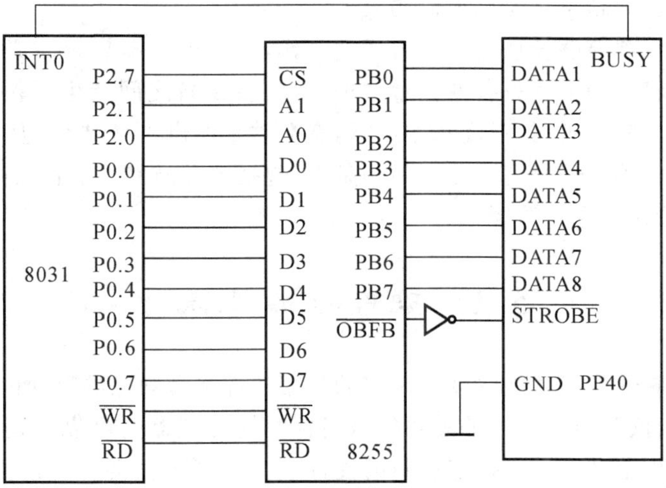

图 4.20　PP40 和 8255 的接口连接

该选通信号由 8255 的硬件产生。一般来说，只需要再加上一对握手线即可。扩展 I/O 口也可以作为应用系统中任何并行 I/O 口线。

习　题　4

1. 试分别阐述 LED 显示器和 LCD 显示器的工作原理。

2. LCD 显示有几种驱动方式?

3. 简述独立式键盘与矩阵式键盘的工作原理及其各自的特点。

4. 键盘输入需要解决哪几个主要问题?

5. 什么是按键弹跳? 如何解决按键弹跳问题? 试画出硬件反弹跳电路，并分析其工作原理。

6. 试叙述行扫描式矩阵键盘的工作原理和线翻转式矩阵键盘的工作原理。

7. 打印机都有哪些分类?

第 5 章　智能仪器的可靠性及抗干扰技术

智能仪器体积小、功能灵活、使用方便，已在工业自动化、生产过程领域得到广泛的应用，同时智能仪器的可靠性越来越受到人们的关注。

为了保证智能仪器能够长期、稳定、可靠地工作，在智能仪器设计时必须对抗干扰能力给予足够的重视。随着各种电气设备的大量增加，致使各设备之间产生干扰的机会增多。由于智能仪器工作环境比较恶劣（如温度和湿度高，有振动和冲击，空气中灰尘多，并含有腐蚀性气体以及电磁场的干扰等），同时还要受到使用条件（包括电源质量、运行条件、维护条件等）的影响，因而抗干扰设计显得尤为重要。

5.1　硬件可靠性设计

智能仪器的可靠性是指智能仪器在规定的使用条件下和规定的时间内完成所规定功能的能力，它是衡量智能仪器质量优劣的重要技术指标。智能仪器的可靠性是由硬件可靠性和软件可靠性两个方面决定的。构成智能仪器的硬件包括构成仪器的各种芯片、元器件及各种部件，主要有微处理器及周边电路、IC 电路芯片、电阻、电容、电感、晶体管、继电器、插头、插座、印刷电路板、按键、引线、焊点等。

在智能仪器硬件设计时，常常要采用一些措施来提高系统的可靠性，常用的方法如下：

1. 提高元器件的可靠性

在系统硬件设计和加工时，应选用质量好的接插件，并设计好工艺结构；选用合格的元器件，并进行严格的测试、筛选；设计时技术参数（如负载）要留有一定的余量或降额使用元器件；提高印制板和组装的质量。

2. 冗余与容错设计

要保证仪器系统 100％无故障是不可能的，但可以采用容错技术来解决这一问题。容错是指当系统的某个部件发生故障时，系统仍能完全正常的工作，即给系统增加了容忍故障的能力。为了使系统具有容错能力，必须在系统中增加适当的冗余单元，以保证当某个部件发生故障时能由冗余部件接替其工作，原部件修复后再恢复出错前的状态。

硬件冗余设计可以在元件级、子系统级或系统级上进行。利用这种措施，可以提高智能仪器的可靠性。冗余设计有两种基本结构形式：一是并联系统，它是将若干个功能相同的装置并联运行；二是串联系统，它是将若干个部件串联运行。在并联系统中，只要其中一个装置（部件）正常工作，则智能仪器就能维持正常功能。例如，在系统级上可采用双机系统，两套系统可互为备用的工作。在串联系统，其中任何一个装置出现故障，则智能仪器就无法工作。因此在做冗余设计时，尽量不采用串联系统。

3. 采用抗干扰措施

来自供电系统以及通过导线传输、电磁耦合等产生的电磁干扰信号，是仪器系统工作不稳定的重要因素，在系统硬件设计时必须采取有效的干扰抑制措施。

总之，要提高智能仪器的可靠性，必须从元器件的筛选、老化到仪器设计的全过程，以及整个系统的运行试验各项中仔细考虑。加强可靠性的管理，严格工艺，并采取有效的抗干扰措施，这样才能提高仪器的可靠性。

5.2　干扰源及其传播途径

5.2.1　干扰源

干扰就是除有用信号以外的噪声或造成恶劣影响的变化部分的总称。干扰产生于干扰源，干扰源主要可分为外部干扰源和内部干扰源两种。

外部干扰是指那些与产品结构无关，而是由使用条件和外界环境因素所决定的干扰。其主要有太阳及其他天体辐射出的电磁波，广播电台或通信发射台发出的电磁波，周围的电器装置发出的电或磁的工频干扰也可视作外部干扰。

内部干扰则是由产品结构布局、生产工艺等所决定的干扰。其主要有不同信号的感应，如杂散电容、长线传输造成的波的反射，多点接地造成的电位差引起的干扰，寄生振荡引起的干扰，热噪声干扰，颤噪声、散粒噪声、闪变噪声、尖峰或振铃噪声引起的干扰均属于内部干扰。

5.2.2　干扰的耦合及其传播途径

归纳起来，干扰噪声的耦合和传播途径主要有以下几种：

1. 静电耦合方式

在系统内部，元件之间、导线之间、元件与导线之间等都存在着电容分布。干扰信号很容易通过分布电容进行传递，称为静电耦合。图5.1为两根平行导线之间的静电耦合。

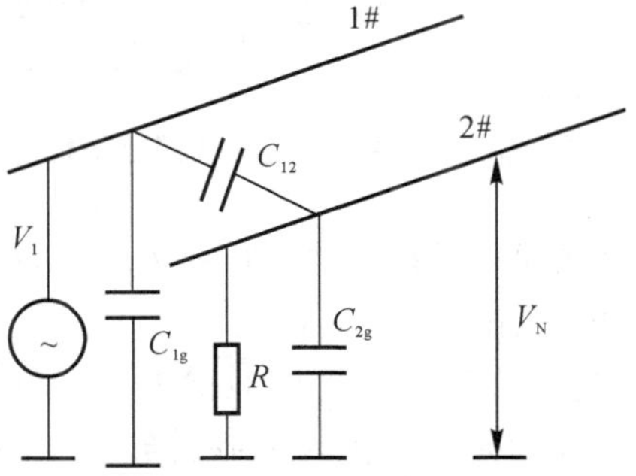

图5.1　两根平行导线之间的静电耦合

图5.1中，1# 导线和2# 导线有分布电容 C_{12} 存在，两根导线对地分别有电容 C_{1g} 和 C_{2g}。如果1# 导线上有干扰源 V_1 存在，则2# 导线上引起的干扰电压为

$$V_N=\frac{j\omega RC_{12}}{j\omega R(C_{12}+C_{2g})+1}V_1 \tag{5.1}$$

2. 互感耦合方式

它是由电磁器件的漏磁通以及印刷线间和电缆间的互感作用而产生的噪声。例如，智能

仪器内部的线圈或变压器的漏磁是对临近电路的一种干扰。图 5.2 为电磁耦合干扰示意图。

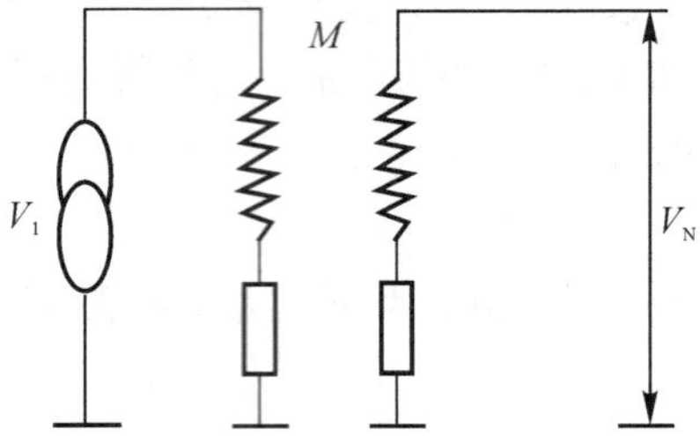

图 5.2 电磁耦合干扰示意图

图中，V_1 为干扰源；M 为两部分电路之间的互感系数；V_N 为通过电磁耦合在被干扰电路感应的干扰电压；w 为干扰角频率。则有

$$V_N = jwMI\ V_1 \tag{5.2}$$

3. 公共阻抗耦合方式

在共用电源和公共接地时，由于电源内部及各接地点之间存在着阻抗，结果会造成电源及接地电位的偏移，它进而又会影响逻辑元件的开、关门电平，使线路工作不可靠。

在智能仪器或检测系统中，电路各部分之间、仪器设备系统之间经常是共用地线的，这样，电源与地线的阻抗就成了各部分之间的公共阻抗。当某部分的电流流过公共阻抗时，阻抗上的压降就成了其他部分的干扰信号，公共电源内阻抗耦合干扰示意图如图 5.3 所示。

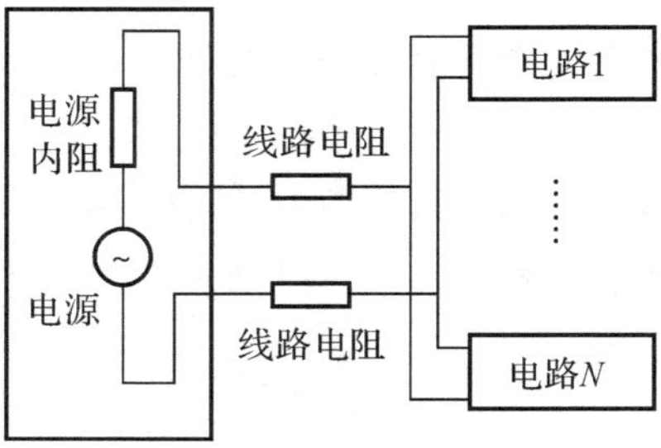

图 5.3 公共电源内阻抗耦合干扰

如图 5.3 所示，仪器中，N 个电路共用一个电源，因内阻抗及线路阻抗的影响，电路 N 中电流的任何变化均会影响电路 1 的工作。

图 5.4 为公共地线耦合的几种情况。在图 5.4(a)与图 5.4 (b)中，数字系统与模拟系统对地均有公共阻抗，任何一个系统信号的变化均会成为另外一个系统的干扰，而图 5.4 (c)的接地方法就可以避免这种情况。因此模拟系统和数字系统应就近接地。

4. 电磁场辐射耦合方式

电磁场辐射也会造成干扰耦合。无线电收发机、广播以及一般通信电波、雷达等，通过空间耦合造成干扰。

5. 传导耦合方式

噪声通过电源线或输入、输出信号线路进行传播，是一种有线的传播方式。

6. 漏电流

印刷线路板表面、端子板表面、继电器端子间、电容器产生的漏电流以及二极管反向电流等，它们会产生干扰信号。

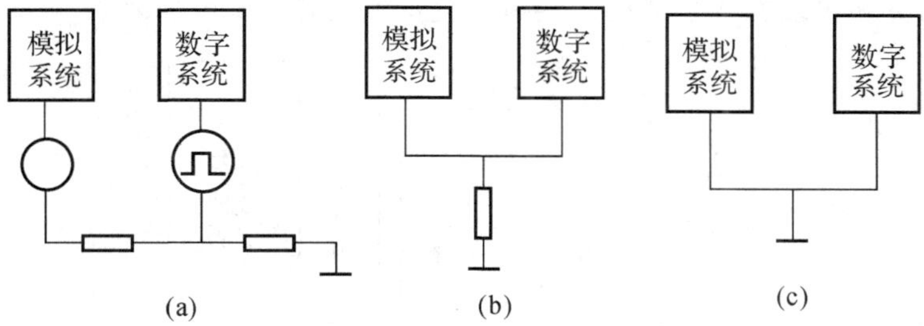

图 5.4　公共地线耦合的几种情况

5.2.3　串模干扰和共模干扰

1. 串模干扰

串模干扰是指干扰电压与有效信号串联叠加后作用到仪表上，如图 5.5 所示。其中，V_s 为信号源，V_{nm} 为干扰源。

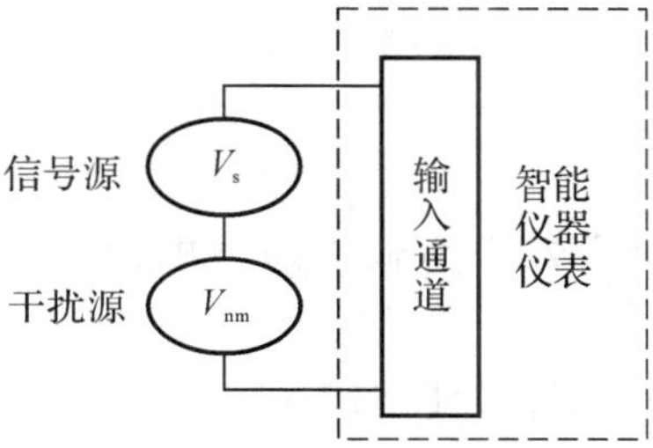

图 5.5　串模干扰示意图

串模干扰通常来自于高压输电线、与信号线平行铺设的电源线及大电流控制线所产生的空间电磁场。由于测量控制系统的信号线较长，通过电磁和静电耦合所产生的感应电压有可能达到与被测信号相同的数量级，甚至大于后者。对测量控制系统而言，由于采样时间短，工频的感应电压也相当于缓慢变化的干扰电压，这种干扰信号与有效直流信号一起被采样和放大，造成有效信号的失真。

2. 串模干扰的拟制

串模干扰的拟制能力用串模拟制比 NMR 来衡量：

$$NMR = 20\lg \frac{V_{nm}}{V_{nm1}} \quad (dB) \tag{5.3}$$

式中　V_{nm}—— 串模干扰电压；

V_{nm1}—— 仪表输入端由串模干扰引起的等效差模电压。

一般要求 NMR $\geqslant$ 40 ～ 80 dB。

拟制串模干扰的措施：由于串模干扰的主要来源是空间电磁场，因此对于交流干扰采用低通输入滤波器方法；对直流串模干扰采用补偿措施。另外还可采用输入线绞纽法。

3. 共模干扰

共模干扰是指输入通道两个输入端上共有的干扰电压与有效信号串联叠加后作用到仪表

上。这种干扰可以是直流电压，也可以是交流电压，其幅值可以达到几伏甚至更高，取决于现场产生干扰的条件和仪表的接地情况。共模干扰示意图如图 5.6 所示。

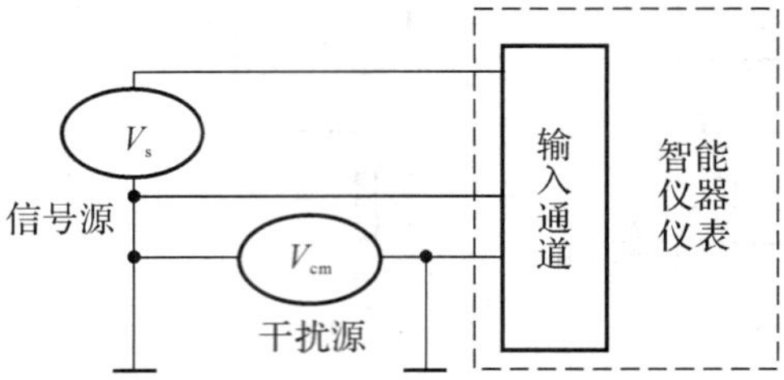

图 5.6　共模干扰示意图

4. 共模干扰的拟制

共模干扰的拟制能力用共模拟制比 CMR 来衡量：

$$CMR = 20\lg \frac{V_{cm}}{V_{cm1}} \quad (dB) \tag{5.4}$$

式中　V_{cm}—— 共模干扰电压；

V_{cm1}—— 仪表输入端由共模干扰引起的等效电压。

一般要求 CMR $\geqslant$ 100 dB。

拟制共模干扰常用的方法：

(1)采用双端输入的差分放大器作为输入通道的前置放大器，是拟制共模干扰的有效方法。

(2)利用变压器或光电耦合器把各种模拟负载与数字信号隔离开来，也就是把“模拟地”与“数字地”断开，被测信号通过变压器耦合或光电耦合获得通路，而共模干扰由于不成回路而得到有效的拟制。

(3)采用浮地输入双层屏蔽放大器来拟制共模干扰。

5.3 硬件抗干扰技术

硬件抗干扰设计的基本原则是：抑制干扰源、切断干扰传播路径以及提高敏感器件的抗干扰性能。常用的硬件抗干扰措施主要包括滤波技术、接地技术、屏蔽技术、隔离技术等。

5.3.1 滤波技术

滤波器按结构可分为有源滤波器和无源滤波器。由无源器件如电阻、电容和电感组成的滤波器称为无源滤波器。由电阻、电容和运算放大器组成的滤波器称为有源滤波器。

滤波器按频率带通的范围可以分为以下几种：

(1)低通滤波器：允许低频信号通过，但阻止高频信号通过的滤波器。

(2)高通滤波器：允许高频信号通过，但阻止低频信号通过的滤波器。

(3)带通滤波器：允许规定的某频段信号通过，但阻止高于或低于该频段信号通过的滤波器。

(4)带阻滤波器：只阻止规定的某频段信号通过，但允许高于或低于该频段信号通过的滤波器。

在抗干扰技术中，使用最多的是低通滤波器。常用的低通滤波器有 RC 滤波器、LC 滤波器、双 T 滤波器及有源滤波器等。图 5.7(a)(b)(c)(d) 分别为 RC 滤波器、LC 滤波器、双 T 滤波器、有源滤波器电路图。

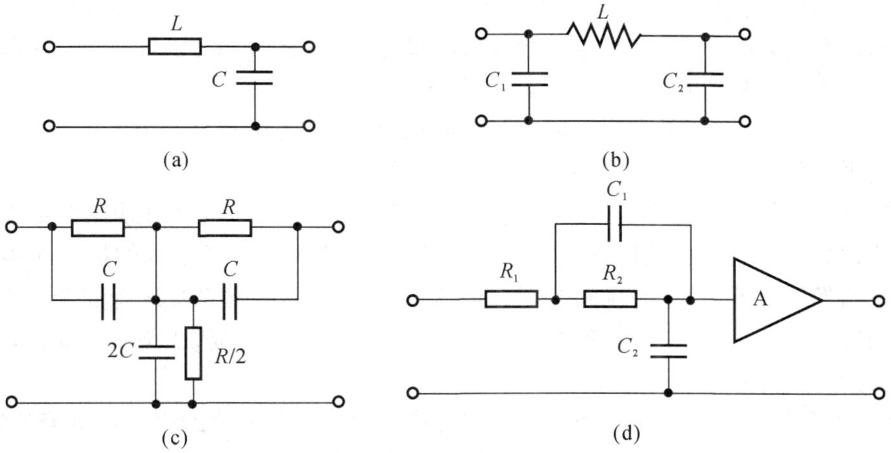

图 5.7　滤波器电路图

(a) RC 滤波器；(b) LC 滤波器；(c) 双 T 滤波器；(d) 有源滤波器

RC 滤波器、LC 滤波器、双 T 滤波器、有源滤波器四种滤波器的特点分别为：

(1)RC 滤波器的结构简单，也不需要调整。但它的串模拟制比不高，一般需 2 ～ 3 级串联使用才能达到规定的 NMR 指标，而且时间常数 RC 较大，RC 过大时将影响放大器的动态特性。

(2)LC 滤波器的串模拟制比较高，但须绕制电感，体积大，成本高。

(3) 双 T 滤波器对一个固定的频率具有很高的拟制比，偏离该频率后拟制比迅速减少，主要用来滤除工频干扰，而对高频干扰无能为力，虽然结构也简单，但调整比较麻烦。

(4) 有源滤波器可以获得比较理想的频率特性，但作为仪表输入级，有源器件的共模拟制比一般难满足要求，其本身带来的噪声也较大。

通常，仪表的输入滤波器一般采用 2 级 RC 低通滤波器。

5.3.2　接地技术

接地包括外壳接地和工作接地。外壳接地或安全接地是使机壳与大地等电位，以避免机壳带电而影响人身安全；工作接地是为电路工作提供一个公共的电位参考点。

在实际控制产品中，接地是抑制干扰的主要方法。在设计中如能把接地和屏蔽正确地结合起来使用，可以解决大部分干扰问题。在智能仪器中，通常有以下几种地线：

(1)数字地(又叫逻辑地)：这种地作为逻辑开关网络的零电位。

(2)模拟地：这种地作为 A/D 转换前置放大器或比较器的零电位。当 A/D 转换器在输入 0～50 mV这类小信号时，模拟地必须认真地对待，否则，将会给产品带来较大的误差。

(3)功率地：这种地为大电流网络部件的零电位。

(4)信号地：通常为传感器的地。

(5)屏蔽地(也叫机壳地):为防止静电感应和磁场感应而设。

上述这些地线如何处理,是智能仪器设计必须要考虑的问题。下面分别加以讨论。

1. 一点接地和多点接地的应用原则

(1)根据常识,高频(10 MHz)电路应就近多点接地,低频(1 MHz)电路应一点接地。由于高频时,地线上具有电感,因而增加了地线阻抗。因此,若采用一点接地,则其地线长度不得超过 1/20 波长,否则,应采用多点接地。智能仪器设计中的工作频率大多较低,对它起作用的干扰频率也大都在 1 MHz 以下,故宜采用一点接地。

(2)交流地与信号地不能共用。因为在电源地、信号地的两点间会有数毫伏,甚至几伏电压。对低电平的信号电路来说,这是一个非常严重的干扰。

(3)浮地-屏蔽接地。把单片机测量装置的数字地与模拟地浮空,而系统设备外壳采用屏蔽接地。浮地方式可使微机系统不受大地电流的影响,从而提高了系统的抗干扰能力。由于强电设备采用保护接地,浮空技术切断了强电与弱电的联系,因此系统运行安全可靠。系统设备外壳采用屏蔽接地,无论从防止静电干扰和电磁感应干扰的角度,或是从人身设备安全的角度,都是十分必要的措施。

(4)数字地和模拟地。数字地通常有很大的噪声而且电平的跳跃会造成电流尖峰,所有的模拟地线和数字地线应分开走线,然后模拟地和数字地仅在一点上相连接。

在需要接大地时,一般是通过深埋于大地中的接地棒来实现的。一般来说,接地棒的深度越深,接地电阻越小,性能越好(18 m 时,接地电阻为零);接地棒的直径越粗,接地电阻越小,性能越好。

2. 印刷线路板的地线布置

印刷线路板的地线主要指 TTL,CMOS 印刷板的接地。印刷板中的地线应成网状,而且其他布线不要形成环路,特别是环绕外周的环路,在噪声干扰上这是很值得注意的问题。

印刷电路板上的接地线,根据电流通路最好逐渐加宽,并且不要小于 3 mm。当安装大规模集成电路芯片时,要让芯片跨越平行的地线和电源线,这样可以减少干扰。

5.3.3 隔离技术

为确保系统可靠地工作,采用隔离技术,可以防止外部干扰信号及地线环路中产生的噪声信号通过公共地线进入系统,从而提高了系统工作的可靠性。常用的隔离方式有光电隔离、变压器隔离、继电器隔离等。

1. 模拟地与数字地的隔离

利用变压器或光电耦合器把各种模拟负载与数字信号隔离开来,也就是把“模拟地”与“数字地”断开,被测信号通过变压器耦合或光电耦合获得通路,而共模干扰由于不成回路而得到有效的拟制。

2. A/D 隔离

模拟隔离:通常采用隔离放大器实现,由于所使用的隔离放大器必须满足精度和线性度的要求,因此采用的隔离放大器通常价格昂贵。

数字隔离:先将模拟量变成数字量,再将数字量通过光电隔离。这种方法可靠、方便、经济。主要缺点是速度低。

5.3.4　屏蔽技术

屏蔽主要是用来消弱静电耦合与电磁感应耦合，分以下几类：

1. 电场屏蔽

静电屏蔽用以防止静电耦合干扰，一般用接地导线或接地金属屏蔽层来进行静电屏蔽。

2. 电磁屏蔽

电磁屏蔽是采用导电良好的金属材料做成屏蔽层，主要用来防止高频电磁场的影响，如雷达、短波电台等高频电磁场的辐射干扰问题，对于低频电磁场的影响甚微。

3. 磁路屏蔽

对于低频磁通干扰，如磁铁、电动机、变压器、线圈等磁感应、磁耦合，要采用高导磁材料作屏蔽层，以便将干扰磁通限制在磁屏蔽体的内部。

5.3.5　电源的抗干扰措施

现在的智能仪器大都使用市电（220 V，50 Hz）。电网的冲击、频率的波动将直接影响到实时控制产品的可靠性、稳定性，因此在智能仪器和市电之间必须配备稳压电源以及采取其他一些抗干扰措施。常用的电源抗干扰措施如下：

（1）采用分立式供电。由附加直流电源、数字电源及模拟电源分别提供直流取样电路、数字电路和模拟电路的电源。这样既可以有效地消除各单元间的电源线、地线间的耦合干扰，又可以提高供电质量。

（2）电源变压器选用隔离变压器，并采取屏蔽措施。

（3）在电源变压器的初级并联 MOV 压敏电阻，次级并联 TVS 瞬变电压二级管，用来抑制浪涌过电压、电网噪声等。

（4）低通滤波器：由谐波频谱分析可知，对于毫秒、微秒级的干扰源，其大部分为高次谐波，基波成分甚少。因此可用低通滤波器让 50 Hz 的基波通过，而滤除高次谐波。

（5）采用 DC－DC 变换。

（6）在印刷电路板的电源与地线之间并接去耦电容，即 10 μF 的电解电容和一个 0.01 μF 的磁介电容，可以消除电源线与地线中的脉冲电流干扰。

5.3.6　长线传输的抗干扰措施

在自动测试系统中，当各子系统相距较远时，就涉及信号在长线传输上的问题。由于信号在长线上传输将会遇到延时、畸变、衰减和干扰等，因此在长线传输过程中，必须采取一系列有效措施。

1. 双绞线传输

屏蔽导线对静电感应的作用比较大，但对电磁感应却不太起作用。为了消除电磁感应噪声，往往使用双绞线，双绞线中感应电流的方向前后相反，故从整体来看，感应相互抵消。图 5.8 为双绞线输入信号线示意图。一般来说，绞纽的节距越小，抗干扰能力越强。

2. 信号电流传输法

如果传感器距离仪器较远，以电压信号形式传输信号时，长的信号传输将很容易引起干扰。如果在传感器附近将信号电压转换为电流，用电流传输代替电压传输，将大大提高传输中的信噪比,获得较好的传输能力。图 5.9 为传感器的长线电流输入电路图。

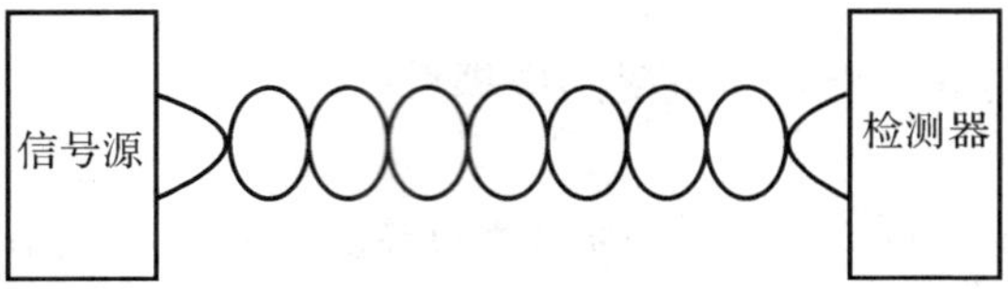

图 5.8 双绞线输入信号线

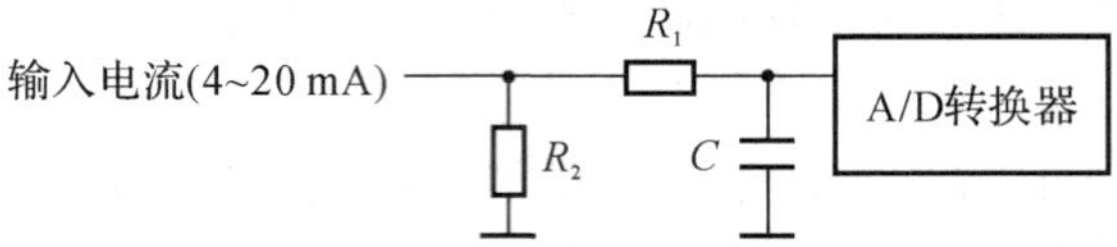

图 5.9 传感器的长线电流输入

5.3.7 印制电路板的抗干扰设计

印制电路板的设计对单片机系统能否抗干扰非常重要。要本着尽量控制噪声源,尽量减小噪声的传播与耦合,尽量减小噪声的吸收这三大原则设计印制电路板和布线。

印制电路板要按单点接电源、单点接地的原则。数字地、模拟地分开,接地线应尽量地加粗。

在印刷电路板的各个关键部位要配置去耦电容。

石英晶体振荡器外壳要接地,时钟线尽量短,且在石英晶体振荡器下面要加大接地的面积而不应该走其他信号线。

按钮、继电器、接触器等零、部件,在操作时均会产生较大的火花,必须利用 *RC* 电路加以吸收。

在单面板、双面板设计中,地线、电源线要尽量粗。信号线的过孔要尽量少。

四层板比双面板噪声低 20 dB,六层板比四层板噪声低 10 dB。经济条件允许时尽量用多层板。

使用 45°的折线布线,不要使用 90°折线,以减小高频信号的发射。

印制电路板要合理分区,如模拟电路区、数字电路区、功率驱动区等。

重要的信号线尽量短并尽量粗,并在两侧加上保护地。

每个 IC 元件要加一个去耦电容,布线时去耦电容要真正接在芯片的电源、地上。要选高频特性好的独石电容或瓷片电容作去耦电容。去耦电容焊在印制电路板上时,引脚要尽量短。

闲置不用的门电路输入端不要悬空。单片机不用的 I/O 口定义成输出。单片机上有一个以上电源、地端的,每端都要接上,不要悬空。

时钟振荡电路、特殊高速逻辑电路部分用地线圈起来,让周围电场趋近于零。

尽量不要使用 IC 插座,把 IC 直接焊在印制板上,IC 插座有较大的分布电容。

单片机复位端子"RESET"在强干扰场合会出现尖峰电压干扰,因此应在"RESET"端配置一个 0.01 μF 的去耦低电容。

5.4　软件抗干扰措施

智能仪器在噪声环境下运行，除了采用硬件抗干扰技术以外，软件抗干扰设计也是防止和消除整个应用系统故障的重要途径。软件抗干扰技术是在系统受干扰后，使系统恢复正常运行或输入信号受干扰后去伪存真的一种技术。

干扰对智能仪器可能造成的后果包括数据采集误差加大、控制状态失灵、数据受干扰发生变化以及程序运行失常。针对这些问题，常见的软件抗干扰技术包括控制状态失常的软件对策、程序运行失常的软件对策以及数据采集误差的软件对策。

5.4.1　控制状态失常的软件对策

在微型计算机系统中，控制状态输出常常是依据某些条件状态的输入和逻辑处理结果，因此由于干扰的侵入，都会造成条件状态的偏差、失误，致使控制输出误差加大，控制状态失灵。控制状态失常的软件对策如下：

(1)软件冗余。对于条件控制系统，对控制条件的一次采样、处理控制输出改为循环地采样、处理控制输出。这种方法对于惯性较大的控制系统具有良好的抗干扰作用。

(2)设置当前输出状态寄存单元，当干扰侵入输出通道造成输出状态破坏时，系统能及时查询寄存单元的输出状态信息，及时纠正输出状态。

(3)设自检程序。在单片机内的特定部位或某些内存单元设状态标志，在开机后，运行中不断循环测试，以保证系统中信息存储、传输、运算的高可靠性。

5.4.2　程序运行失常的软件对策

在微型计算机系统中，干扰信号通过某种途径作用到 CPU 上，使 CPU 不能按照正常状态执行程序，使运行程序发生混乱，导致程序乱飞或陷入死循环时，采取使程序恢复正常的措施，如程序监视跟踪定时器、指令冗余、程序陷阱技术等。

1. 程序监视跟踪定时器技术

程序监视跟踪监视器，又称看门狗(Watchdog)。目前，大多数单片机片内都集成有程序监视跟踪定时器。定时器的时间稍大于主程序正常运行一个循环的时间，而在主程序运行过程中执行一次定时器时间常数刷新操作。监视跟踪定时器主要用来跟踪程序的运行。当程序运行正常时，定时器不会出现中断；当程序运行出现故障时，定时器溢出，系统复位，重新运行系统程序。利用它可有效地实现程序防跑飞功能。

2. 指令冗余技术

指令冗余是指在一些关键的地方人为地插入一些单字节的空操作指令 NOP，因为程序跑飞后，往往将一些操作数当作指令代码来执行，从而引起整个程序的混乱。当程序“跑飞”到某条单字节指令上时，就不会发生将操作数当做指令代码来执行的错误。

指令冗余使“跑飞”程序恢复正常的条件：一是“跑飞”的程序必须落到程序区；二是必须执行到所设置的冗余指令。

若“跑飞”的程序落到非程序区(如 EPROM 或某些数据表格等)或在执行冗余指令之前已经形成一个死循环，则“指令冗余”措施将不能使“跑飞”的程序恢复正常。

3. 设置软件陷阱

所谓软件陷阱，就是使用一条引导指令，强行将捕获的程序引向一个指定的地址，在那里有一段专门处理错误的程序，处理错误程序的入口地址为 ERR，软件陷阱为一条 LJMP ERR 指令。为加强其捕捉效果，一般还在它前面加两条 NOP 指令。

在每个子程序后面或程序段后，插入 5 条指令 NOP，NOP，NOP，NOP，LJMP MAIN（其中 MAIN 是初始化程序开始地址），在 EPROM 的空白处（特别是后面的空白处），每 32 个字节放指令 LJMP MAIN。

```
NOP
NOP
NOP
NOP
LJMP    MAIN
```

设置了指针陷阱后，一旦单片机受干扰，使程序指针混乱，执行了一段程序后，就会落入陷阱中，执行 LJMP MAIN 指令，回复到初始化程序开始处，从而避免死机。一般情况下，软件陷阱安排在下面四个地方：

(1)未使用的中断向量区。MCS-51 单片机的中断向量区为 0003H～002FH，如仪器仪表未使用完中断向量区，则在剩余的中断向量区安排"软件陷阱"，以便能捕捉到错误的中断。

(2)未使用的大片 EPROM 空间。如使用 LJMP #0000H 指令，即反复用 020000002000000…H 填满。

(3)表格。表格有两类，一类是数据表格，另一类是跳转表格。由于表格内容和检索值一一对应，如果在表格中间安排软件陷阱，则会破坏表格的连续性和对应关系，因而只能在表格的最后安排五字节陷阱(NOP，NOP，LJMP ERR)。

(4)程序区。在程序区一般不能任意安排陷阱，否则会破坏正常的程序流程，但可在断点处安排陷阱。如 LJMP，SJMP，AJMP，RET，RETI。软件陷阱的安排方式如下：

```
AJMP    ABC
NOP
NOP
LJMP    ERR
```

5.4.3 数据采集误差的软件对策

数据采集误差处理常常采用数字滤波算法。数字滤波算法可滤掉大部分由输入信号干扰而引起的输出控制错误。采用数字滤波算法的优点如下：

(1)数字滤波是由软件程序实现的，不需要硬件，因此不存在阻抗匹配的问题。

(2)对于多路通道输入信号，可以公用一个软件"滤波器"，从而降低仪表的硬件成本。

(3)只要适当改变滤波器程序或参数，就能方便地改变滤波特性。

最常用的数字滤波方法有一阶惯性滤波、限幅滤波、中位值滤波、算术平均值法等。具体选取何种方法，必须根据信号的变化规律选择。

1. 一阶惯性滤波

一阶惯性滤波是一种以数字形式通过算法来实现一阶 *RC* 滤波的方法，它能克服 *RC* 模拟滤波器时间常数确定的问题。一阶惯性滤波器如图 5.10 所示。

对于图 5.10，有

$$RC\frac{\mathrm{d}y(t)}{\mathrm{d}t}+y(t)=x(t) \tag{5.5}$$

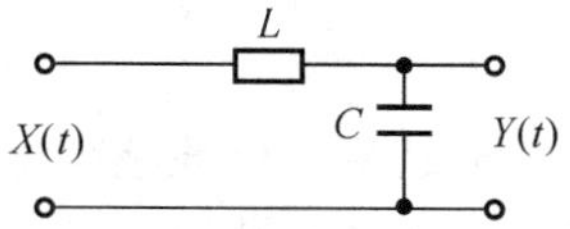

图 5.10　一阶惯性滤波器

采样值

$$y_n=y(n\Delta t),\quad x_n=x(n\Delta t)$$

离散化后

$$RC\frac{y(n\Delta t)-y((n-1)\Delta t)}{\Delta t}+y(n\Delta t)=x(n\Delta t) \tag{5.6}$$

简化后得

$$y_n=ax_n+by_{n-1} \tag{5.7}$$

式中

$$a=\frac{1}{1+\dfrac{RC}{\Delta T}},\quad b=\frac{RC/\Delta t}{1+\dfrac{RC}{\Delta t}}$$

一阶惯性滤波算法对于周期干扰信号具有良好的拟制作用，但相应地带来了相位滞后，灵敏度低等缺点。

2. 限幅滤波

基本方法：相邻的两个采样值 y_n,y_{n-1}，若 $|y_n-y_{n-1}|\geqslant R$，R 为阈值，则系统发生了随机干扰，剔除 y_n，可用 y_{n-1} 代替。若 $|y_n-y_{n-1}|<R$，未发生随机干扰，本次采样有效。

该方法主要用于消除随机脉冲干扰。

3. 中位值滤波

对某一测量参数连续采样 n 次（n 为奇数），按大小排列，取中间值为本次采样值。中位值滤波能有效克服偶然因素引起的波动或采样器不稳定引起的误码等脉冲干扰，对温度、液位等缓慢变化的参数具有良好的滤波作用；而对于流量、压力等快速变化的参数不宜采用中位值滤波。

4. 算术平均值滤波

算术平均值滤波是对某一点数据连续采样 n 次，然后进行算术平均。

$$y=\frac{1}{n}\sum_{i=1}^{n}x_i \tag{5.8}$$

算术平均值滤波法对信号的平滑程度取决于 n。当 n 较大时，平滑度高，但灵敏度低，即外界信号的变化对计算结果 y 影响小；当 n 较小时，平滑度低，但灵敏度高。对于一般流量测量，可取 $n=8\sim10$；对压力等测量，可取 $n=4$。

5. 滑动平均值滤波

滑动平均值滤波采用队列作为测量数据储存器，队列的长度固定为 n，每进行一次新的测量，把测量结果放在队尾，而扔掉原来队首的一个数据，计算平均值。若 $n=4$，则有：

第一次：　x_1,x_2,x_3,x_4

$$y=\frac{1}{4}(x_1+x_2+x_3+x_4)$$

第二次：　x_2,x_3,x_4,x_5

$$y=\frac{1}{4}(x_2+x_3+x_4+x_5)$$

第三次：

$$x_3,x_4,x_5,x_6$$

$$y=\frac{1}{4}(x_3+x_4+x_5+x_6)$$

滑动平均值滤波算法对周期干扰信号具有良好的抑制作用，平滑度高，灵敏度低，但对于偶然出现的脉冲性干扰的抑制作用差，因此它不适用于脉冲干扰严重的场合，而适应于对测量速度要求较高的实时系统。

6. 加权滑动平均值滤波

为了增加新的采样数据在滑动平均中的比例，提高系统对当前采样值中所受干扰的灵敏度，可采用加权滑动平均值滤波。

$$y=\frac{1}{n}\sum_{i=1}^{n-1}C_i x_{n-i} \tag{5.9}$$

式中 y—— 第 n 次采样值经滤波后的输出值；

x_{n-i}—— 未经滤波的第 $n-i$ 次采样值；

$C_0,C_1,C_2,\cdots,C_{n-1}$—— 加权系数，且满足以下条件：

$$C_0+C_1+C_2+\cdots+C_{n-1}=1$$

$$C_0>C_1>C_2>\cdots>C_{n-1}>0$$

加权滑动平均值滤波法是对滑动平均法的一种改进，即对不同时刻的数据加以不同的权值，通常越接近现在时刻的数据，权值越大。

7. 复合滤波法

在实际应用中，有时既要消除脉冲扰动的影响，又要作数据平滑处理。

例如，防脉冲扰动平均值滤波算法。防脉冲扰动平均值滤波算法是先用中位值滤波算法，滤掉采样值中的脉冲干扰，然后把剩下的各采样值进行平均滤波。

如果 $x_1\leqslant x_2\leqslant x_3\cdots\leqslant x_n$，其中 $3\leqslant n\leqslant 14$，x_1 和 x_n 分别是采样值中的最小值和最大值，则

$$y=\frac{x_2+x_3+\cdots+x_{n-1}}{n-2} \tag{5.10}$$

这种算法兼顾了平均滤波算法和中位值滤波算法的优点，对缓慢变化的过程变量和快速变化的过程变量，都能起到好的效果。

习　题　5

1. 对智能仪器来说，最常见的干扰源是哪些？它们是通过什么途径进入仪器的？
2. 什么是串模干扰和共模干扰？它们各自的抑制措施都有哪些？
3. 硬件抗干扰设计的基本原则是什么？都有哪些主要技术？
4. 电源有哪些抗干扰措施？
5. 采用数字滤波算法克服随机误差具有哪些优点？
6. 试述递推平均滤波算法和复合滤波算法的原理及优点。

第6章 智能仪器的标准通信接口技术

数据通信是指不同设备之间进行的数字量信息的传输或交换。在实际的测量和控制过程中，计算机与智能仪器之间、智能仪器与智能仪器之间经常需要传送各种不同的数据。数据通信接口是计算机与智能仪器进行信息交换和传输的联络装置，主要有串行通信接口、并行通信接口以及现场总线接口等。随着 Internet 技术的发展，智能仪器的数据通信功能显得更加重要。

6.1 概　　述

系统和系统之间、系统内部插件之间、插件内的芯片之间都要有导线连接，这些互连信号线的集合称为总线。总线按其连接的范围通常分为片内总线、内部总线和外部总线。片内总线是微机内部各外围芯片与处理器之间的总线，用于芯片一级的互连；内部总线是微机内插件与插件通信的总线，包括 PCI，ISA，VME 等；外部总线是微机与其他设备或系统间的通信总线，包括串行总线 RS-232C、并行总线 IEEE488(GPIB)、USB 总线、现场总线等。

总线按数据的传输特点可分为并行总线和串行总线。并行总线指多个数据位同时传送，它的特点是传输距离较近而传输速度快。串行总线指数据分时按位传输，串行总线比并行总线所需线数较少，传输距离远，但传输速度较慢。

总线按其用途可分为数据线、地址线、控制信号线、电源线、地线以及备用线。数据线和地址线决定了数据通道的宽度和可直接寻址的范围；控制、联络、时序和中断线决定了总线功能的强弱与适应能力；电源线、地线决定了总线功能的强弱与地线的分布和用法；备用线留给厂家将来使用或留给用户自己定义的信号线。

引入和采用总线结构的主要优点是：

(1)简化软件、硬件的系统设计。从硬件的角度看，接口设计者只要按总线规范设计插件板，插件板就具有了互换性和通用性。从软件的角度看，插件式的硬件结构便于软件设计模块化，这种模块化程序可为多个用户重复使用。

(2)用总线连接的系统结构简单、清晰，系统的组合、扩充与更新更为方便。如须扩充，只须插入相应的插件。根据微型计算机的不同应用(即不同的智能仪器)插入相应的插件，灵活地构成各种系统(智能仪器)。

6.2 串行通信接口

串行通信是将数据一位一位地传输，它只需一根或两根数据线，硬件成本低，在集散型控制系统(特别在远距离传输数据时)，例如智能仪器仪表与上位机(IBM-PC)之间通常采用串行通信来完成数据的传送。

根据发送和接收能否同时进行，将串行通信分为单工方式（Simplex）、半双工方式（Half-duplex）和全双工方式（Full-duplex）三种。

仅允许数据单向传送的通信方式称为单工通信方式，如图 6.1(a)所示。用单根传输线实现双向数据传输时，发送和接收不能同时进行，而只能分时进行的通信方式称为半双工通信方式，如图 6.1(b)所示。用两根传输线连接两个设备，数据的发送和接收可同时进行的通信方式称为全双工通信方式，如图 6.1(c)所示。

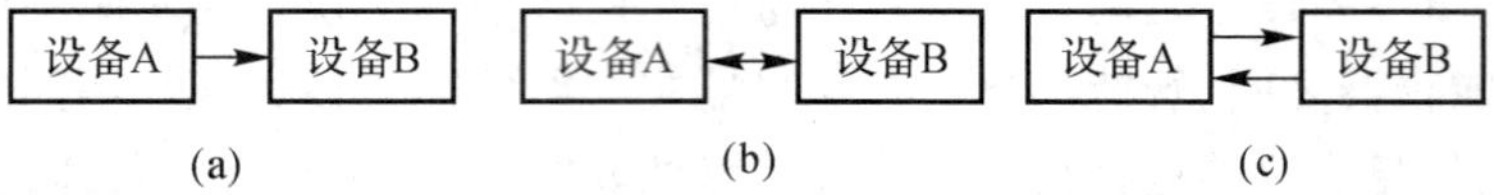

图 6.1 单工、半双工、全双工通信示意图
(a)单工方式； (b)半双工方式； (c)全双工方式

根据同步方式的不同，串行数据通信规程分为同步通信规程及异步通信规程。

1. 同步通信规程

串行数据在发送端和接收端使用同步时钟，使发送和接收保持同步。在同步通信中，串行数据传输前，发送和接收移位寄存器必须进行同步初始化，由同步字符来完成；在同步传送过程中，必须规定各个数据单元的长度（每个字符数据 5，6，7，8），全部被传送字符组成数据块，在数据块的开始，要用同步字符来指示。同步传送格式如图 6.2 所示。

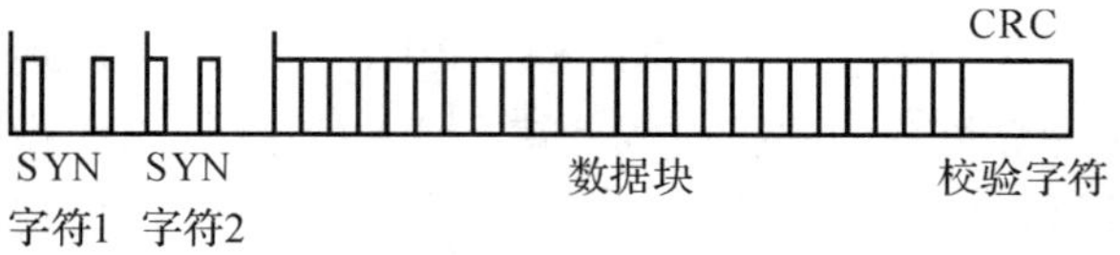

图 6.2 同步传送格式

2. 异步通信规程

串行数据在发送端和接收端使用独立的时钟，在信息的传输过程中不必与数据一起发送同步时钟。规定每个字符必须由起始位（低电平）开始，而以停止位（1 位、1 位半或 2 位高电平）结束为一帧。起始位与停止位之间是 5～8 个数据位和一位奇偶校验位。异步传送格式如图 6.3 所示。

目前常用的异步传输波特率是 50，100，200，1 200，2 400，4 800，9 600，19 200 b/s 等。

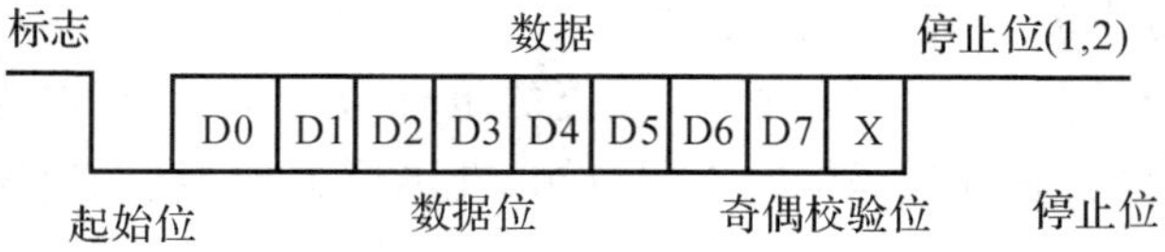

图 6.3 异步传送格式

3. 同步通信与异步通信的比较

同步通信具有传输数据快的优点，但使用较多的连线（除了输入和输出两根数据线外，还增加了一根时钟线），如在一次串行数据的传输过程中出现错误，则成批的数据将报废；而异步通信传输数据慢，但使用较少的连线，如在一次串行数据传输过程中出现错误，仅影响一个字节数据。通常使用异步通信方式。

6.2.1　RS－232C 串行通信标准

RS－232C 接口是目前最常用的一种串行通信接口。它是 1970 年由美国电子工业协会(EIA)联合贝尔系统、调制解调器厂家及计算机终端生产厂家共同制定的用于串行通信的标准。它的全名是“数据终端设备(DTE)和数据通信设备(DCE)之间串行二进制数据交换接口技术标准”,该标准规定采用一个 25 个引脚的 DB25 连接器,对连接器的每个引脚的信号内容加以规定,还对各种信号的电平加以规定。

图 6.4(a)和图 6.4(b)分别为 RS－232C“D”型 25 针插座引脚以及 RS－232C“D”型 9 针插座引脚。表 6.1 为 RS－232C 标准串行接口总线的常用接口信号。

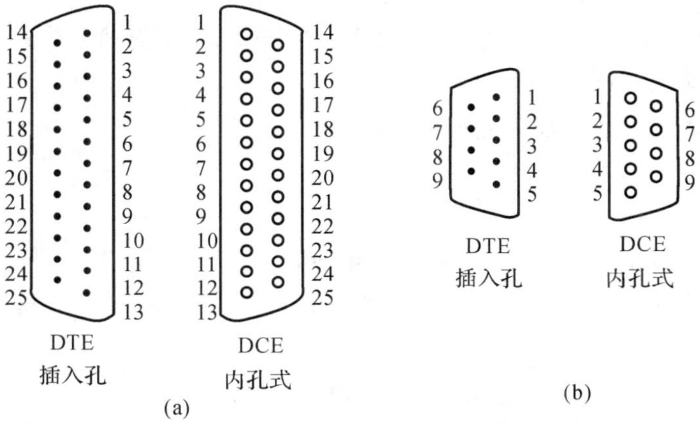

图 6.4　RS－232C 针插座引脚

(a)“D”型 25 针插座引脚；(b)“D”型 9 针插座引脚

表 6.1　RS－232C 标准串行接口总线的常用接口信号

9 针	25 针	信号方向	符　号	功　能
3	2	输　出	TXD	发送数据
2	3	输　入	RXD	接收数据
7	4	输　出	RTS	请求发送
8	5	输　入	CTS	清除发送
6	6	输　入	DSR	数据装置准备好
5	7		GND	信号地
1	8	输　入	DCD	载波检测
4	20	输　出	DTR	数据终端准备好
9	22	输　入	RI	振铃指示

1. RS－232C 主要接口线

RS－232C 标准接口上的主要信号基本上可以分成三类:数据信号线、控制信号线、地线。

(1)数据信号线。“发送数据”(TXD)和“接收数据”(RXD)是一对数据传输线,用来传输串行的位数据信息。

(2)控制信号线。“请求发送”(RTS)与“清除发送”(CTS)信号线用于半双工通信方式。

在半双工方式下,发送和接收只能分时进行,需要用这两条控制线。

在全双工方式下,发送和接收能同时进行,可以不用这两条控制线。

“数据装置就绪”(DSR)与“数据终端就绪”(DTR)分别表示 DCE 和 DTE 是否处于可供使用的状态。

当数据设备收到振铃信号时,置位“振铃指示”信号。

(3)地线。“保护地”又称屏蔽地;“信号地”是 RS－232C 所有信号公共参考点的地。

2. RS－232C 电器特性

RS－232C 在电器性能方面采用负逻辑,即

逻辑“1”:－3～－15 V。

逻辑“0”:＋3～＋15 V。

由于 RS－232C 的逻辑电平与 TTL 电平不兼容,因此为了与 TTL 器件相连,必须进行电平转换。MC1488 驱动器和 MC1489 接收器是 RS－232C 中常用的集成电路转换器件。表 6.2为 RS－232C 电气特性。

表 6.2　RS－232C 电气特性

最大电缆长度	15 m
最大数据传送率	20 Kb/s
驱动器输出电压(开路)	±25 V(最大)
驱动器输出电压(满载)	±5～±15 V (最大)
驱动器输出电阻	300 Ω(最小)
驱动器输出短路电流	±500 mA
接收器输入电阻	3～7 kΩ
接收器输入门限电压值	－3～＋3 V(最大)
接收器输入电压	－25～＋25 V(最大)

3. RS－232C 连接方法

图 6.5 为带有 RS－232C 接口的通信设备连接。图 6.6 为全双工标准系统连接。图 6.7 为全双工最简单系统连接。最简单全双工连接只需 3 根线,两个设备通过各自的 RXD 与 TXD 信号的交叉连接实现点对点的通信。在图 6.7 中,需要说明以下几点:

(1)“发送数据”与“接收数据”交叉相连,表示连线两端均可发送和接收。

(2)“请求发送”和“清除发送”折回相连,表明无论何时都可发送。再与对方“载波检测”相连,则使一端能检测对方设备是否在发送。

(3)“数据终端就绪”与“数据装置就绪”相连为对方握手信号线,检测对方设备是否就绪。

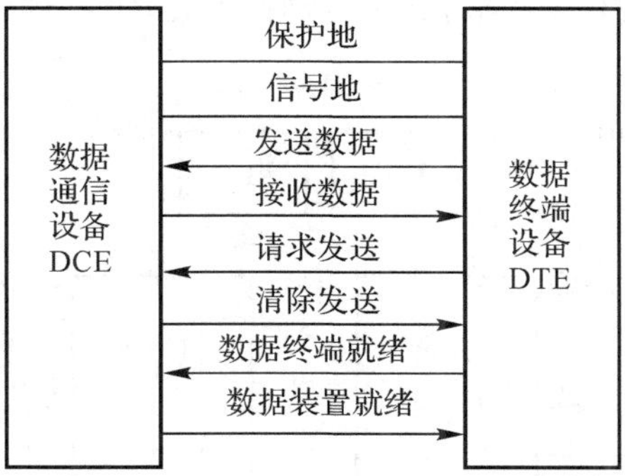

图 6.5　带有 RS-232C 接口的通信设备连接

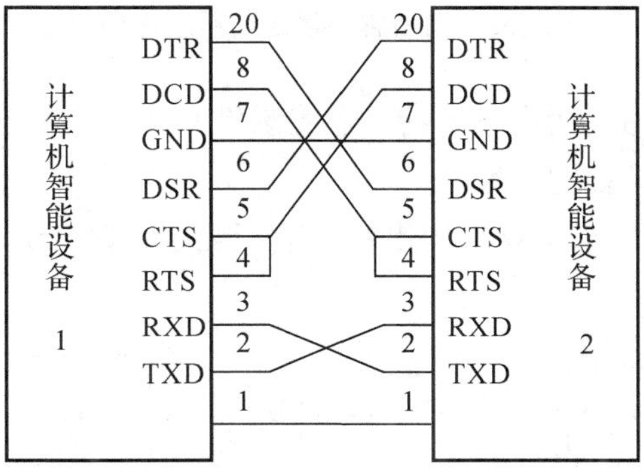

图 6.6　全双工标准系统连接

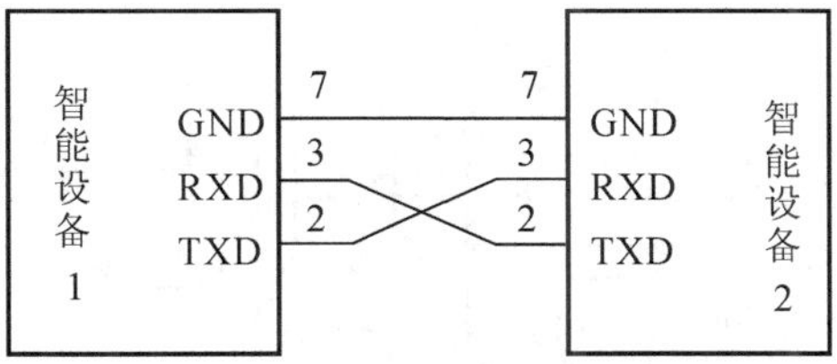

图 6.7　全双工最简单系统连接

RS-232C 的传输距离为 15 m，对于长距离传输或无线传输，则需要用调制解调器通过电话线或无线收发设备连接，如图 6.8 所示。调制的本质是将频带宽度无限的数字信号转换为频带有限的调制信号(模拟信号或射频信号)，从而大大增加其可靠传输距离。在接收端通过解调再将调制的信号恢复为原来的数字信号。

4. 智能仪器与上位机之间的通信

图 6.9 为多台智能仪器与 IBM-PC 机的接口通信示意图。这种系统在许多实时工业控制和数据采集系统中，充分发挥了单片机功能强的特点，同时又可以利用 PC 机弥补单片机在数据处理及交互性能方面的不足。在应用系统中，一般是以 PC 机作为主机，定时扫描以单片机为核心的智能化控制仪器以便采集数据或发送控制信息。在这个系统中，智能化控制仪器既能独立完成数据处理和任务控制，又可以将数据传送给 PC 机。PC 机则将这些数据显示在

CRT 上或通过打印机打印成各种报表,并将控制命令发送各个单片机,以实现集中管理。

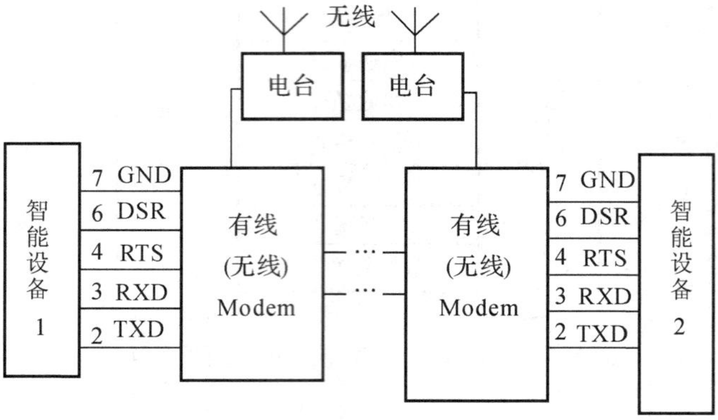

图 6.8 调制解调器通信系统连接图

IBM－PC 机内装有异步通信适配器板,它使该机有能力与其他具有标准 RS－232C 串行通信接口的计算机或通信设备进行通信。

MCS－51 单片机本身具有全双工的串行口,只要配一些驱动、隔离电路就可组成一个简单的通信接口。

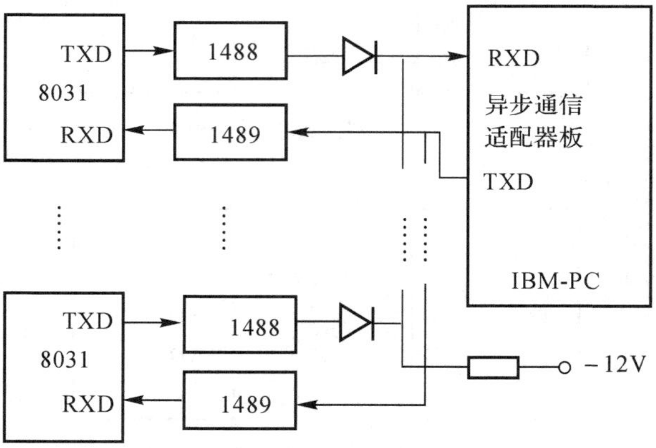

图 6.9 多台智能仪器与 IBM－PC 机的接口通信

6.2.2 RS－422A 标准

RS－232C 虽然应用很广,但也存在着自身的缺点:数据传输速率慢(20 Kb/s);传输距离短(15 m);未规定标准的连接器,因而出现了互不相容的 25 芯连接器;接口处各信号间易产生串扰(因 RS232 传输的是单端电压)。鉴于此,EIA 制定出了 RS－422A 标准。

RS－232C 传送的信号是单端电压,RS－422A 标准规定了差分平衡的电器接口,它采用平衡驱动和差分接收的方法。差分输入的抗噪声能力强,使得 RS－422A 具有较长的传输距离和较高的传输速度。

TTL 电平转换成 RS－422A 电平的常用芯片有 SN75172,SN75174 等,而 RS－422A 电平转换成 TTL 电平的常用芯片有 SN75173,SN75175 等。图 6.10 为 RS－232C,RS－422A

连接方式比较。

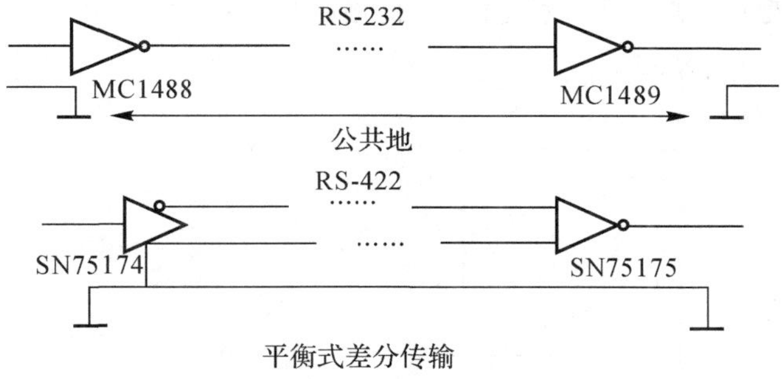

图 6.10　RS－232C，RS－422A 连接方式比较

RS－232C，RS－422A，RS－485 电气特性的比较如表 6.3 所示。

表 6.3　RS－232C，RS－422A，RS－485 电气特性的比较

特　性	RS－232C	RS－422A	RS－485
功能	双向，全双工	双向，全双工	双向，半双工
传输方式	单端	差分	差分
逻辑“0”电平	3～15 V	2～6 V	1.5～6 V
逻辑“1”电平	－3～－15 V	－2～－6 V	－1.5～－6 V
最大电缆长度	15 m	1 200 m	1 200 m
最大数据传送率	20 Kb/s	10 Mb/s	10 Mb/s
驱动器加载输出电压	±5～±15 V	±2 V	±1.5 V
接收器输入敏感度	±3 V	±0.2 V	±0.2 V
接收器输入电阻	3～7 kΩ	≥4 kΩ	≥7 kΩ
组态方式	点对点	1 台驱动器 10 台接收器	32 台驱动器 32 台接收器
抗干扰能力	弱	强	强
常用驱动芯片	MC1488	SN75174	SN75174，SN75176
常用接收芯片	MC1489	SN75175	SN75175，SN75176

6.2.3　RS－485 标准串行接口总线

RS－485 是 RS－422A 的变型，与 RS－422A 的不同之处在于：

(1)在两个设备相连时，RS－422A 为全双工，采用两对平衡差分信号线；而 RS－485 为半双工，采用一对平衡差分信号线。

(2)RS－485 对多站互连是十分方便的。RS－422A 只能连接一个发送驱动器；RS－485 可连多个发送驱动器发送数据，最多可并联 32 个驱动器和 32 个接收器。

对于 RS-485，传输距离与传输速率之间的关系如图 6.11 所示。可以看出，传输速率越高，则传输距离就越近；否则传输速率越低，则传输距离就越远。

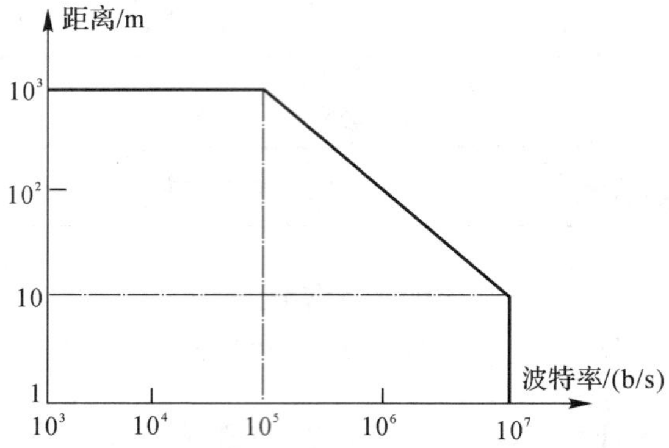

图 6.11　传输距离与传输速率之间的关系

$$传输速率(b/s)\times 传输距离(m)\leqslant 100\ M$$

在构成 RS-485 总线互连时，要提高可靠性，须考虑以下因素：

(1)传输线的选择。在差分平衡系统中，一般选择双绞线作为传输线。两条线基本对称，外界干扰噪声主要以共模方式出现，对接收器的差动输入影响不大。

(2)隔离。RS-485 总线在多站互联时，相距较远的不同站之间的地电位差可能很大，若直接相连就可能导致接口芯片的损坏。解决的办法是采用光隔离器件，如 MAXIM 公司生产的 MAX1480B 是具有光隔离的 RS-485 接口芯片。

(3)抗静电放电冲击。RS-485 接收器差分输入段对地的共模电压范围为 −7～+12 V，超过此范围就可能导致芯片的损坏。接口芯片在安装和使用过程中，可能受到静电放电的冲击。解决的办法是采用静电放电保护的 RS-485 接口器件。

(4)传输线的铺设及屏蔽。在系统安装时，应尽量做到传输线单独铺设，不与交流动力线在同一条电缆沟中。强信号与弱信号避免平行走线，尽量使两者相交。

6.2.4　USB 通用串行总线

USB(Universal Serial Bus)即通用串口总线。USB 是一种电缆总线，支持主机与各式各样“即插即用”外部设备之间的数据传输。USB 发展到今天，共有三种标准：1996 年发布的 USB 1.0，1998 年发布的 USB 1.1 以及近期发布的最新标准 USB 2.0。这三种标准最大的差别就在于数据传输速率方面，当然在其他方面也有不同的改进。

1. USB 总线协议的主要特征

(1)速度快：USB 1.1 协议支持 1.5 Mb/s 的传输方式。USB 2.0 协议支持 480 Mb/s 的传输方式。

(2)连接简单：电缆连接和连接头采用单一模型，电器特性与用户无关。

(3)应用广泛：在同一根电缆上支持同步、异步两种传输模式。

(4)使用灵活：支持各种数据传输率，支持不同大小的数据包。

(5)容错性强：在协议中规定了出错处理和校正机制，对错误数据进行校正或报告。

(6)“即插即用”的体系结构：具有简单而完善的协议，并与现有的操作系统相适应。

(7)性价比较高：性能优良，但价格较低。

2. USB 系统描述

USB 系统分为 USB 主机、USB 设备和 USB 连接三部分。

(1)USB 主机。在 USB 总线中只有一个主机。USB 总线与计算机主机系统的接口部分就是主机控制器，它可被看做一个硬件、固件和软件的结合体。主机系统中集成了一个根 Hub 来提供一个或多个连接点。

(2)USB 设备。USB 设备包括集线器(Hub)和功能部件(Function)两种类型。集线器为 USB 提供了更多的连接点，功能部件则为系统提供了具体的功能。按照功能，USB 设备又可分为很多类，如音频、人机交互、显示、通信、电源、打印机、海量存储、物理反馈等设备。USB 设备都有一个标准的 USB 接口，它的作用为：解释 USB 协议；对标准 USB 操作的响应，如挂起和设置等；提供设备的一些描述信息。

集线器简化了 USB 互连的复杂性，可使更多不同性质的设备连入 USB 系统中。集线器各连接点被称作端口，上行端口向主机方向连接，下行端口可连接另外的集线器或功能部件。集线器具有检测每个下行端口设备的安装或拆卸的功能，并可对下行端口的设备分配能源。功能部件是通过总线进行发送、接收数据或控制信息的 USB 设备，由一根电缆连接在集线器某一端口上。

(3)USB 连接。USB 连接指 USB 主机和 USB 设备的通信方式与方法，包括总线拓扑(USB 主机和设备之间的连接方式)，层内关系(USB 总线每一层中的任务)，数据流模式(数据在 USB 总线上的流动方式)，USB 调度(USB 提供一个共享的服从调度的互连)。

USB 设备是通过 USB 总线连接到 USB 主机上的。USB 总线上的物理连接是一个分层的星形拓扑。处于每个星形拓扑中央的是 Hub(USB 集线器)。在主机和一个 Hub 或者一个应用之间以及在 Hub 和其他 Hub 或应用之间都是一个点对点的连接。

一个 USB 系统为分层星形拓扑结构，如图 6.12 所示。第一层为主机的根集线器，可以连接下层集线器和功能设备，允许的最大层数为 7 层。一般来说，USB 设备和 USB 集线器间的连线长度不超过 5 m，通过根集线器连接的设备不能超过 127 个。

3. USB 系统的物理接口

USB 接口的传输线由电源线 V_{BUS}、地线、D_+ 及 D_- 信号线构成，D_+ 及 D_- 是差分输入线，电源线和地线可向设备提供 5V 电压，最大电流为 500 mA，可以满足耗电量较少的设备。表 6.4 为 USB 信号功能表。图 6.13 为 USB 集线器示意图。

表 6.4　USB 信号

序　号	符　号	功　能
1	V_{BUS}	电源(+5 V)
2	D_+	信号线
3	D_-	信号线
4	GND	地

对于不同的外设，USB 2.0 可根据速度要求在电缆上采取三种模式传输数据。

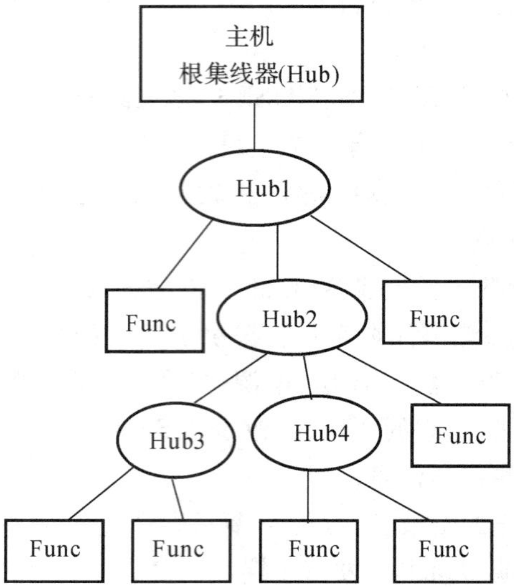

图 6.12　USB 总线拓扑结构

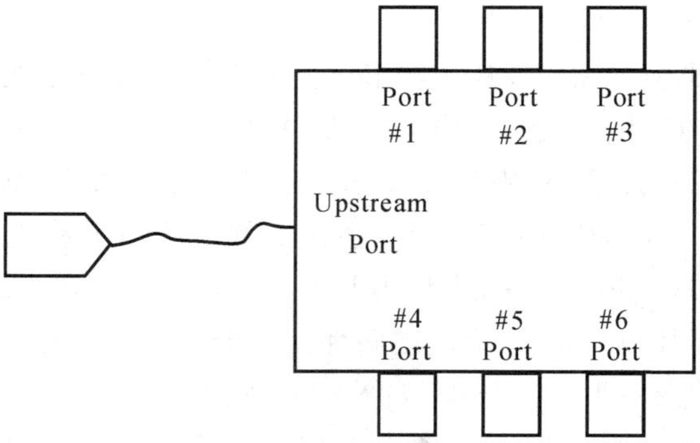

图 6.13　USB 集线器示意图

(1)高速模式(High - speed):传输速率 25～480 Mb/s,主要适用于大容量移动硬盘,光驱和视频传输等具有高速特征的外设。

(2)全速模式(Full - speed):传输速率 500 Kb/s～10 Mb/s,主要适用于电话、宽带设备、音频设备等中速外部设备。

(3)低速模式(Low - speed):传输速率 10 Kb/s～100 Kb/s, 主要用于人机接口设备,例如鼠标、键盘、游戏杆等对传输速度要求不高的外部设备。

4. USB 数据传输逻辑结构

USB 设备在逻辑上分成了设备层、配置层、接口层和节点层四个层次。

(1)节点:每个设备内有一个或多个逻辑连接点,称为节点。

(2)接口:一个设备对主机表现为一组合适的节点,一组相关的节点称为一个接口。有多个接口的设备称为组合设备。

(3)配置:设备可以有多组接口,每一组称为一个配置,一次只能有一个配置是活动的。但是,当前配置中的所有接口(和它们的节点)可以同时是活动的。大多数设备只有一个配置和一个接口。当一个设备第一次插入系统时，Windows 提示用户选择合适的配置。

(4)管道：在 USB 中，传输是在 USB 设备的某一具体节点和主机软件之间进行的，这个相关的结构就称为管道，即为设备的一个节点与主机之间的数据传输的模型。

管道有两种：流管道和消息管道。其中消息管道的数据结构是 USB 定义好的，而流管道没有固定的结构。另外，数据传输带宽、传输类型、节点的特性（如方向和缓冲大小）都影响着它的管道特性。大多数的管道在 USB 设备配置好之后就产生了。管道可以是单向的也可以是双向的。一个 USB 设备可以有很多个管道，管道之间是相互独立的，比如设备的一个管道可以从主机接收数据而另一个管道可以发送数据。在一个设备配置中每一个管道（即每一个节点）只能支持下述的一种数据传输类型。

(5)传输类型：USB 总线包括 4 种传输类型（传输管道）。

1)控制传输类型。用于传输控制信息，如在连接时配置设备，控制其他管道的状态以及完成一些设备自定的用途。

2)块数据传输类型。用于传输相对比较大的和突发性强的数据，一般这种传输的动态范围比较宽。数据传输的可靠性由硬件层错误检测来保证，对错误的数据可进行重复发送。块传输是连续的，它的带宽占用依据其他 USB 设备的使用情况而不同。这种传输类型一般用于打印机、扫描仪等。

3)中断数据传输类型。数据量小，延迟短，通常用于传输设备反馈回计算机的字符和坐标信息，多用于人机交互设备，如鼠标，键盘、游戏杆等。

4)同步数据传输类型。占用预先分配的带宽，实时传输。对于同步传输管道，带宽的要求与设备的采样率有关，时延的要求与每个节点的缓冲大小有关。为保证数据的实时传输，在传输过程中的一些误码是不被纠正的（如不进行重试等），而实际上 USB 的错误率是十分小的，它完全可以被忽略掉，不足以形成问题。

6.3　并行数据通信

6.3.1　IEEE 488 标准（GPIB 标准）

IEEE 488 通用接口总线又称 GPIB(General Purpose Interface Bus)总线，是 HP 公司在 20 世纪 70 年代推出的台式仪器接口总线，因此又叫 HPIB(HP Interface Bus)，1975 年 IEEE 和 IEC 确认为 IEEE 488 和 IEC 652 标准。该标准总线在仪器、仪表及测控领域得到了最广泛的应用。这种系统是在微机中插入一块 GPIB 接口卡，通过电缆连接到仪器端的 GPIB 接口。当微机的总线变化时，例如采用 ISA 或 PCI 等不同总线，接口卡也随之变更，其余部分可保持不变，从而使 GPIB 系统能适应微机总线的快速变化。目前，大多数的数字式仪器仪表都配置这种接口。

GPIB 采用 8 位并行、字节串行、异步通信方式，所有数据通过总线顺序传送。在 GPIB 中，它能自动适应测试系统中各台仪器不同的数据速率，数据一直保持到速率最慢的接收者收到后才能撤销或更新。

典型的GPIB测试系统由计算机、GPIB接口卡和若干台(最多15台)GPIB仪器通过标准GPIB电缆连接而成。系统具有以下四个显著特点:

(1)GPIB接口编程方便,减轻了软件设计负担,可使用高级语言编程。

(2)提高了仪器设备的性能指标。利用计算机对带有GPIB接口的仪器实现操作和控制,可实现系统的自校准、自诊断等要求,从而提高了测量精度。

(3)便于将多台带有GPIB接口的仪器组合起来,形成较大的自动测试系统,高效、灵活地完成各种不同的测试任务,而且组建和拆散灵活,使用方便。

(4)便于扩展传统仪器的功能。由于仪器与计算机相连,因此,可在计算机的控制下对测试数据进行更加灵活、方便的传输、处理、综合、利用和显示,使原来仪器采用硬件逻辑很难解决或无法解决的问题迎刃而解。

GPIB插头座如图6.14所示,通过该总线,各种数字式仪器能够方便地互相连接、通信并构成各种自动测试系统。

图6.14 GPIB插头座

6.3.2 接口总线的基本功能及基本接口功能要素

1.接口总线的基本功能

GPIB接口总线由8条地线和16条信号线构成,16条信号线中包括8条数据线、3条联络线和5条管理线;有10种接口功能;总线的连接方式可以是串联方式连接,也可以是星形方式连接;数传方式为位并行,字节串行,双向异步传输;数据传输速度一般可达250~500 Kb/s,最高可达8 Mb/s;最大数据传输距离为20 m;最多可接15台仪器设备;听地址31个,讲地址31个,地址容量可扩充到961个;在总线上采用负逻辑,即高电平为"0",低电平为"1"。

2. 基本接口功能要素

在自动控制系统中,为了有效地传递信息,一般要包括三种基本的接口功能要素:"控者"

“讲者”和“听者”。图 6.15 为采用 IEEE－488 总线连接的自动测试系统。

控者是对系统进行控制的设备。它能发出各种命令、地址，也能接收其他仪器发来的信息。

讲者是产生和向总线上发送数据和信息的设备，一个系统中可以有多个讲者，但在同一时刻只能有一个讲者起作用。

听者是接收总线上传来的数据设备，一个系统中可以有多个听者，同时接收总线上的数据。

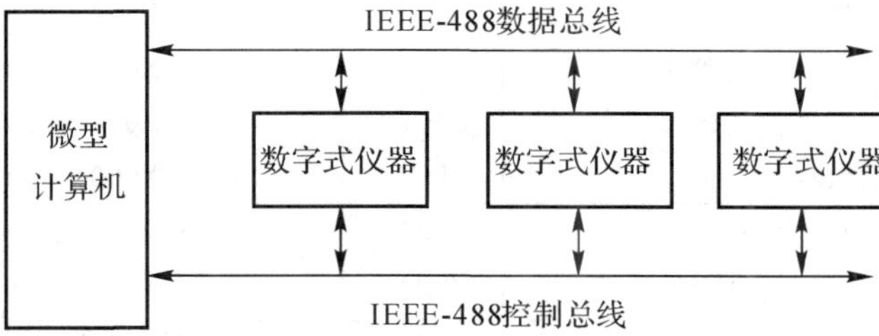

图 6.15　采用 IEEE－488 总线连接的自动测试系统

6.3.3　消息及其编码

消息是各台仪器之间通过接口总线传输的各种信息，仪器之间的通信就是发送和接收消息的过程。编码就是将消息变为信号线上逻辑电平的过程。

总线消息按用途可分为接口消息和仪器消息。接口消息是用于管理系统接口的消息，仪器消息是与仪器功能有关的消息。接口消息和仪器消息如图 6.16 所示。

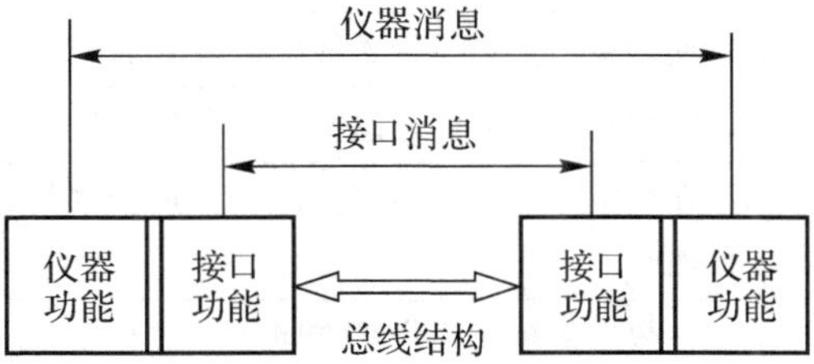

图 6.16　接口消息和仪器消息

总线消息按使用信号线的条数可以分为单线消息和多线消息。单线消息是由一条信号线传送的消息；多线消息是由两条以上信号线传送的消息，如各种通用命令、寻址命令和地址。多线接口消息分为通用命令、寻址命令以及地址。通用命令是控者发出的命令，一切设备都必须听，并执行；寻址命令也是控者发出的命令，但只有被寻址的设备才能听；地址分为听地址、讲地址和副地址。多线接口消息见表 6.5。

总线消息按消息来源可分为远地消息和本地消息。远地消息是经总线传送的消息，用三个大写字母表示，如 LLO；本地消息是由设备本身产生的且只能在设备内部传递的消息，用小写字母表示，如 lon。

表 6.5 多线接口消息

	名　称	代　号	编　码
通用命令	本地封锁	LLO	X001　0001
	仪器清除	DCL	X001　0100
	串行点名可能	SPE	X001　1000
	串行点名不可能	SPD	X001　1001
	并行点名不编组	PPU	X001　0101
寻址命令	群执行触发	GET	X000　1000
	进入本地	GTL	X000　0001
	并行点名编组	PPC	X000　0101
	选择仪器清除	SDC	X000　0100
	取控	TCT	X000　1001
地　址	听者地址	LAD	$X01L_5L_4L_3L_2L_1$
	讲者地址	TAD	$X01T_5T_4T_3T_2T_1$
副地址和副命令	副地址	SAD	$X11S_5S_4S_3S_2S_1$
	并行点名不可能	PPD	$X111D_4D_3D_2D_1$
	并行点名可能	PPE	$X110\ SP_3P_2P_1$

6.3.4 接口功能

GPIB 接口具有 10 种功能，如表 6.6 所示。

表 6.6 GPIB 标准的 10 种功能

名　称	符　号	功能说明
控制功能	C	使系统初始化，发布各种通用命令，接受服务请求等
讲者功能	T	使设备可发出要传送的数据和命令
听者功能	L	使设备接收数据信息和程控命令信息
源联络功能	SH	在数据传输过程中源方向受方进行联络，保证多线消息正确可靠地传输
受联络功能	AH	在数据传输过程中受方向源方进行联络，保证仪器能够正确接收多线消息
服务请求功能	SR	仪器向控者发出服务请求的信息
并行查询功能	PP	快速查询多个请求服务设备
远地/本地功能	R/L	保证远地/本地工作方式的转换
设备清除功能	DC	保证控者命令将设备初始化
设备触发功能	DT	使听者、讲者可接收控者发来的命令

6.3.5 总线结构

GPIB 接口总线有 16 条信号线，包括数据输入输出线、接口管理线、信号联络线（握手线），具体功能如下：

1. 数据输入输出线(DIO1～DIO8)

DIO 线上可以并行传送 8 位信息，包括控者发出的各种通用命令、寻址命令、地址和副令，讲者发送的各种测量数据。DIO 线上的传送方式是位并行、字节串行，双向异步方式。

2. 接口管理线

接口管理线有 5 条，用于系统的控制和接口的管理。

(1)IFC(Interface Clear)：接口清除线。

IFC=1(低电平)，表示由控者发出信息，将总线上的所有设备置为初始状态。

(2)ATN(Attention)：注意线。

注意线规定 DIO 线上信息的类型。

ATN=1(低电平)，DIO 线上的信息是由控者发出的指令或地址；

ATN=0(高电平)，DIO 线上的信息是由讲者发出的数据或状态信息。

(3)SQR(Service Request)：服务请求线。

SQR=1(低电平)，表示某设备向控者提出服务请求。

(4)REN(Remote Enable)：远地使能线。

REN =1(低电平)，听者均处于远地工作状态，即由控者通过接口总线来控制设备；

REN=0(高电平)，所有 GPIB 系统上的仪器都处于本地工作方式，由面板按键来控制设备。

(5)EIO(End or Identify)：结束识别线。该线与 ATN 配合使用。

当 EIO=1 且 ATN=0 时，表示讲者发送的数据结束；

当 EIO=1 且 ATN=1 时，表示控者(微型计算机)执行并行点名操作。

3. 信号联络线(握手线)

信号联络线共有 3 条，主要是保证接口消息和仪器消息的可靠传输。

(1)DAV(Data Valid)：数据有效线。

DAV=1(低电平)，表示 DIO1～DIO8 上的信息有效；

DAV=0(高电平)，表示 DIO1～DIO8 上的信息无效。

(2)NRFD(Not Ready For Data)：未准备好接收数据线。

NFRD=1(低电平)，表示系统中至少有一个听者未准备好接收数据；

NFRD=0(高电平)，表示系统中全部听者准备好接收数据。

(3)NDAC(Not Data Accept)：数据未收到线。

NDAC=1(低电平)，表示系统中至少有一个听者未完成接收数据；

NDAC=0(高电平)，表示系统中听者全部完成接收数据。

4. 三线挂钩原理

GPIB 数据总线上的信息交换，是按异步联络方式进行的，为了保证数据可靠地异步传输，每传送一个数据字节在源方(讲者或控者)与受方(听者)之间必须进行一次 DAV，NRFD，NDAC 三线的互锁过程，三线互锁简单时序如图 6.17 所示。

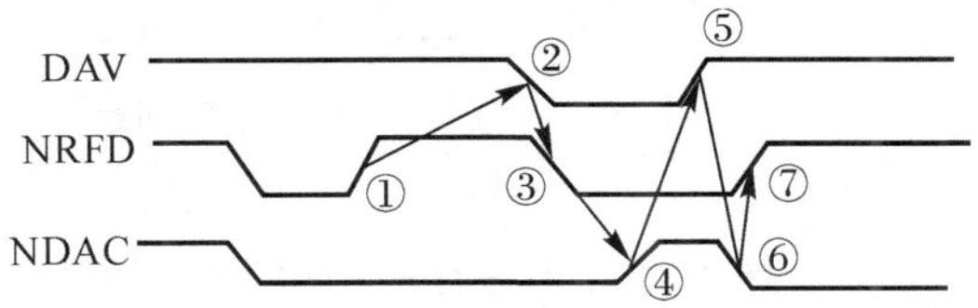

图 6.17　三线互锁时序

①听者通过 NRFD 线发出高电平,表示做好接收数据的准备。

②讲者将 DAV 线变为低电平,向听者表示数据已经有效。

③当听者检测到 DAV 为低电平时,就准备接收数据,同时将 NRFD 变成低电平来响应。

④当 NDAC 线变为高电平时,表示已接收到数据。

⑤当讲者检测出 NDAC 为高电平时,发出 DAV 高电平,向听者表示总线上的数据不再有效。

⑥当听者检测到 DAV 为高电平时,发出 NDAC 低电平,表示知道数据已从总线上移开。

⑦最后听者 NRFD 高电平,准备接收下一个数据。

由四个设备组成的自动测试系统如图 6.18 所示。设备 1 为控者(计算机),它既可作为讲者、听者,又可作为控者;设备 2 既可作为讲者,又可作为听者;设备 3 只能作为听者,如打印机。设备之间通过数据线、接口管理线以及信号联络线互连。GPIB 串联连接方法如图 6.19 所示,GPIB 星形连接方法如图 6.20 所示。

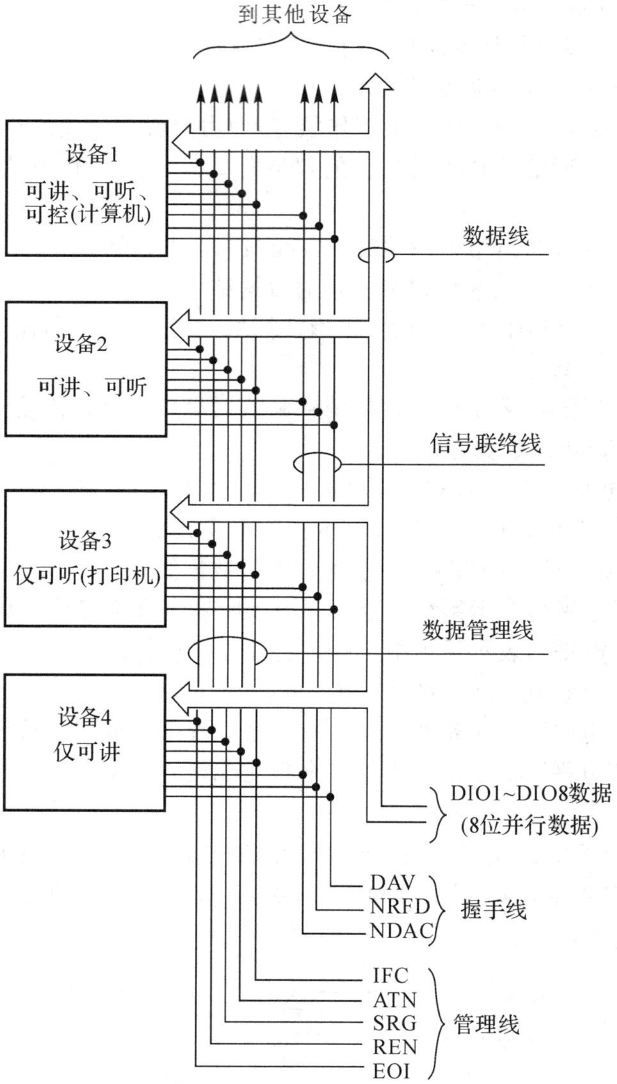

图 6.18 GPIB 自动测试系统

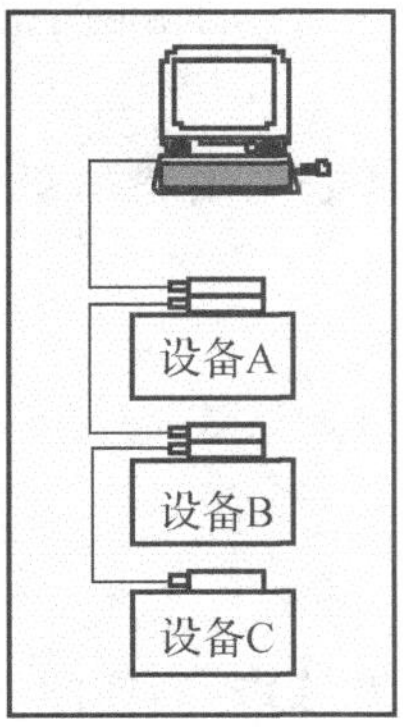

图 6.19　GPIB 串联连接

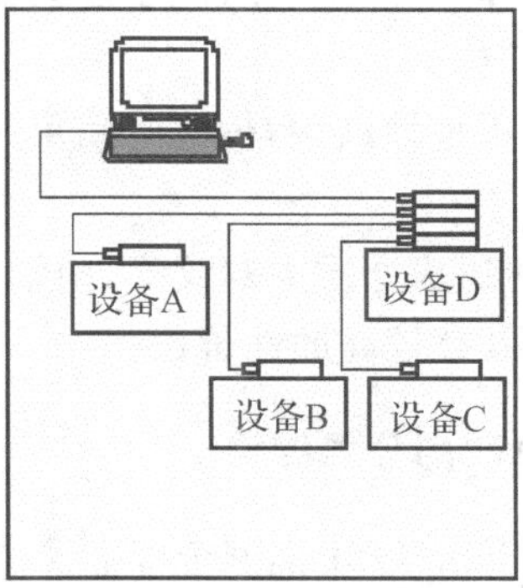

图 6.20　GPIB 星形连接

6.4　CAN 现场总线技术

6.4.1　CAN 现场总线技术的发展及主要特点

CAN 是控制局部网络(Controller Area Network)的简称,它是一种有效支持分布式控制系统和实时控制的串行通信网络,是德国的 Bosch 公司和几家半导体集成电路制造商为汽车监测、控制系统而开发出来的。

随着 CAN 在各种领域的应用与推广,对其通信格式的标准化提出了要求。1991 年 9 月 Philips Semiconductors 制定并发布了 CAN 技术规范(Version 2.0)。1993 年 11 月 ISO 正式颁布了道路交通运载工具-数字信息交换-高速通信控制器局域网(CAN)的国际标准 ISO - DIS11898(用于高速通信),以及后来又颁布了 ISO - DIS11519 - 1(用于低速通信)一起使 CAN 总线的应用标准化、规范化,为今后的发展打下坚实的基础。

CAN 属于总线式串行通信网络,由于其采用了许多新技术及独特的设计,与一般的通信总线相比,CAN 总线的数据通信具有突出的可靠性、实时性和灵活性。其特点可概括如下:

(1)CAN 是到目前为止唯一有国际标准的现场总线。

(2)CAN 为多主方式工作,网络上任一节点均可在任意时刻主动向网络上其他节点发送信息,而不分主从。

(3)在报文标识符上,CAN 上的节点分成不同的优先级,可满足不同的实时要求,优先级高的数据最多可在 134 μs 内得到传输。

(4)CAN 采用非破坏总线仲裁技术。当多个节点同时向总线发送信息出现冲突时,优先级较低的节点会主动退出发送,而最高优先级的节点可不受影响继续传输数据,从而大大节省了总线冲突仲裁时间。尤其是在网络负载很重的情况下,也不会出现网络瘫痪的情况(以太网则可能)。

(5)CAN 节点只须通过对报文的标识符滤波即可实现点对点、一点对多点及全局广播等几种方式传送接收数据。

(6)CAN 的直接通信距离最远可达 10 km(最低速率 5 Kb/s 下);通信速率最高可达 1 Mb/s(此时通信距离最长为 40 m)。

(7)CAN 上的节点主要取决于总线驱动电路,目前可达 110 个。标准帧报文标识符为 11 位,扩展帧为 29 位。

(8)报文采用短帧结构,传输时间短,受干扰概率低,保证了数据出错率级低,有极高的总线利用率。

(9)CAN 的通信介质为双绞线、同轴电缆和光纤,选择灵活。

(10)CAN 具有较高的性价比。

6.4.2 CAN 的分层结构

CAN 遵从 OSI/OSI 模型全部七层中的两层,物理层和数据链路层,如图 6.21 所示。

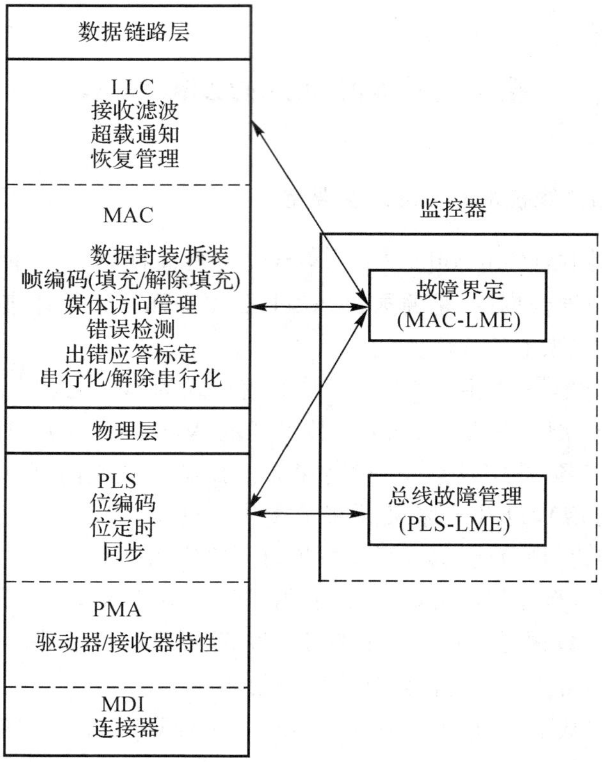

图 6.21　CAN 的分层结构

按照 IEEE 802.2 和 802.3 标准,物理层可分为:

(1)物理信令(Physical Signalling,PLS);

(2)物理媒体附件(Physical Medium Attachment,PMA);

(3)媒体接口(Medium Dependent Interface,MDI)。

数据链路层又划分为:

(1)逻辑链路控制(Logic Link Control,LLC);

(2)媒体访问控制(Medium Access Control,MAC)。

1. 逻辑链路控制 LLC 子层

LLC 提供的功能包括帧接收滤波、超载通告和恢复管理。对于接收的数据帧与远程帧，接收器通过帧接收滤波确定此帧是否与其相关。如果出现接收器被占用等一些情况，要求延迟到下一个报文，则通过 LLC 子层发出超载帧。在发送期间，对于丢失仲裁或被错误干扰的帧，LLC 子层具有自动重发送功能，这样减轻了 CPU 的负担。

在 LLC 层包括两种帧：数据帧和远程帧。

(1)数据帧包含三个场位，即标示符场、数据长度码(Data Length Code，DLC)场和 LLC 数据场(最长 8 个字节)。其形式如图 6.22 所示。

标示符场 (11/29 位)	DLC 场 (4 位)	LLC 数据场 (最多 8 个字节)

图 6.22　LCC 数据帧

(2)LLC 远程帧仅有两个位场，即标示符场和 DLC 场。其形式如图 6.23 所示。

标示符场 (11/29 位)	DLC 场 (4 位)

图 6.23　LLC 远程帧

2. 媒体访问控制 MAC 子层

MAC 子层是数据链路层中的核心，它分为两个完全独立的部分：发送部分和接收部分。

它主要完成发送数据的封装、发送媒体访问管理、接收媒体管理和接收数据卸装功能。

数据帧与远程帧有两种格式：标准格式与扩展格式。将具有 11 位标识符(以下简称为 ID)的帧称为标准格式；将具有 29 位 ID 的帧称为扩展格式。在网络技术中，一般将所要传输的信息称为报文。ID 则表示其报文的优先程度。

有 2 种不同的帧格式：标准帧格式和扩展帧格式。不同之处为标识符域的长度不同。标准帧含 11 位标识符，扩展帧为 29 位标识符。

数据帧和远程帧可以使用标准帧和扩展帧两种格式。它们用一个帧间间隔与前面的帧隔开。两者由 RTR 位区分：数据帧 RTR 为显性(0)，远程帧为隐性(1)。

(1)MAC 数据帧。经过 MAC 子层的数据封装，来自 LLC 子层的数据帧变成由帧起始(Start of Frame，SOF)，仲裁域，控制域，数据域，CRC 域，ACK 域和结束帧(End of Frame，EOF)7 个不同域位构成。其形式如图 6.24 所示。

帧起始	仲裁域	控制域	数据域	CRC 域	ACK 域	帧结束

图 6.24　MAC 数据帧

1)帧起始(SOF)：表明数据帧的起始。标准格式与扩展格式的帧起始是相同的，其为 1 个显性位，如图 6.25 所示。

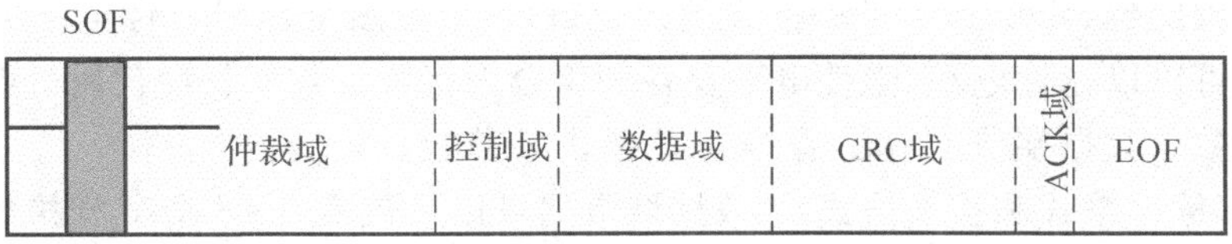

图 6.25　起始帧域结构

这里再对显性电平与隐性电平稍加说明：CAN 总线的电平分为显性电平与隐性电平两种。从逻辑上来讲，在总线接有与门的场合下显性电平的逻辑值为 0，隐性电平的逻辑值为 1。显性就意味着优先的意思，即 1 个单元输出显性电平，总线也为显性状态。而隐性包含有容纳与接受的含意，在不是所有单元都输出隐性电平的场合下，总线的电平就不会变为隐性。即与隐性电平相比，显性电平更“霸道”些。

2）仲裁域（标准格式以及扩展格式）：表明数据的优先权和报文识别信息的区域。标准格式与扩展格式的构成不同，如图 6.26 所示。

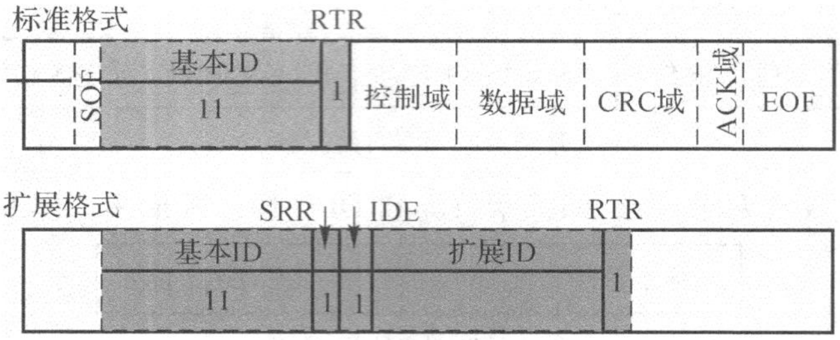

图 6.26 仲裁域结构

这里再对 ID 稍加说明：标准格式的 ID 为 11 位，按从 ID28～ID18 的顺序发送信息。前 7 位为隐性电平就意味着禁止设定，即禁止设定为 ID：1111111××××。扩展格式的 ID 为 29 位，其含义为从 ID28～ID18 为基本 ID，从 ID17～ID0 为扩展 ID；基本 ID 与标准格式的 ID 相同，禁止前 7 位均设定为隐性电平。

3）控制域（标准格式以及扩展格式）：表明预约位数与发送数据字节数的区域控制域为 6 位，其标准格式与扩展格式的构成不同，如图 6.27 所示。

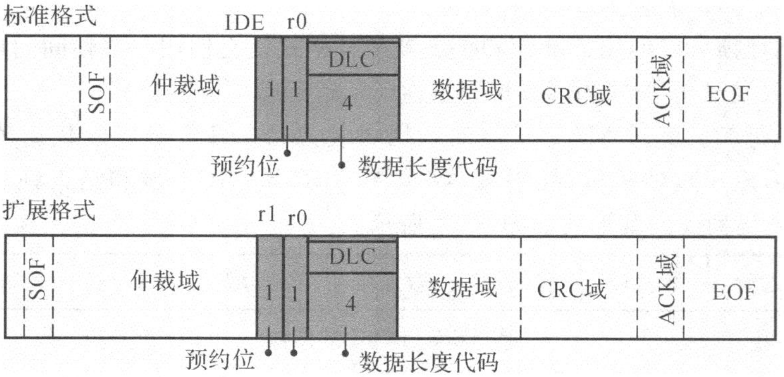

图 6.27 控制域结构

标准格式预约位（IDE，r0），扩展格式预约位（r1，r0）必须全部以显性电平方式发送信息。但是接收一侧可以以显性电平、隐性电平及各种组合来接收。数据长度代码（DLC），表示数据域数据的字节数。数据字节不得使用 0～8 之外的字节数。

4）数据域（标准格式和扩展格式）：数据域数据可以为包括 0～8 个字节的数据，每个字节包含 8 个位，如图 6.28 所示。

5）循环冗余码（CRC）域（标准格式和扩展格式）：此为检验帧是否有传送错误区域。其由 15 位的 CRC 序列与 1 位的 CRC 界定符（分割位）组成，如图 6.29 所示。

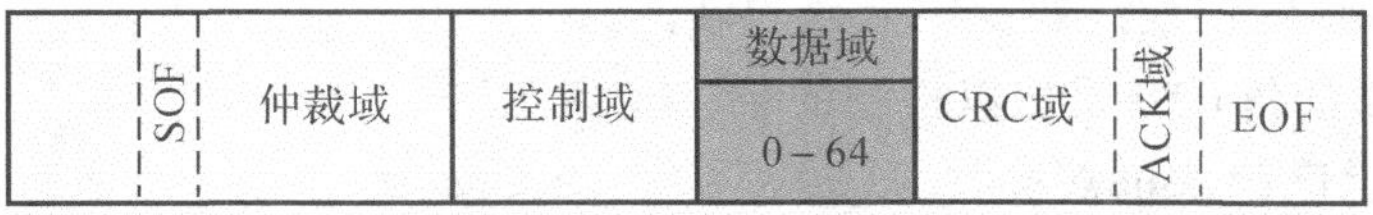

标准格式与扩展格式通用

图 6.28　数据域结构

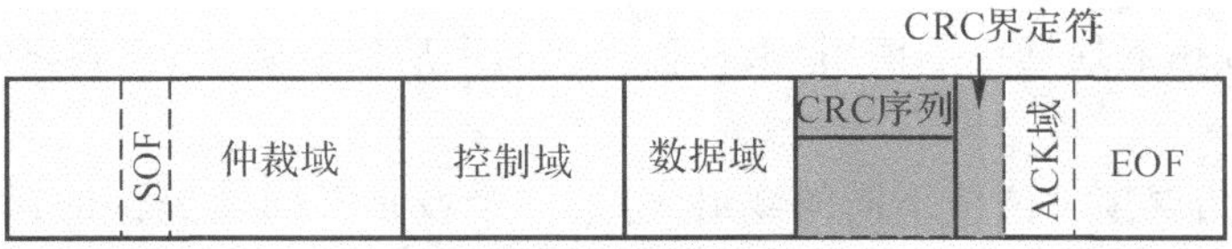

标准格式与扩展格式通用

图 6.29　CRC 域结构

CRC 序列是由多项式形成的 CRC 数值，CRC 的计算范围为起始帧、仲裁域、控制域及数据域。计算值与预定值比较，在不一致的场合下就是出错。

6)应答域(ACK Field)(标准格式和扩展格式)：应答域是表明正常收信已被确认的场域，包含应答间隙和应答界定符。应答域长度为 2 个位，如图 6.30 所示。

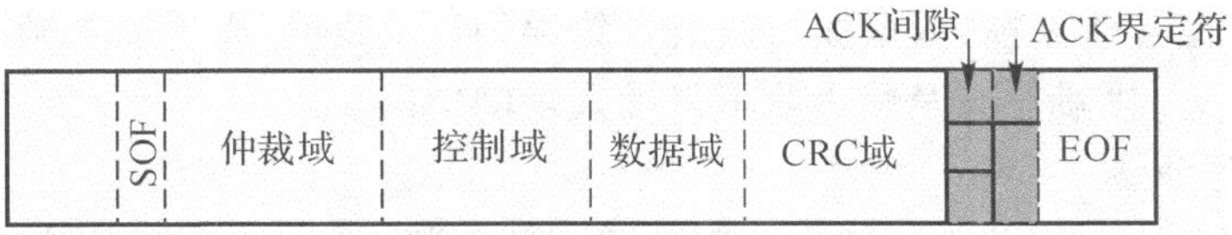

标准格式与扩展格式通用

图 6.30　应答域结构

发送单元在发送过程向 ACK 域发送两位隐性电平。接收了正确报文的接收单元，在 ACK 的间歇期间里发出显性电平以通知接收单元，表明正常的通信已结束。

7)结束帧(EOF)(标准格式和扩展格式)：标志一帧数据的结束。由 7 个隐性位组成，如图 6.31 所示。

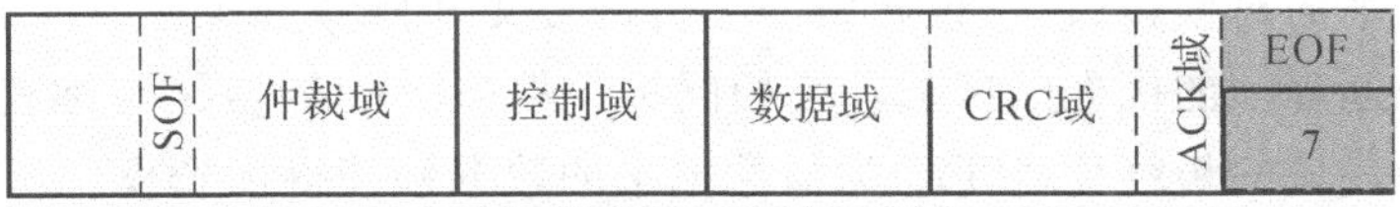

标准格式与扩展格式通用

图 6.31　帧结尾结构

(2)MAC 远程帧。相应的 MAC 的远程帧由 6 个不同的域位构成，包括除数据帧中的数据域外的其他所有域位，另外仲裁场中的 RTR(Remote Transmission Request)位与数据帧不同这里为“1”，MAC 远程帧的形式如图 6.32 所示。

帧起始	仲裁域	控制域	CRC 域	ACK 域	帧结束

图 6.32　MAC 远程帧

帧起始是标明帧起始的区域。

仲裁域是表示数据优先权和报文识别信息的域，可以要求具有相同 ID 的数据帧。

控制域是表示预约位数与数据字节数的域。

CRC 域是对帧的传送错误加以检测的域。

ACK 域是表示已确认正常接收的域。

帧结束域是表示远程帧结尾的域。

对远程帧与数据帧的补充说明：对没有数据域的数据帧与远程帧可以利用 RTR 位加以区别。没有数据域的远程帧的数据长度代码的值表示的是对应的数据帧的数据长度代码。无数据域的数据帧可在下列场合下使用：来自各单元的定期连接确认、应答以及将实际的信息附在仲裁域上时。

(3)错误帧。错误帧由两个不同的域组成，第一个域是不同帧提供的错误标志的叠加，第二个域是错误界定符。为了能正确地终止错误帧，一个“错误认可”的节点要求总线至少有长度为 3 个位的总线空闲。因此总线的载荷不应为 100%。

(4)过载帧。过载帧包括两个位域：过载标志和过载界定符。有 3 种过载的情况，这 3 种情况都会引发过载标志的传送，即：接收器的内部原因，它需要延迟下一个数据帧或远程帧；在间隙的第一位和第二位检测到的一个显性位；如果 CAN 节点在错误界定符或过载界定符的第 8 位采到一个显性位，节点会发送一个过载帧。错误计数器不会增加。

(5)帧间空间。帧间空间是使数据帧、远程帧与其他帧分离开来所用的帧。在数据帧与远程帧之间，无论存在着什么帧(数据帧、远程帧、错误帧、过载帧)通过插入帧间空间，都可以与前面的帧分离开。过载帧与错误帧之前不得插入帧间空间。

3. 媒体访问与仲裁

(1)一个单元开始的传送报文场合。在总线空闲的场合下，最先开始输出报文的单元进行传送。

(2)多个单元同时开始传送报文的场合。如果有多个单元同时开始传送报文，那么传送单元将对仲裁域从第一位起进行逐位仲裁。连续输出最长显性电平的单元可以传送。

下面对仲裁的含义进行说明：仲裁就是对数据帧及远程帧的仲裁域与总线的电平以位为单位进行比较。因为显性电平优于隐性电平，所以在一个单元输出显性电平时，总线的电平为显性电平。在仲裁域与总线的电平一致的场合下，此单元可以继续发送；在仲裁域为隐性电平，总线为显性电平的时候，从下一位开始停止传送报文，而转为接收。

(3)数据帧与远程帧的优先顺序。具有相同标识符(ID)的数据帧与远程帧在总线上互相竞争的场合下，仲裁域的最终位(RTR)为显性电平的数据帧获得优先权。

4. 关于帧格式的一致性

(1)每一个新的控制器支持标准格式。

(2)每一个新的控制器能够接收扩展格式的报文。虽然不要求新控制器必须支持扩展帧，但要求扩展帧不会因为它们的格式而受破坏。

6.4.3 CAN 的应用层

相对于物理层、数据链路层，CAN 的应用层是 ISO 的七层标准模型中用户应用时直接面对的一层。

CAN 总线的迅速普及不仅得益于它卓越的特性和极高的可靠性，硬件厂商的支持也功不可没。因特尔、西门子、飞利浦等公司都推出了基于 CAN 的各种产品，并不断更新。从结构上看，早期的 CAN 产品只有一些基本的功能，发送、接收缓冲区容量很小，而且不区分消息类型一律接收，这无疑增加了 CPU 的负担，因此人们称之为 Basic CAN。后来出现的 Full CAN 加入了接收过滤器，将不同类的消息放入各自的缓冲区中，从而减轻了 CPU 的工作量。最近，飞利浦公司又推出了 Peli CAN 的概念，将缓冲区变为 FIFO 循环队列，并进一步加强了接收过滤功能，将从前由软件开发人员负责的工作转到硬件上来，使 CAN 器件更加智能化，同时也减轻了编程人员的负担。

对应用层的研究也是 CAN 总线得以迅速发展的关键因素之一。很多应用所需要的功能超过了数据链路层所提供的功能，这就需要由应用层来实现。并且对于不同的行业为了满足设备的互换性，有必要制定相应的规范。

目前国际上比较成熟的几种规范包括：

1. CANOpen

应用层 CAL 已经被国际用户和制造集团 CiA(CAN in Automation usergrop)标准化。CANOpen 是由 CiA 特别兴趣小组使用 CAL 提供的通信服务的一个子集进行的开发，因此 CANOpen 甚至可以在具有低计算性能和存储能力的设备中使用。CANOpen 通信(CiA DS-301)支持直接的存取设备参数和实时性要求严格的过程数据通信。CANOpen 设备在结构上大部分和其他总线系统相对应，因此对应用程序开发者来讲很容易使用。这并非意味着放弃了 CAN 的优势，如设备到设备的直接通信。在 CANOpen 网络中，所有的站点是对等的，数据交换可以直接由站(设备)之间组织。

2. DeviceNet

DeviceNet 是一种低成本的通信链接，可以连接工业设备(如极限开关、光/电传感器、电磁阀、电机启动器、过程传感器、条形码阅读器、变频器、平板显示和人机界面)。它可以降低网络和复杂硬件连线的成本。直接连接可以改进设备之间的通信，并能完成不易进行或须连接硬件 I/O 接口的设备级诊断。当多个复杂设备间的互换可能时，它还允许简单设备之间进行互换。DeviceNet 是一种开放的网络标准。其规格和协议是开放的，销售商不需要购买硬件、软件和授权来将设备连接到系统上。任何人都可以通过 ODVA(Open DeviceNet Vendor Association)获得 IncDeviceNet 的规格。

另外还有德国慕尼黑的德国联邦军事大学推出的 PCAL(Portable CAN Application Layer)，Kvaser AB 公司的 CAN Kingdom 等。

6.5　基于以太网的通信技术

以太网具有传输速度高、低耗、易于安装和兼容性好等方面的优势，由于它支持几乎所有的流行的网络协议，因而在工业系统中被广泛采用。以太网用于控制网络的优势有以下几点：

(1)具有相当高的数据传输速率(目前已达到 100 Mb/s)，能提供足够的带宽；

(2)由于具有相同的通信协议，因而 Etherent 和 TCP/IP 很容易集成到企业管理网络；

(3)能在同一总线上运行不同的传输协议，从而建立企业的公共网络平台或基础框架；

(4)在整个网络中，运用了交互式和开放式的数据存取技术；

(5)允许使用不同的物理介质和构成不同的拓扑结构。

6.5.1 网络通信技术

以太网采用的通信协议是 TCP/IP 协议。TCP/IP 是 Internet 上广泛使用的一种网络协议,其强大的功能用于实现异构机网络和异网互连。TCP/IP 协议的核心部分是传输控制协议 TCP,用户数据报协议 UDP、网络互连协议 IP 和物理层接口(Physical Interface)。在利用协议的网络操作系统中,不同的应用程序可以通过网络编程接口套接字(Socket)与其下层核心协议通信。WinSock 是 Windows 操作系统下的 TCP/IP 应用程序的编程接口标准。利用 WinSock API 函数开发应用程序的通信接口,实现相互之间的通信,每个 Socket 与一个进程相联系,它又利用下层的网络通信协议功能和操作系统调用实现实际的通信工作。网间应用程序之间的作用方式为客户机/服务器模式。应用程序与 Windows Sockets 之间的关系如图 6.33 所示。

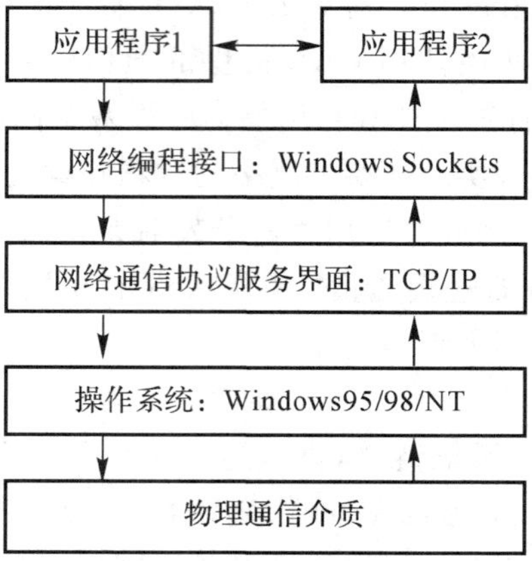

图 6.33 应用程序与 Windows Sockets 的关系图

Socket 只是一种抽象,它是一个连接的双向端点,通过它可以发送数据,也可以接收数据。它主要有三个属性:

(1)网络地址(TCP/IP 中即为 IP 地址)。

(2)端口号:表示同一主机上的不同进程。

(3)Socket 类型:分为流式套接口(SOCK_STREAM)和数据报套接口(SOCK_DGRAM)两种。其中前者要求发送进程在开始一次交换之前要建立一个连接。在 TCP/IP 协议族中由 TCP 协议提供。它是可靠的、双向的、顺序的、非重复的面向连接的服务,适用于一次交换大量数据或需要可靠数据交换的应用。而后者不要求发送方和接收方明确建立一个连接。在 TCP/IP 协议族中由 UDP 协议提供。它是不可靠的但高效的无连接服务,一般应用在低可靠、低延迟的局域网上,主要用于一次交换少量数据但传输速度较快的场合。

在互联网的进程通信中,全局标识一个进程需要一个被称为"半相关"的三元组(协议、本地主机地址和本地端口号)来描述,而一个完整的通信实例,则需要一个被称为"相关"的五元组(协议、本地主机地址、本地端口号、远地主机地址和远地端口号)来描述。

套接字函数 socket( )用来建立指定地址格式、数据类型和协议下的套接口。而绑定函数 bind( )则建立了本地的半相关。在绑定过程中,将套接字与指定地址结构相关联,这个地址结构设置了可向任意一台主机通信的属性项 INADDR_ANY 以及指定端口号。

有关套接字的初始化操作完成之后，便可进行通信编程了。发送数据主要通过发送函数实现：

```
int sendto( SOCKET s, const struct sockaddr FAR * buf ,
int len, int flags, const struct sockaddr FAR * to , int tolen);
```

其中地址结构 to 中设置了特殊的 IP 地址 INADDR_BROADCAST 用于广播，以便此函数执行时数据包能到达网内任一节点处。本程序的 sendto( ) 函数用在 SOCK_DGRAM 套接字上，用于向参数 to 指定的对等方套接字发送数据包。

接收数据主要通过接收函数实现，其定义如下：

```
int   recvfrom(SOCKET s,char FAR * buf,int len,
int flag,struct sockaddr FAR * from,int FAR * fromlen);
```

它用于在参数 s 指定的套接字上读取输入数据，并捕获发送数据的地址，存入源地址缓冲区。其中读取的数据放入缓冲区 buf 中，而源信息存入地址结构 from 中。

网络通信程序设计过程中，WinSock 的有些函数是可能产生阻塞的，为了实现非阻塞通信，WinSock 提供了异步选择机制，主要是由函数 WSAAsyncSelect( )实现的。它的特点是将网络事件与 WinSock 消息联系起来，由该函数注册一些用户感兴趣的网络事件。当这些被注册的网络事件发生时，应用程序的相应窗口函数将接收到有关消息。这些被注册的网络事件包括如下选择：

FD_READ：希望在套接字收到数据时收到消息；

FD_WRITE：希望在套接字上可以发送数据时收到消息；

FD_ACCEPT：希望在套接字上收到连接成功时收到消息；

FD_CONNECT：希望在套接字上收到连接请求时收到消息；

FD_CLOSE：希望在套接字上连接关闭时收到消息；

FD_OOB：希望在套接字上收到带外数据时收到消息。

具体应用时，处理消息的窗口函数应有如下结构：

```
switch(lParam)// lParam 为由 WSAAsyncSelect( )定义的各种网络事件名称
{
      case FD_READ:
         /* 调用接收函数处理 FD_READ 消息的程序段 */
         break;
      case FD_WRITE:
         /* 处理 FD_WRITE 消息的程序段 */
         break;
      ……
}
```

当网络事件发生时，应用程序将会收到 Windows Socket DLL 发来的消息，而有时对消息处理的结果将造成 Windows Socket DLL 向应用程序发出同一消息。如在某一套接字收到 1 024 B数据后，应用程序将收到一个 FD_READ 消息，处理程序只从接收缓冲区读取了 512 B，应用程序从消息处理程序返回后，由于接收缓冲区未空而造成应用程序又将收到一个 FD_READ 消息，直到缓冲区中所有数据都被读走。FD_WRITE 消息的产生有两种情况：一是在一个套接字首次完成连接后,由 Windows Socket DLL 自动发送 FD_WRITE 消息;二是当一次发送由于阻塞而失败时,将造成一个 FD_WRITE 消息的产生。一次发送成功返回后,系统不会提出另一个 FD_WRITE 消息。

6.5.2 广播通信的实现

采用广播通信的程序流程如图 6.34 所示。其中,Socket 初始化包括 Windows Socket 版本的装载,Socket 的创建,在此过程中同时规定其类型采用数据报格式(SOCK_DGRAM)。在对 Socket 进行绑定过程的同时指定了通信对象。异步选择机制实现了网络的非阻塞通信,它将网络事件与 WinSock 消息联系起来,使得在仿真过程中,当相应的网络事件(如接收缓冲区满、允许发送数据、请求连接等)发生时,应用程序的相应窗口将接收到有关消息。

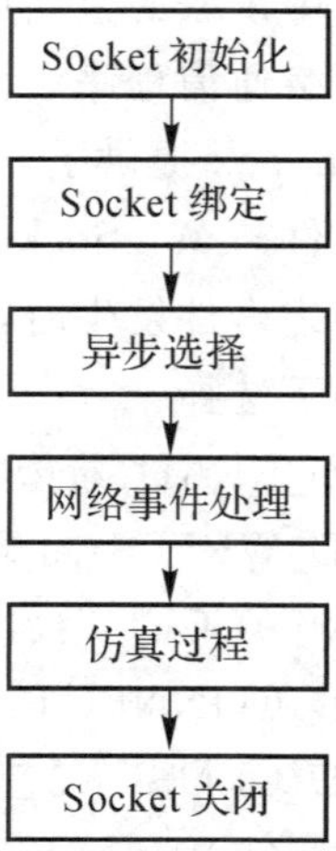

图 6.34 通信接口流程图

通信程序的具体实现如下:

```
void CMainFrame::InitSocket()
{
    WSADATA WSAData;
    BOOL optval=true;
    //加载 winsock 版本及错误处理
if(WSAStartup((WORD)((1<<8)|1),&WSAData))
    {
            MessageBox("wsock32.dll can't be initialized",
    "Warning", MB_ICONEXCLAMATION );
        PostQuitMessage(0);
    }
//套接字的创建及错误处理
    sockfd=socket(AF_INET,SOCK_DGRAM,0);
    if(sockfd==INVALID_SOCKET)
    {
        sprintf(szTmp,"客户机未能成功创建套接口! 错误号为%d", WSAGetLastError
());
        MessageBox(szTmp,"Warning",MB_ICONEXCLAMATION);
        closesocket(sockfd);
        return;
    }
    server.sin_family=AF_INET;
    server.sin_addr.s_addr=INADDR_ANY;
    server.sin_port=htons((unsigned short)sockport);
    setsockopt(sockfd,SOL_SOCKET,SO_REUSEADDR,(char FAR *)&optval, sizeof
(optval));
                    //套接字与指定端口绑定及错误处理
    if(bind(sockfd,(SOCKADDR *)&server,sizeof(server))==SOCKET_ERROR)
```

```
    {
        sprintf(szTmp,"主机捆绑错误！错误号为%d",WSAGetLastError());
        MessageBox(szTmp,"Warning",MB_ICONEXCLAMATION);
        return;
    }
    if(setsockopt(sockfd,SOL_SOCKET,SO_BROADCAST,(char FAR *)&optval,si-
zeof(optval))==SOCKET_ERROR)
    {
        AfxMessageBox("error in setsockopt");
        return;
    }
//采用异步选择机制使网络事件与对应 Windows 消息相关
    if(WSAAsyncSelect(sockfd,m_hWnd,UM_SOCK,FD_READ|FD_WRITE|FD_
CLOSE)==SOCKET_ERROR)
    {
        sprintf(szTmp,"异步选择失败!,错误号为%d",WSAGetLastError());
        MessageBox(szTmp,"Warning",MB_ICONEXCLAMATION);
        closesocket(sockfd);
        return;
    }
    return;
}
```

习　题　6

1. 什么是同步通信方式和异步通信方式？它们各有何优缺点？
2. 试画出异步通信协议的数据结构，起始位和停止位有何作用？
3. RS-232C 标准的接口信号有哪几类？其主要信号是什么？
4. RS-232C 的逻辑 1 与逻辑 0 的电平范围是多少？如何实现与 TTL 电平的转换？
5. 在 GPIB 接口系统中有哪三种基本接口功能要素？它们各自的功能是什么？
6. GPIB 接口总线共有哪几条信号线？它们各自的作用是什么？
7. 简述 CAN 总线技术的主要特点及发展状况。

第 7 章　智能仪器的自动测量及典型数据处理功能

为了提高仪器的测量精度，智能仪器引入了自动测量、自动检测以及复杂数据处理与控制功能，本章主要介绍智能仪器的自动校准、量程的自动转换功能；测量误差及典型误差的处理方法；线性表查表以及排序技术；PID 控制算法以及故障自动检测及诊断等。

7.1　概　　述

智能仪器由于引入了微型计算机，具有自动测量、自动检测以及复杂的数据处理与控制功能，极大地提高了仪器的准确性，保证了仪器测量的可靠性，因此它与常规的测量仪器仪表相比，具有如下特点：

(1)仪器测量精度的提高。智能仪器的核心是微型计算机，随着计算机主频的提高及 A/D，D/A 转换速度的提高，对模拟量进行采集和存储的时间减少，那么在一定的时间内，可对模拟量进行多次重复测量，然后求其平均值，这样就可以排除一些偶然的干扰误差。

(2)自动校准功能。一般仪器在使用前都要进行刻度校准。例如 PZ8 数字电压表要进行 0 V和1 V校准，以保证测量显示数字的正确性。

1 V校准：采用标准电池1.018 6 V校准。

0 V校准：采用接地校准。

但是，在使用中随着仪表温度升高，元件的参数往往会发生变化，还有诸如电网干扰、噪声等因素的影响，原来校准好的状态会受到破坏，造成前后测量的数据不一致。智能仪器不仅可以自动校准，还可以在测量过程中定期校准。

(3)修正误差的能力。要消除影响仪器精度的“零漂”、传感器的非线性特性、环境因素的变化等等，这是常规仪器设计中经常感到棘手的问题。智能仪器能利用微处理器的运算和逻辑判断能力，按照一定的算法清除诸因素对仪器精度的影响，减小仪器的误差。

(4)自检自诊断的能力。智能仪器如果发生了故障，可以自检出来并诊断发生故障的根源。若发现仪器出现故障，面板指示灯就会发光报警，从而通知使用者。

(5)复杂的计算和控制功能。仪器中引入微型机实现智能化后，一些常规仪器不易实现的功能，在智能仪器中就很容易实现，如信号的平均、微分、积分、线性化等。

(6)智能仪器可实现专家系统技术。智能仪器的设计师并不满足于上述几种功能，他们正在寻求“高级的智能”，迈入人工智能的领域，不仅使仪器能精确地测量各种参数，而且可以帮助人们思考，解决专家才能解决的问题。例如在分析仪器的质谱仪中，用专家系统技术来确定被分析样品的化学结构。

7.2 仪器的自动测量功能

7.2.1 量程的自动选择

在工程实际应用中，被测量信号往往具有较宽的变化范围。但由于智能仪器中 A/D 的输入范围通常为 0～5 V，0～10 V，－5～＋5 V，若用范围较宽的传感器输出电压直接作为 A/D 的输入，这样就不能充分利用 A/D 转换器的有效位，从而影响测量范围和测量精度。因此智能仪器必须根据输入电压的大小，完成自动量程转换的功能。

智能仪器中自动量程转换的方法主要有以下两种：

(1)根据被测量的大小，仪器自动切换到不同量程的传感器上运行。

(2)在传感器与单片机的接口电路中引入可编程增益放大器，通过自动改变放大器的增益达到量程切换的目的。

图 7.1 是不同量程传感器切换的原理框图。图中以三个不同量程的传感器为例，说明其工作原理。

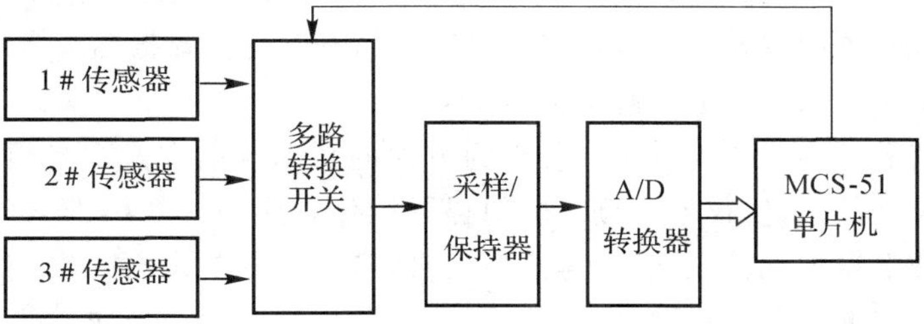

图 7.1　不同量程传感器切换的原理框图

假设 1＃ 传感器的最大测量范围为 M_1，2＃ 传感器的最大测量范围为 M_2，3＃ 传感器的最大测量范围为 M_3，且 $M_1 > M_2 > M_3$。三个传感器的工作均由单片机控制，程序设计为：仪器启动后总是 1＃ 传感器先接入工作，2＃ 传感器、3＃ 传感器处于过载保护状态，以免因过载而损坏 2＃，3＃ 传感器。然后根据被测量的大小，确定由哪一个传感器工作。

程控放大器量程切换的原理框图如图 7.2 所示，单片机根据所测信号幅值的大小，控制改变放大器的增益。对幅值小的信号采用大增益，对幅值大的信号改用小增益，使 A/D 转换器信号满量程达到均一化。表 7.1 为程控放大器的 8 种增益。

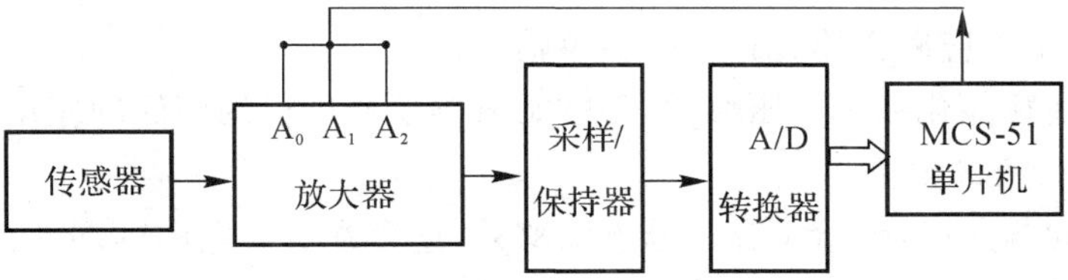

图 7.2　程控放大器量程切换的原理框图

表 7.1 程控放大器的 8 种增益

增益	数字代码		
	A_1	A_2	A_3
1	0	0	0
2	0	0	1
4	0	1	0
8	0	1	1
16	1	0	0
32	1	0	1
64	1	1	0
128	1	1	1

7.2.2 仪器的自动校准

通常，为了保证仪器测量精度的可靠性和合法性，必须对仪器进行定期校准。传统的仪器校准是通过对已知标准校准源直接测量，或通过与更高精度的同类仪器进行比较测量来实现的。这种校准过程必须由专业人员操作，仪器校准后，有时还需要根据检定部门给出的误差修正表来对测量结果进行修正，使用起来非常麻烦。

大多数智能仪器都为用户提供了一种极为方便的自动校准方式。当须自动校准时，操作者只要按下自动校准的按键，仪器的显示屏便提示操作者应输入的标准电压。操作者按提示要求将相应的标准电压加到输入端后，再按一次自校键，仪器就进行一次测量并将标准量(或标准系数)存入到"校准量存储器"法中。然后，显示器提示下一个要求输入的标准电压值，再重复上述测量与存储过程。对预定的校正测量完成之后，校准程序还能自动计算每两个校准点之间的插值公式的系数，并把这些系数也存入"校准量存储器"中。这时，就在智能仪器的内部存储了一张校准表和一张内插公式的系数表。在正常测量应用时，这两张表将同测量结果一起形成经过修正的准确测量值，这种方法又称为"校准量存储器"法。仪器中的校准存储器一般采用电可擦除只读存储器(EEPROM)或由电池供电的非易失性 RAM，以确保仪器断电后数据不会丢失。下面具体说明零点误差和增益误差自动校准的方法。

1. 零位误差的校正方法

(1)输入短路，输入信号为零，测量输出值，这时由于存在系统误差，输出值并不为零。

(2)根据整个仪器的增益，将仪器的输出值折算成零位输入值，并把这一值储存到计算机中。

(3)仪器的测量值应减去原先存入的零位输入值。

这种方法已在智能化数字电压表、数字欧姆表等仪器中得到广泛的应用。

2. 增益误差的校正方法

在智能仪器的输入通道，除了存在零点漂移外，还存在放大电路的增益误差。图 7.3 为智能化数字电压表的原理框图，下面具体说明增益误差的校正方法。

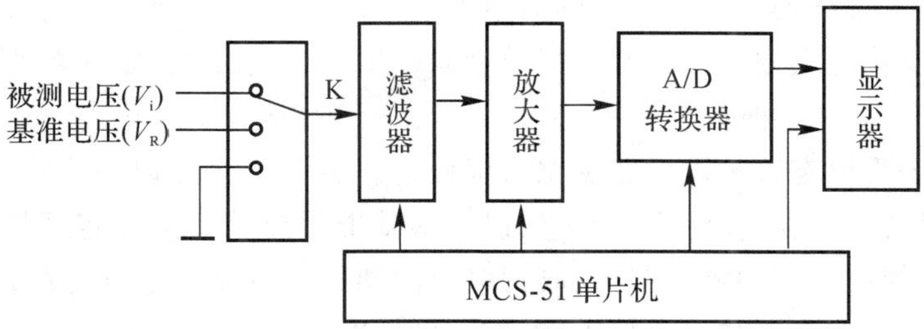

图 7.3　智能化数字电压表的原理框图

首先，单片机通过输出口控制开关使仪器接地，启动一次测量，得到测量值 N_0。然后，单片机通过输出口控制开关使仪器接基准电压 V_R，得到测量值 N_R，将 N_0 和 N_R 存入 RAM 的确定单元中。最后使开关接被测电压信号 V_i，此时的测量值为 N_i，则有

$$V_i = \frac{V_R}{N_R - N_0}(N_i - N_0) \tag{7.1}$$

按照式(7.1)的计算值将测量结果进行显示。由于上述计算结果将放大器的增益和零点漂移都考虑到计算公式中，因而有效地消除了放大器增益变化及零点漂移对测量结果的影响。

7.3　测量误差及典型的误差处理方法

7.3.1　测量误差的表示及误差的分类

1. 测量误差的表示方法

(1) 绝对误差。由测量所得到的被测量的值 X 与其真值 X_0 之差，称为绝对误差，用 ΔX 表示，即

$$\Delta X = | X - X_0 | \tag{7.2}$$

真值是一个理想的概念，一般来说是无法精确得到的，而在实际应用中通常是用实际值来代替真值。实际值又称为约定真值，它是根据测量误差的要求，使用高一级或高几级的标准仪器或计量器具测量所得之值。

(2) 相对误差。绝对误差虽然可以说明测量结果偏离实际值的情况，但不能确切反映测量的精确程度。绝对误差与被测量真值的比值用百分数来表示，称为相对误差，用 γ 表示，即

$$\gamma = \frac{\Delta X}{X_0} \times 100\% \tag{7.3}$$

相对误差没有量纲，只有大小。由于真值在实际测量中是难以得到的，因此通常用实际值代替真值来表示相对误差。

2. 误差的分类

(1) 随机误差。在相同条件下进行多次测量，而每次测量结果都会出现无规律的随机变化的误差，这种误差称其为随机误差或偶然误差。理论和实验证明，当测量次数足够多时，随机误差服从一定的统计规律，且具有单峰性、有界性、对称性和相消性等特点。

随机误差反映了测量结果的精确度。随机误差越小，测量精确度越高。

(2)系统误差。系统误差是指在相同的条件下,多次测量同一量时,其大小和符号保持不变或按一定规律变化的误差。在多次重复测量同一值时,系统误差按一定规律变化,不具有抵偿性。

系统误差可分为恒定系统误差和变化系统误差。恒定不变的误差称为恒定系统误差,例如,在校验仪器时,标准表存在的固有误差、仪器的基准误差等。按一定规律变化的误差称为变化系统误差,例如由仪器的零点漂移、放大倍数的漂移随室温变化而引入的误差等。系统误差决定了测量的准确度。系统误差越小,测量结果越准确。

(3)粗大误差。粗大误差是指在一定的条件下,测量值明显地偏离实际值时所对应的误差,简称为粗差。粗大误差是由读数错误、记录错误、操作不正确、测量中的失误以及存在不被允许的干扰等原因造成的,因此,粗大误差又称为疏失误差。粗大误差明显地歪曲了测量结果,就其数值而言,它远远大于随机误差和系统误差。产生粗大误差的测量值称为异常值,这些异常值应在计算时剔除。

显然,要提高测量精度,对于上述三类误差都应采取适当的措施进行防范和处理,以减少或消除这些误差对测量结果的影响。智能仪器的主要优点之一就是可以利用微处理器的数据处理能力减小测量误差,以达到提高仪器测量精度的目的。

7.3.2 随机误差的处理方法

随机误差通常是由于仪器在测量过程中的一系列互不相关的独立因素,如外界电磁场的变化、温度的变化、空气的扰动及随机干扰信号对测量值的综合影响所造成的。

相对于一次测量而言,随机误差是没有一定规律的。如上所述,当测量次数足够多时,测量结果中的随机误差服从一定的统计规律,而且大多数按正态分布。

数据采集误差处理常常采用数字滤波算法。数字滤波算法可滤掉大部分由输入信号干扰而引起的输出控制错误。最常用的方法有一阶惯性滤波、限幅滤波、中位值滤波、算术平均值法等,具体可参考“5.4.3 数据采集误差的软件对策”一节。因此,智能仪器在克服随机误差提高测量精度方面较传统仪器仪表具有优越性。

7.3.3 系统误差校正技术

系统误差是指在相同的条件下,多次测量同一量时,其大小和符号保持不变或按一定规律变化的误差。

1.系统误差产生的原因

系统误差是由固定不变的或按确定规律变化的因素所造成的,这些误差因素主要有:

(1)测量装置方面的因素。如标尺的刻度偏差,天平的臂长不等,仪器的内部基准,放大器的零点漂移,增益漂移等。

(2)环境方面的因素。如测量时的实际温度对标准温度的偏差,测量过程中的温度、湿度等按一定规律变化的误差。

(3)测量方面的因素。如采用的近似测量方法或近似的计算公式等引起的误差。

(4)测量人员方面的因素。由于测量者个人的特点,在刻度上估计读数时,习惯偏于某一方向;动态测量时,记录某一信号有滞后的倾向等。

2. 克服、减少系统误差的措施

仪器的系统误差是可以通过硬件或软件进行消除或减少的。在测量过程中，发现有系统误差存在，必须进一步分析比较，找出可能产生误差的原因以减少和消除系统误差。

(1)系统误差模型的建立。一般通过分析建立系统的误差模型，再由误差模型求出误差修正公式。误差修正公式通常含有若干个误差因子，修正时，可先通过校正技术把这些误差因子求出来，然后利用修正公式来修正测量结果，从而可以削弱系统误差的影响。

在某些情况下，对模型的误差进行理论分析和数学处理，可以建立仪表的系统误差模型，从而可以确定校正系统误差的算法和表达式。

如 MC14433 双向积分型 ADC 芯片，如果输入信号较小，则一个负脉冲可能使极性发生变化。因此，通常在输入信号端叠加一个固定的小的正信号，使信号不会由于干扰而变为负极性。在最后的结果中，要减去附加信号的值 a。

$$y = x - a \tag{7.4}$$

式中　y—— 有效信号转换结果；

x——ADC 输出值；

a—— 附加信号的转换结果。

(2) 利用校正曲线通过查表法修正系统误差。如果对系统误差的来源及仪器的工作原理缺乏充分的认识而不能建立误差模型，则可以通过建立校正数据表的方法来修正系统误差。通过实验得到测量曲线，然后将曲线上各校准点的数据存入存储器的校准表格中，在以后的实际测量中，通过查表得到修正了的测量结果。具体步骤如下：

1) 在仪器的输入端逐次加入一组已知的标准电压 $x_1, x_2, \cdots, x_n$，并实际测出对应的测量结果 $y_1, y_2, \cdots, y_n$。

2) 如果将实测的 $y_i(i=1,2,\cdots,n)$ 值对应于存储器中的某一区域，y_i 作为存储器中的一个地址，再把对应的 x_i 值存入其中，这就在存储器中建立了一张校准数据表。

3) 实际测量时，令微处理器根据实测的 y_i 去访问内存，读出其中的 x_i，x_i 即为经过修正的测量值。

4) 若实际测量的 y 值介于某两个标准点 y_i 和 y_{i+1} 之间，为了减少误差，还要在查表的基础上作内插计算来进行修正。

采用内插技术可以减少校准点，从而减少内存空间。最简单的内插是线性内插，如图 7.4 所示。当 $y_i < y < y_{i+1}$ 时，取

$$x = x_i + \frac{x_{i+1} - x_i}{y_{i+1} - y_i}(y - y_i) \tag{7.5}$$

由于这种内插方法是用两点间一条直线来代替原曲线的，因而精度有限。如果要求更高的精度，可以采取增加校准点的方法，或者采取更精确的内插方法，例如 n 阶多项式内插、三角内插、牛顿内插等。

(3) 通过曲线拟合来修正系统误差。曲线拟合方法包括连续函数拟合法和分段曲线拟合法两种。

1) 连续函数拟合法。连续函数拟合法一般采用多项式来进行拟合(也可采用解析函数，如 e^x、$\ln x$ 和三角函数等)，多项式的阶数应根据仪器所允许的误差来确定。一般情况下，拟合多项式的阶数愈高，逼近的精度也就愈高。但阶数的增高将使计算繁冗，运算时间也迅速增

加，因此，拟合多项式的阶数一般采用二阶或三阶。连续函数拟合，首先确定拟合函数的类型，通常根据人们对研究对象的了解进行选择。如缺乏了解，则根据曲线的外形来估算函数的形式。

现在以热电偶的关系式为例，讨论连续函数拟合的方法。热电偶特性的拟合法如图 7.5 所示。

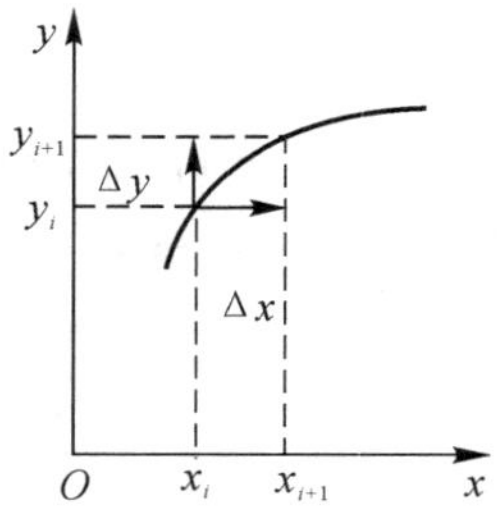

图 7.4　校正曲线

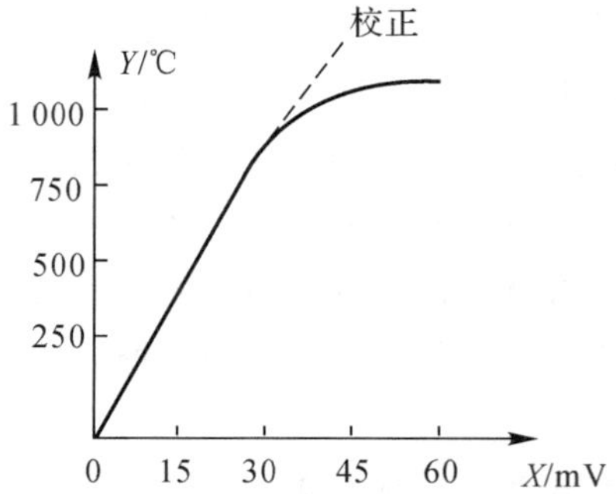

图 7.5　热电偶特性的拟合法

热电偶的特性可用 2 次多项式拟合：

$$y = Ax + Bx^2 \tag{7.6}$$

将(x,y)的两组数据(13.5,250)及(42.3,750)带入上式可求得

$$y = 18.85x - 0.026x^2$$

如要得到高精度的拟合曲线，则使用最小二乘法拟合曲线。最小二乘法就是误差平方和为最小。

设被逼近函数为 $V(x_i) = |f(x_i) - g(x_i)|$，则

$$\Phi = \sum_{i=1}^{n} V^2(x_i) \tag{7.7}$$

令 Φ 达最小，即在最小二乘意义上使 $V(x)$ 最小化。$g(x)$ 为多项式，$g(x)$ 为一次多项式时，为直线拟合；$g(x)$ 为二次以上多项式时，为曲线拟合。

2）分段曲线拟合法。分段曲线拟合法，即把非线性曲线的整个区间划分成若干段，将每一段用直线或抛物线去逼近。只要分点足够多，就完全可以满足精度要求，从而回避了高阶运算，使问题化繁为简。分段基点的选取可按实际情况决定，既可采用等距分段法，也可采用非等距分段法。非等距分段法是根据函数曲线形状的变化来确定插值之间的距离。非等距插值基点的选取比较麻烦，但在相等精度条件下，非等距插值基点的数目将小于等距插值基点的数目，从而节省了内存，减少了仪器的硬件投入。

① 分段直线拟合法。分段直线拟合法是用一条折线来代替原来实际的曲线，这是一种最简单的分段拟合方法。

设某传感器的输入输出特性如图 7.6 所示。图中，x 是测量数据，y 是实际被测变量，分三段直线来逼近该传感器的非线性曲线。由于曲线低端比高端陡峭，因此采用不等距分段法。

由此可写出各段的线性插值公式为

$$y = \begin{cases} k_1 x & 0 \leqslant x \leqslant x_1 \\ y_1 + k_2(x - x_1) & x_1 \leqslant x \leqslant x_2 \\ y_2 + k_3(x - x_2) & x_2 \leqslant x \geqslant x_3 \end{cases} \tag{7.8}$$

式中
$$k_1=\frac{y_1}{x_1},\quad k_2=\frac{y_2-y_1}{x_2-x_1},\quad k_3=\frac{y_3-y_2}{x_3-x_2}$$
它们是各段的斜率。

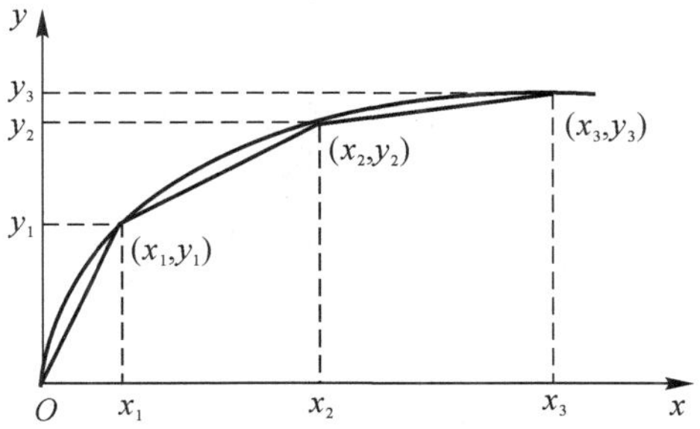

图 7.6　折线拟合

在实际应用中，预先把每段直线方程的系数及测量数据 $x_1,x_2,\cdots,x_n$ 等存于内存储器中，单片机进行校准时，先根据测量值的大小，找到合适的校正直线段，从存储器中取出该直线段的系数，然后计算直线方程，获得实际被测量的 y 值。图 7.7 为分段直线拟合程序流程图。

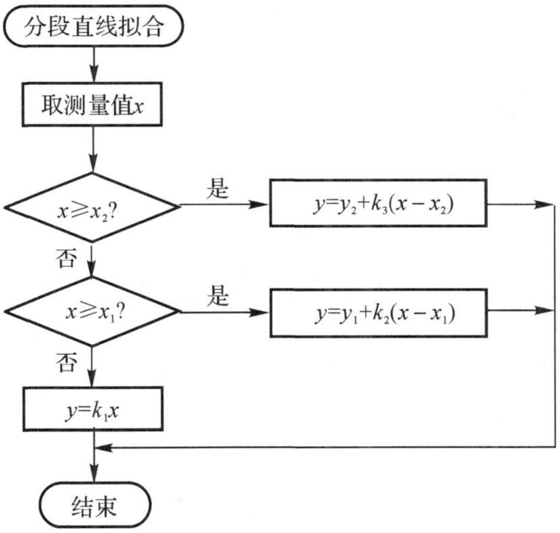

图 7.7　分段直线拟合程序流程图

② 分段抛物线拟合法。若输入输出特性曲线弯曲度大，而测量精度要求又比较高，可考虑采用多段抛物线来分段进行拟合。

图 7.8 所示的曲线可以把它划分成 a,b,c,d 四段，每一段都分别用一个二阶抛物线方程 $y=a_i+b_ix+c_ix^2(i=1,2,3,4)$ 来描述。其中，抛物线方程的系数 $a_i,b_i,c_i(i=1,2,3,4)$ 可以通过下述方法获得。

$$y=\begin{cases}a_1+b_1x+c_1x^2 & x\leqslant x_1\\ a_2+b_2x+c_2x^2 & x_1\leqslant x\leqslant x_2\\ a_3+b_3x+c_3x^2 & x_2\leqslant x\leqslant x_3\\ a_4+b_4x+c_4x^2 & x_3\leqslant x\leqslant x_4\end{cases}\tag{7.9}$$

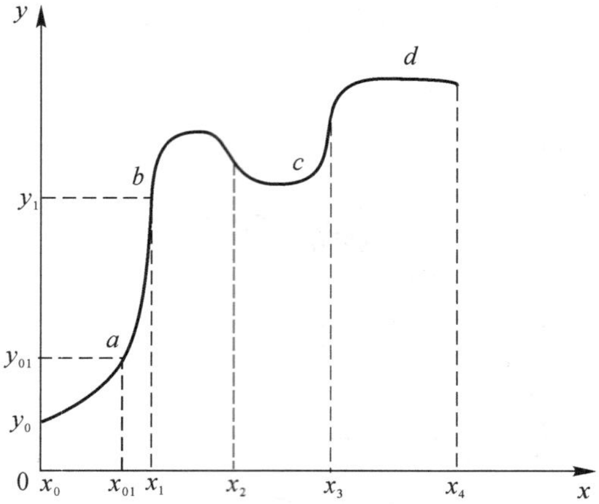

图 7.8　校正曲线的分段拟合

求出的系数 $a_i, b_i, c_i(i=1,2,3,4)$ 与 x_0, x_1, x_2, x_3, x_4 值一起存放在指定的ROM中。进行校正时，先根据测量值 x 的大小找到所在分段，再从存储器中取出对应段的系数 a_i, b_i, c_i，最后运用公式 $y = a_i + b_i x + c_i x^2 (i = 1,2,3,4)$ 去进行计算就可得到 y 值。具体流程如图7.9所示。

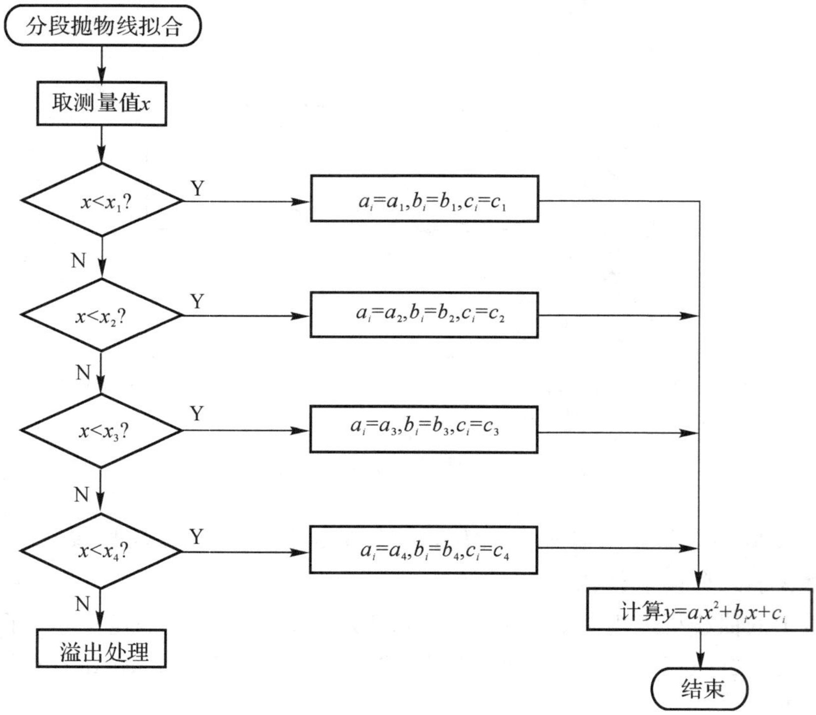

图 7.9　分段抛物线拟合程序流程图

7.3.4　粗大误差的处理方法

粗大误差是指在一定的测量条件下，测量值明显地偏离实际值所形成的误差。粗大误差明显地歪曲了测量结果，应予以剔除。由于粗大误差的产生带有偶然性，因此不能采用上述方法加以克服。实际应用中，在测量次数比较多时（$N \geqslant 20$），测量结果中的粗大误差宜采用莱特准则判断；若测量次数不够多时，宜采用格拉布斯准则判断。在对仪器的系统误差采取了有效技术措施后，对于测量过程中所引起的随机误差和粗大误差，一般可按下列步骤处理：

（1）求测量数据的算术平均值为

$$\bar{x} = \frac{1}{N}\sum_{i=1}^{N} x_i \tag{7.10}$$

（2）求各项的剩余误差为

$$v_i = x_i - \bar{x} \tag{7.11}$$

（3）求标准偏差为

$$\sigma = \sqrt{\frac{1}{N-1}\sum_{i=1}^{N} v_i^2} \tag{7.12}$$

（4）判断粗大误差（坏值）可运用公式 $|v_i| > G\delta_i$ 进行判断，其中 G 为系数。

在测量数据为正态分布的情况下，如果测量次数足够多时，习惯上采用莱特准则判断，取 $k=3$；如果测量次数不够多时，宜采用格拉布斯准则判断，系数 k 需要通过查表求出。

对于非正态分布的测量数据，应根据具体分布形状来确定剔除异常数据的界限。

（5）如果判断存在粗大误差，给予剔除，然后重复步骤（1）～（4）（每次只允许剔除其中最大的一个）；如果判断不存在粗大误差，则当前算术平均值、各项剩余误差及标准偏差估计值分别为

$$\left.\begin{aligned} \bar{x}' &= \frac{1}{N-a}\sum_{i=1}^{N-a} x_i \\ v'_i &= x_i - \bar{x} \\ \sigma' &= \sqrt{\frac{1}{N-a-1}\sum_{i=1}^{N-a} (v'_{i-a})^2} \end{aligned}\right\} \tag{7.13}$$

式中　a—— 坏值的个数。

在上述测量数据的处理过程中，为了削弱随机误差的影响，提高测量结果的可靠性，应尽量增加测量次数，即增大样品的容量。但随着测量数据的增加，人工计算就显得相当烦琐和困难。若在智能仪器软件中安排一段程序，便可在测量进行的同时也能对测量数据进行处理。图 7.10 给出了实现上述功能的程序流程图。

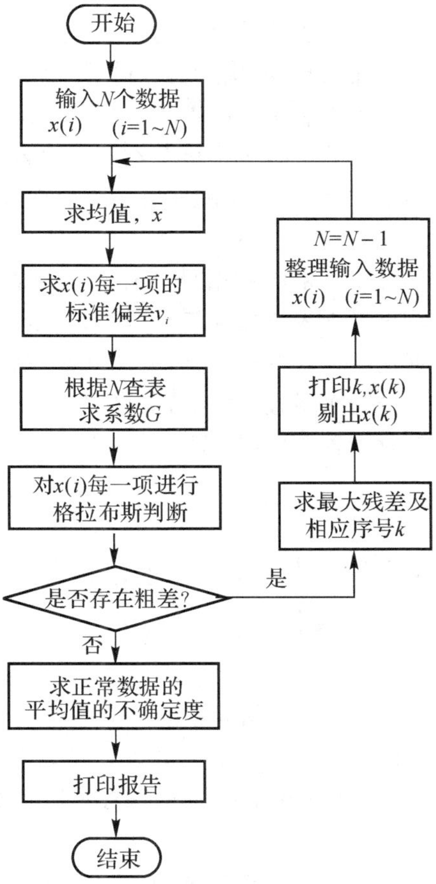

图 7.10　粗大误差数据处理程序流程图

7.4 仪器中的非数值处理

智能仪器中经常涉及一些非数值处理技术，例如，对一批无序数据按照一定顺序进行排序，从表中查出某个元素，识别来自接口和键盘的命令等。下面主要介绍线性表查表以及排序技术。

7.4.1 线性表查表技术

查表是一种常用的非数值计算数据处理，使用查表法可以完成数据的补偿、转换等功能。查表就是从内存的数据表中找出某个元素，例如根据姓名查表。一般来讲，表格有两种排列方法：无序表格，即表格中的数据是任意排列的；有序表格，即表格中的数据按一定的顺序排列。下面介绍几种基本的查表方法。

1. 顺序查表法

顺序查表法就是从头开始，按照顺序把表中的元素关键项逐一地与给定的关键字进行比较。若比较相同，则所比较的元素就是要查找的元素；若表中所有元素的比较结果都不相同，则该元素在表中查找不到。这种方法使用于排列无序的表格，如从随机测量记录中查找某个测量值。顺序查表是最基本的查表方法，查找速度相对较慢，对于无序表格，尤其是在表中记录不多的情况下，用顺序查表法比较适合。

2. 对半查表法

有序表格的数据排列有一定的规律，不必像无序表格那样逐个查表，可以采用对半查表法。对半查表法也叫二分法查找，适用于有序排列的表格。对半查表是每次截取表的一半，确定查找元素在哪一部分，逐步细分，缩小检索范围，从而大大加快查找速度。

进行对半查找时，需要设置两个指针 L0，HI，分别保存表的下限值和上限值的序号，开始查表时设置 $\mathrm{L0}=0$，$\mathrm{HI}=N-1$。设 N 个元素按照从小到大的顺序排列，则中心元素的序号为

$$\mathrm{MI}=\left[\frac{\mathrm{L0}+\mathrm{HI}}{2}\right] \tag{7.14}$$

式中，$\left[\frac{\mathrm{L0}+\mathrm{HI}}{2}\right]$表示小于等于$\frac{\mathrm{L0}+\mathrm{HI}}{2}$的最大整数。这样可以将表分为前半部分和后半部分，然后计算中心元素的地址。

$$\mathrm{AM}=\text{表首地址}+(\mathrm{MI})\times j$$

式中　j—— 数据元素的字节数。

根据中心元素的位置找出中心元素，并和查表的元素进行比较，若中心元素小于查表元素，则选取表的前半部分，修改上限指针 HI(下线指针 L0 不变)，有

$$\mathrm{HI}=\mathrm{MI}$$

若中心元素大于查表元素，则选取表的后半部分，修改下限指针 L0(上线指针 HI 不变)，有

$$\mathrm{L0}=\mathrm{MI}$$

若中心元素等于查表元素，则查表成功。

3. 计算查表法

计算查表法是智能仪器经常使用的快速查表法，仅适用于有序表格。这种方法不需要像

上述两种方法那样逐个比较表中的关键项，而是直接由关键项或经过简单计算，即可直接找到所需数据。

7.4.2　排序

数据排序就是使数据区中的数据从小到大或从大到小排列。有关数据排序的算法很多，但常用的是冒泡排序法和希尔排序法。

1. 冒泡排序(Bubble sort)法

冒泡法是一种相邻数据互换的排序方法，又称两两比较法，因其过程类似于水中气泡上浮，故称冒泡法。执行时从前向后进行相邻数比较，如数据的大小次序与要求顺序不符合，就将两个数据互换，否则为正序不互换，冒泡排序一般要经过几轮才能完成。图 7.11 为 7 个数据的冒泡排序法示意图。

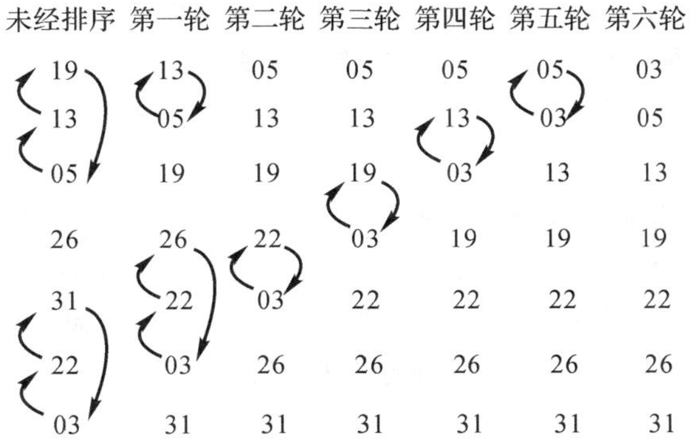

图 7.11　冒泡排序法示意图

对于 n 个数，理论上应进行 $n-1$ 次冒泡才能完成排序，但实际上有时不到 $n-1$ 次就已排好序。判定排序是否完成的最简单方法是看各次冒泡中是否有互换发生，如果有数据互换，说明排序还没有完成；否则就说明已排好序。为此，控制排序结束一般用设置互换标志的方法，以其状态表示在一次冒泡中有无数据交换进行。

【例 7.1】　对内存中一个连续存储的线形表进行排序，排序后的数据元素按从小到大的顺序排列。表中每个元素占一个字节。R2 指向线形表在内部数据储存器的首址，R3 中为线形表的长度。

```
T1:   MOV   A,R2
      MOV   R0,A          ;第一数据地址放 R0 中
      INC   A
      MOV   R1,A          ;第二数据地址放 R1 中
      MOV   A,R3          ;取表长
      DEC   A
      MOV   R3,A
      MOV   R5,A
      MOV   R4,#00H
T2:   CLR   C
```

```
        MOV     A,@R0
        SUBB    A,@R1
        JC      T3              ;比较@R0,@R1 中数据大小
        MOV     A,@R1           ;(R0)>(R1)则交换数据
        XCH     A, @R0
        XCH     A, @R1
        MOV     R4,  #01H       ;置交换标志
T3:     INC     R0              ;地址加 1
        INC     R1
        DJNZ    R5,T1           ;比较完一轮否?
        MOV     A,R4
        JZ      T4              ;未发生交换操作则排序完成
        DJNZ    R3,T1           ;排序完成否?
T4:     RET
```

2. 希尔排序法

希尔排序法是一种编程容易且运行速度较高的排序方法。它也是采用一对数据进行比较,若两者顺序符合排序的要求,则保持原状态;若两者顺序不符合排序的要求,则相互交换位置。第一次比较数据的间距取 $m=n/2$,m 为整数;第二次比较数据的间距取 $m_1=m/2$;第三次比较数据的间距再减半取 $m_2=m_1/2$,直到间距为 0 为止。图 7.12 为 8 个数据的希尔排序法示意图。

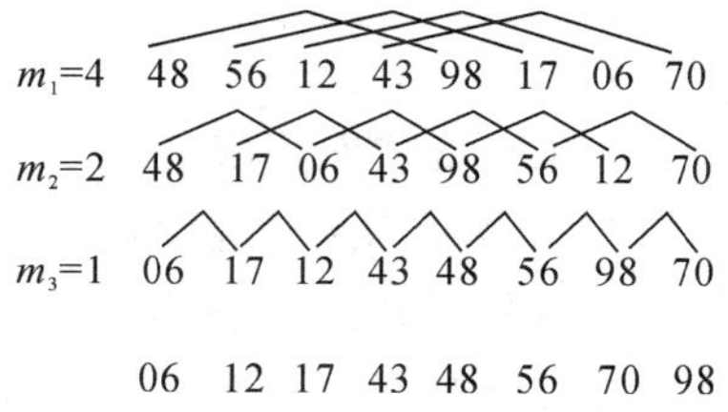

图 7.12 希尔排序法示意图

【例 7.2】 对以 R0 为数据首址,数据长度为 R2 的数据从大到小排序,其中每个元素占一个字节。

```
START:  MOV     A,R0
        MOV     B,A             ;保护 R0 中数据首地址
        MOV     A,R2
        MOV     R3,A            ;将数据表长度放入 R3 中
T0:     MOV     A,R3
        CLR     C
        RRC     A
        MOV     R3,A            ;将比较数据间距
T1:     MOV     A,R3
        ADD     A, R0
```

```
        MOV    R1, A           ;取第二个数据地址,并放入 R1 中
        CLR    C
        MOV    A,R2
        SUBB   A,R3
        DEC    A
        MOV    R4,A            ;取比较次数,并放入 R4 中
        MOV    R5, #00H        ;清除交换标志
T2:     CLR    C
        MOV    A,@R1
        SUBB   A,@R0
        JC     T3              ;如果@R1 数据小于@R0 数据,则跳转至 T2
        MOV    A,@R1           ;如果@R1>@R0 数据,则交换数据
        XCH    A, @R0
        XCH    A, @R1
        MOV    R5, #01H        ;有交换过程,设置交换标志
T3:     INC    R0
        INC    R1              ;R0,R1 指向下一组数据
        DJNZ   R4,T2           ;比较完一轮否?
        MOV    R0,B
        MOV    A,R5
        JNZ    T1              ;本轮发生过数据交换,需要再次比较
        CJNE   R3, #01H, T0    ;判断数据交换是否结束
        RET
```

7.5　控制算法

控制算法是智能仪器软件系统的主要组成部分,智能仪器的控制功能主要由控制算法实现。在传统的控制仪器中,主要采用 PID 控制规律,但由于受到各方面条件的限制,这类仪器的控制规律比较单一,适用面较窄。在微型计算机引入仪器后,借助编程不仅可以实现比 PID 控制规律更为复杂的算法,而且在同一仪器中,可以配置多种控制算法以适应不同的系统,从而能制成更为通用、功能更强的仪表。

目前可选用的控制算法很多,除常用的基本 PID 控制算法外,还有自适应 PID 控制、专家 PID 控制和模糊控制算法等。

7.5.1　基本 PID 控制

PID 控制是比例积分微分控制的简称。在生产过程自动控制的发展历程中,PID 控制是历史最久、生命力最强的基本控制方式。随着科学技术的发展特别是电子计算机的诞生和发展,涌现出许多新的控制方法。然而直到现在,PID 控制由于它自身的优点仍然是得到最广泛应用的基本控制方式。PID 控制具有以下优点:

(1)原理简单,使用方便。

(2)适应性强,可以广泛应用于化工、热工、冶金、炼油以及造纸、建材等各种生产部门。

(3)鲁棒性强,即它的控制品质对被控对象特性的变化不太敏感。

由于这些优点,在过程控制中,人们首先想到的总是PID控制。PID控制器根据给定值与实际输出值构成偏差,然后将偏差的比例(P)、积分(I)、微分(D)通过线性组合构成控制量,对被控对象进行控制。

PID控制器各校正环节的作用如下:

(1)比例环节。即成比例地反映系统的偏差信号,偏差一旦产生,控制器立即产生控制作用,以减小偏差。比例系数越大,调整速度越快。

(2)积分环节。可以消除系统稳态误差。其作用的强弱取决于积分常数 T_i,T_i 越大,积分作用越弱,反之越强,而且易带来系统的稳定性降低、振荡加剧等负面问题。

(3)微分环节。反映偏差信号的变化趋势,并能在偏差信号值增大之前,在系统中引入一个有效的早期纠正信号,从而加快系统的动作速度,减少调节时间。

PID控制系统原理框图如图7.13所示。

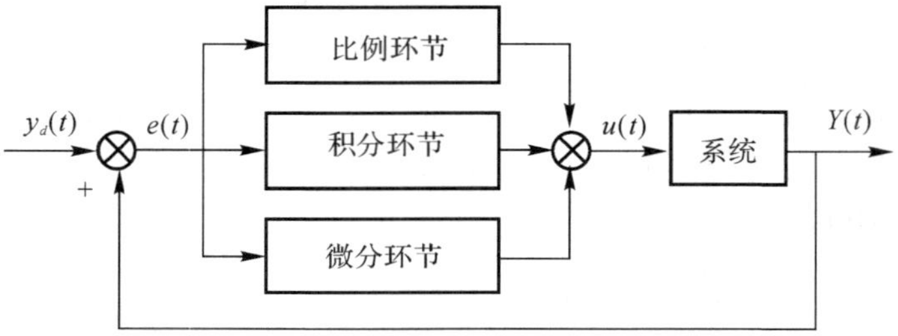

图7.13 PID控制系统原理框图

1.基本控制规律

在图7.13中,给定值 $y_d(t)$ 与实际值 $y(t)$ 的偏差为

$$e(t)=y_d(t)-y(t)$$

PID调节器的基本输入、输出关系用微分方程表示为

$$u(t)=K_p\left[e(t)+\frac{1}{T_i}\int_0^t e(t)\mathrm{d}t+T_d\frac{\mathrm{d}e(t)}{\mathrm{d}t}\right] \tag{7.15}$$

式中 K_p——PID控制器的放大系数;

T_i——PID控制器的积分时间常数;

T_d——PID控制器的微分时间常数。

式(7.15)可用传递函数表示为

$$G_c(s)=K_p\left(1+\frac{1}{T_i s}+T_d s\right) \tag{7.16}$$

式(7.15)离散化后有

$$u(n)=K_p\left\{e(n)+\frac{T}{T_i}\sum_{i=0}^{n}e(i)+\frac{T_d}{T}[e(n)-e(n-1)]\right\}+u_0=$$

$$u_p(n)+u_i(n)+u_d(n)+u_0 \tag{7.17}$$

PID算法中常用的组合有P,PI,PD,PID控制算法。

(1) 数字 P 控制算法：

$$u(n)=K_{\mathrm{p}}e(n)+u_0 \tag{7.18}$$

式中　K_{p}——比例增益。当 K_{p} 取得足够大时，稳态误差就会变得很小。但比例增益 K_{p} 并非越大越好，过大的 K_{p} 会导致系统振荡，破坏系统的稳定性。

(2) 数字 PI 控制算法：

$$u(n)=K_{\mathrm{p}}\left[e(n)+\frac{T}{T_{\mathrm{i}}}\sum_{i=0}^{n}e(i)\right]+u_0=u_{\mathrm{p}}(n)+u_i(n)+u_0 \tag{7.19}$$

式中　T_{i}——积分时间。T_{i} 越小，则积分作用越强。通常 T_{i} 的范围从几秒到几十分。积分作用的引入，有利于消除静差，但积分作用也会造成调节器相位的滞后，每增加一个积分环节，就会使相位滞后 90°，引入积分作用还会引起积分饱和，因此在使用中要特别加以注意。

(3) 数字 PD 控制算法：

$$u(n)=K_{\mathrm{p}}\left\{e(n)+\frac{T_{\mathrm{d}}}{T}[e(n)-e(n-1)]\right\}+u_0 \tag{7.20}$$

式中　T_{d}——积分时间。通常 T_d 的范围从几秒到几十分。微分的作用是按偏差的趋势进行控制，微分作用的引入，有利于改善高阶系统的调节品质，同时微分作用的引入会带来相位的超前，每增加一个积分环节，就会使相位超前 90°，从而有利于改善系统的稳定性。但微分作用对输入信号的噪声很敏感。所有这些，在设计过程中都应该加以注意。

2. PID 控制算法

在控制系统中，如果执行机构采用调节阀，则控制量对应阀门开度，表征了执行机构的位置，此时控制器采用数字 PID 位置控制。如执行机构采用步进电机，每个采样周期控制器输出的控制量，是相对于上次控制量的增量，此时控制器则应采用数字 PID 的增量控制算法。下面是一些常用的完全微分型 PID 控制算法的表示方法。

(1) 位置型算式。位置型算式的输出值与执行机构的位置(例如阀门的开度)相对应。

$$u(n)=K_{\mathrm{p}}\left\{e(n)+\frac{T}{T_{\mathrm{i}}}\sum_{i=0}^{n}e(i)+\frac{T_{\mathrm{d}}}{T}[e(n)-e(n-1)]\right\}+u_0 \tag{7.21}$$

(2) 增量型算式。增量型算式的输出值与执行机构的变化量相对应，即是前后两次采样所计算的位置之差。

$$\Delta u(n)=u(n)-u(n-1)=K_{\mathrm{p}}\left\{\Delta e(n)+\frac{T}{T_{\mathrm{i}}}e(n)+\frac{T_{\mathrm{d}}}{T}[\Delta e(n)-\Delta e(n-1)]\right\} \tag{7.22}$$

由增量式可得位置输出值：

$$u(n)=u(n-1)+\Delta u(n) \tag{7.23}$$

(3) 速度型算式。速度型算式的输出值与执行机构的位置变化率(例如直流伺服电机的转动速度)相对应，它由增量式除以 T 得到。

$$u(n)=\frac{\Delta u(n)}{T}=\frac{K_{\mathrm{p}}}{T}\left\{\Delta e(n)+\frac{T}{T_{\mathrm{i}}}e(n)+\frac{T_{\mathrm{d}}}{T}[\Delta e(n)-\Delta e(n-1)]\right\} \tag{7.24}$$

对 $u(n)$ 进行限幅：

$$u(n)=\begin{cases}u_{\min} & u(n)\leqslant u_{\min}\\ u(n) & u_{\min}\leqslant u(n)\leqslant u_{\max}\\ u_{\max} & u(n)\geqslant u_{\max}\end{cases} \tag{7.25}$$

3. PID 算法改进

积分作用虽能消除系统的静差,但会引起积分饱和。克服积分饱和的方法有:

(1) 积分限幅法。消除积分饱和的关键在于不能使积分项过大。积分限幅法的基本思想是当积分项输出达到输出限幅值时,停止积分项的计算,这时积分项的输出取上一时刻的积分值。

(2) 积分分离法。在偏差较大时,不进行积分,仅当偏差的绝对值小于预定的门限值时,才进行积分积累。这样既防止了偏差较大时有过大的控制量,也避免了过积分现象。

(3) 变速积分法。在偏差较大时积分慢一些,作用相对弱一些;在偏差较小时积分快一些,作用相对强一些。

4. PID 调节器采样周期的选择

在离散系统中,采样周期越小,控制效果越接近连续控制。根据香农(Shannon)采样定律,采样周期只要满足

$$T \leqslant \frac{1}{2f_{\max}} \tag{7.26}$$

采样信号通过保持环节可复原或近似复原模拟信号,而不失去任何信息。表 7.2 为常见被控量的经验采样周期。

表 7.2　常见被控量的经验采样周期

控制量	采样周期 T/s
流　量	1
压　力	5
液　位	8
温　度	20

7.5.2　自适应 PID 控制

1. 自适应 PID 控制思想与优点

在 PID 控制中,一个关键的问题是 PID 参数的整定。传统的方法是在获取对象数学模型的基础上,根据某一整定原则来确定 PID 参数,然而在实际的工业过程控制中,许多被控过程机理较复杂,具有高度非线性、时变不确定性和纯滞后等特点。在噪声、负载扰动等因素的影响下,过程参数甚至模型结构均会发生变化。这就要求 PID 参数能在线调整,以满足实时控制的要求。自适应 PID 控制将是解决这一问题的有效途径。

自适应控制思想与典型 PID 控制器相结合,就形成了所谓自适应 PID 控制或自校正 PID 控制技术,人们统称为自适应 PID 控制。

自适应 PID 控制吸收了自适应能够控制与典型 PID 控制器两者的优点。首先,它是自适应控制器,就是说它有自动辨识被控过程参数、自动整定控制器参数、能够适应被控过程参数的变化等一系列优点;其次,它又具有典型 PID 控制器结构简单、鲁棒性好、可靠性高、为现场工作人员和设计工程师所熟悉的优点。自适应 PID 控制具有的这两大优势,使得它成为过程控制中一种较理想的自动化装置,成为人们竞相研究的对象和自适应控制发展的一个方向。

自适应 PID 控制系统除具有典型 PID 的优点外，还可利用其中的可调系统的各种输入、状态和输出来度量某个性能指标，将所测得的性能指标与规定的性能指标相比较，由自适应机构来修正可调系统的参数（K_p，K_i，K_d）或者产生一个辅助的输入信号，以保持系统的性能指标接近规定的指标，使系统达到最优或次优的控制效果。

2. 模型参考自适应控制系统

自适应控制系统，发展到现在出现过许多不同形式，但无论是从理论研究还是从实际应用的角度来看，模型参考自适应系统都是重要的，因为它们会使相对容易实现的系统，具有高的自适应速度，能够在多种情况下应用。

现代控制理论应用到工程实践的一个很大的障碍就是难以在其设计指标中找到对应于工程师熟悉的设计指标映射，而模型参考自适应控制系统则很好地解决了这一问题。它是用一个模型来体现对控制系统的要求。模型的输出（或状态）就是理想的响应（或状态）。这个模型称作参考模型。系统在运行中总是力求使被控过程的动态与参考模型的动态一致。比较参考模型和实际过程的输出（或状态），并通过某个自适应控制器（即执行自适应控制的某部件或由计算机来实现），去调整被控过程的某些参数的输出（或状态），使其偏差尽可能地小。在这种情况下，给定的性能指标与测得的性能指标之间的比较是使用一个典型的反馈比较器（减法器），从比较可调系统和参考模型的输出（或状态）而直接得到的。参考模型的输出与可调系统的输出之差被自适应结构用来或者修改可调系统的参数或者产生一个辅助的输入信号，使得被表示成可调系统的输出（或状态）与参考模型的输出（或状态）之差的泛函的两个性能指标之差达到极小。也就是说，使测得的性能指标保持在参考性能指标的邻域内，这个邻域构成可接受的性能指标的一个集合。

在模型参考自适应控制系统中，设计者根据工程要求在系统中设置一个动态品质良好的模型，在系统运行过程中，按照一定的规律给出合适的控制信号，使被控系统与模型的动态特性相一致，典型的模型参考自适应控制系统如图 7.14 所示。

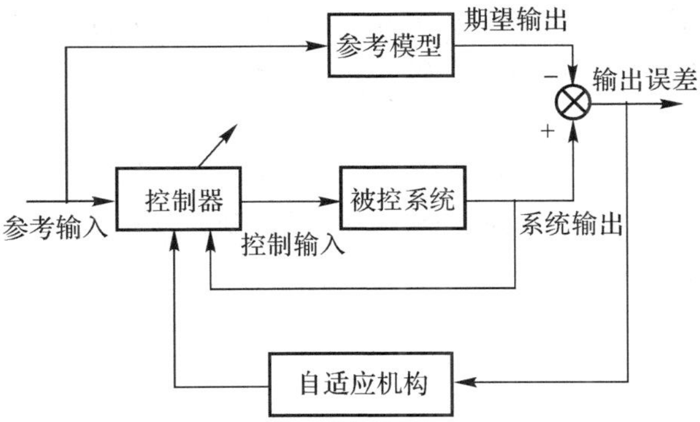

图 7.14　模型参考自适应控制系统

由图 7.14 可知，参考模型处在与被控系统并联的位置，故称为并联模型参考自适应控制系统。相应地还有串联、串并联模型参考自适应控制系统，在伺服控制中较常用的是并联模型参考自适应控制系统。

7.5.3 专家 PID 控制

专家控制(Expert Control)的实质是基于受控对象和控制规律的各种知识,并以智能的方式利用这些知识来设计控制器。利用专家经验来设计 PID 参数便构成专家 PID 控制。

典型的二阶系统单位阶跃响应误差曲线如图 7.15 所示。

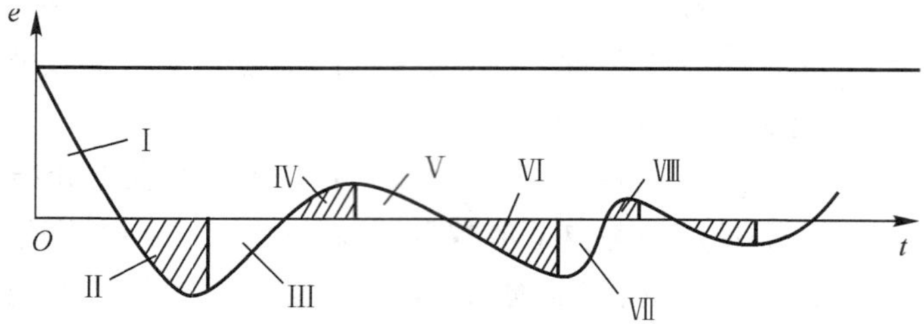

图 7.15 典型二阶系统单位阶跃响应误差曲线

对于典型的二阶系统阶跃响应过程进行以下分析:

令 $e(k)$ 表示离散化的当前采样时刻的误差值,$e(k-1)$,$e(k-2)$ 分别表示前一个和前两个采样时刻的误差值,则有

$$\left.\begin{aligned}\Delta e(k) &= e(k) - e(k-1) \\ \Delta e(k-1) &= e(k-1) - e(k-2)\end{aligned}\right\} \tag{7.27}$$

根据误差及其变化,可设计专家 PID 控制器,该控制器可分为以下五种情况进行设计:

(1) 当 $|e(k)| > M_1$ 时,说明误差的绝对值已经很大。不论误差变化趋势如何,都应考虑控制器的输出应按最大(或最小)输出,以达到迅速调整误差,使误差绝对值以最大速度减小。此时,它相当于实施开环控制。

(2) 当 $e(k)\Delta e(k) \geqslant 0$ 时,说明误差在向误差绝对值增大的方向变化,或误差为某一常值,未发生变化。此时,如果 $|e(k)| \geqslant M_2$,说明误差也较大,可考虑由控制器实施较强的控制作用,以达到扭转误差绝对值朝减小的方向变化,并迅速减小误差的绝对值,控制器输出可为

$$u(k) = u(k-1) + K_1\{K_p[e(k) - e(k-1)] + K_i e(k) + K_d[e(k) - 2e(k-1) + e(k-2)]\} \tag{7.28}$$

此时,如果 $|e(k)| < M_2$,则说明尽管误差向绝对值增大的方向变化,但误差绝对值本身并不很大,可考虑由控制器实施一般的控制作用,以达到扭转误差的变化趋势,使其向误差绝对值减小的方向变化,控制输出为

$$u(k) = u(k-1) + K_p[e(k) - e(k-1)] + K_i e(k) + K_d[e(k) - 2e(k-1) + e(k-2)] \tag{7.29}$$

(3) 当 $e(k)\Delta e(k) < 0$,$e(k)\Delta e(k-1) > 0$ 或者 $e(k) = 0$ 时,说明误差的绝对值向减小的方向变化,或者已经达到平衡状态。此时,可考虑采取保持控制器输出不变。

(4) 当 $e(k)\Delta e(k) < 0$,$e(k)\Delta e(k-1) < 0$ 时,说明误差处于极值状态。如果此时误差的绝对值较大,即 $|e(k)| \geqslant M_2$,可考虑实施较强的控制作用:

$$u(k) = u(k-1) + K_1 K_p e_m(k) \tag{7.30}$$

如果此时误差的绝对值较小,即 $|e(k)| < M_2$,可考虑实施较弱的控制作用:

$$u(k) = u(k-1) + K_2 K_p e_m(k) \tag{7.31}$$

(5) 当 $|e(k)| \leqslant \varepsilon$ 时，说明误差的绝对值很小，此时加入积分，减小稳态误差。

式中　$e_m(k)$—— 误差 e 的第 k 个极值；

$u(k)$—— 第 k 次控制器的输出；

$u(k-1)$—— 第 $k-1$ 次控制器的输出；

K_1—— 增益放大系数，$K_1 > 1$；

K_2—— 增益放大系数，$0 < K_2 < 1$；

M_1, M_2—— 设定的误差界限，$M_1 > M_2$；

k—— 控制周期的序号(自然数)；

ε—— 任意小的正实数。

在图 7.15 中，Ⅰ，Ⅲ，Ⅴ，Ⅶ，…… 区域，误差向绝对值减小的方向变化。此时，可采取保持等待措施，相当于实施开环控制；Ⅱ，Ⅳ，Ⅵ，Ⅷ，…… 区域，误差绝对值向增大的方向变化。此时，可根据误差的大小分别实施较强或一般的控制作用，以抑制动态误差。

7.5.4　模糊控制

1. 模糊控制的基本原理

模糊控制是以模糊集合论、模糊语言变量及模糊逻辑推理为基础的计算机智能控制，其基本概念是由美国加利福尼亚大学著名教授查德(L. A. Zadeh) 首先提出的，经过 20 多年的发展，在模糊控制理论和应用研究方面取得重大成功。

模糊控制的基本原理框图如图 7.16 所示。它的核心部分为模糊控制器，如图中虚线框中所示，模糊控制器的控制规律由计算机的程序实现。实现一步模糊控制算法的过程描述如下：微机经中断采样获取被控制量的精确值，然后将此量与给定值比较得到误差信号 E，一般选误差信号 E 作为模糊控制的一个输入量。把误差信号 E 的精确量进行模糊化变成模糊量。误差 E 的模糊量可用相应的模糊语言表示，得到误差 E 的模糊语言集合的一个子集 $\tilde{e}$($\tilde{e}$ 是一个模糊矢量)，再由 $\tilde{e}$ 和模糊控制规则 $\tilde{R}$(模糊算子) 根据推理的合成规则进行模糊决策，得到模糊控制量 $\tilde{u}$：

$$\tilde{u} = \tilde{e} \circ \tilde{R} \tag{7.32}$$

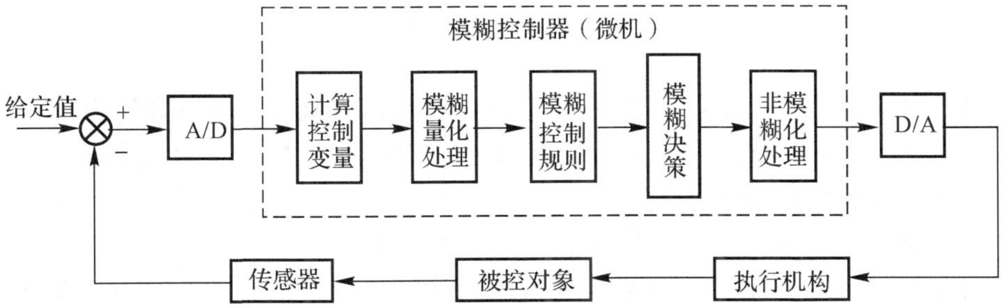

图 7.16　模糊控制的基本原理框图

模糊控制系统与通常的计算机数字控制系统的主要差别是采用了模糊控制器。模糊控制器是模糊控制系统的核心，一个模糊控制系统的性能优劣主要取决于模糊控制器的结构、所采用的模糊规则、合成推理算法以及模糊决策的方法等因素。

模糊控制器(Fussy Controller, FC)也称为模糊逻辑控制器(Fussy Logic Controller,

FLC),由于所采用的模糊控制规则是由模糊理论中模糊条件语句描述的,因此模糊控制器是一种语言型控制器,故也称为模糊语言控制器(Fussy Language Controller, FLC)。

模糊控制器的组成框图如图 7.17 所示。

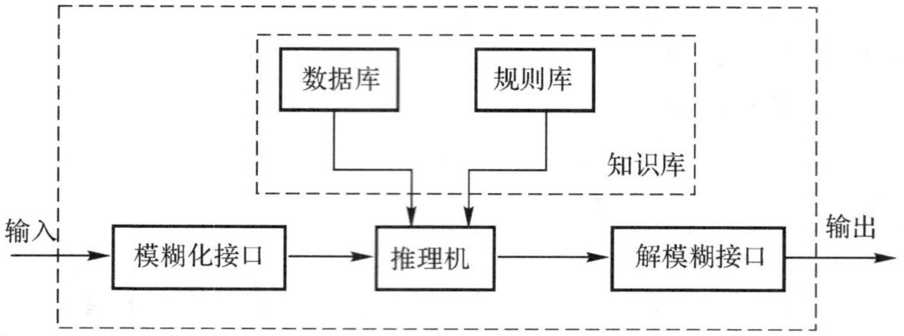

图 7.17　模糊控制器的组成框图

(1)模糊化接口(Fussy Interface)。模糊控制器的输入必须通过模糊化才能用于控制输出的求解,因此实际上它是模糊控制器的输入接口。其主要作用是将真实的确定量输入转化为一个模糊矢量。对于一个模糊输入变量 $\tilde{e}$,其模糊子集通常可以进行如下划分:

$\tilde{e}$={负大,负小,零,正小,正大}={NB, NS, ZO, PS, PB}

$\tilde{e}$={负大,负中,负小,零,正小,正中,正大}={NB, NM, NS, ZO, PS, PM, PB}

$\tilde{e}$={负大,负中,负小,零负,零正,正小,正中,正大}={NB, NM, NS, NZ, PZ, PS, PM, PB}

用三角形隶属度函数表示如图 7.18 所示。

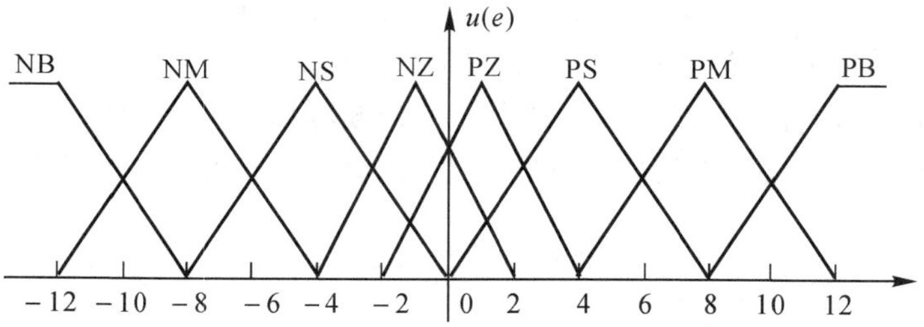

图 7.18　模糊子集和模糊化等级

(2)知识库(Knowledge Base, KB)。知识库由数据库和规则库两部分构成。

1)数据库(Data Base, DB)。数据库所存放的是所有输入、输出变量的全部模糊子集的隶属度矢量值(经过论域等级离散化以后对应值的集合),若论域为连续域则为隶属度函数。在规则推理的模糊关系方程求解过程中,向推理机提供数据。

2)规则库(Rule Base, RB)。模糊控制器的规则基于专家知识或手动操作人员长期积累的经验,它是按人的直觉推理的一种语言表示形式。模糊规则通常由一系列的关系词连接而成,如 if_then,else,also,end,or 等,关系词必须经过"翻译"才能将模糊规则数值化。最常用的关系词为 if_then,also,对于多变量模糊控制系统,还有 and 等。例如,某模糊控制系统输入变量为 e(误差)和 ec(误差变化),它们对应的语言变量为 E 和 EC,可给出一组模糊规则:

R_1:IF E is NB and EC is NB then U is PB

R_2:IF E is NB and EC is NS then U is PM

通常把 if... 部分称为“前提部”，而 then... 部分称为“结论部”，其基本结构可归纳为 If A and B then C，其中 A 为论域 U 上的一个模糊子集，B 是论域 V 上的一个模糊子集。根据人工控制经验，可离线组织其控制决策表 R，R 是笛卡儿乘积集 U×V 上的一个模糊子集，则某一时刻其控制量由下式给出：

$$C=(A\times B)\circ R \tag{7.33}$$

式中　×——模糊直积运算；

　　∘——模糊合成运算。

规则库是用来存放全部模糊控制规则的，在推理时为“推理机”提供控制规则。由上述可知，规则条数与模糊变量的模糊子集划分有关，划分越细，规则条数越多，但并不代表规则库的准确度越高，规则库的“准确度”还与专家知识的准确度有关。

(3)推理与解模糊接口(Inference and Defuzzy - Interface)。推理是模糊控制器中，根据输入模糊量由模糊控制规则完成模糊推理来求解模糊关系方程，并获得模糊控制量的功能部分。在模糊控制中，考虑到推理时间，通常采用运算比较简单的推理方法。最基本的有 Zadeh 近似推理，它包含正向推理和逆向推理两类。正向推理常被用于模糊控制中，而逆向推理一般用于知识工程学领域的专家系统中。

推理结果的获得，表示模糊控制的规则推理功能已经完成。但是，至此所获得的结果仍是一个模糊矢量，不能直接用来作为控制量，还必须进行一次转换，求得清晰的控制量输出，即为解模糊。通常把输出端具有转换功能作用的部分称为解模糊接口。

综上所述，模糊控制器实际上是依靠微机(或单片机)构成的。它的绝大部分功能由计算机程序来完成。随着专用模糊芯片的研究和开发，也可以由硬件逐步取代各组成单元的软件功能。

2. 模糊控制器设计步骤

模糊控制器最简单的实现方法是将一系列模糊控制规则离线转化为一个查询表(又称为控制表)存储在计算机中供在线控制时使用。这种模糊控制结构简单，使用方便，是最基本的一种形式。下面以单变量二维模糊控制器为例，介绍这种形式模糊控制器的设计步骤，其设计思想是设计其他模糊控制器的基础。

(1)模糊控制器的结构。如前所述，单变量二维模糊控制器是最常见的结构形式。

(2)确定模糊控制器的结构。单变量二维模糊控制器是最常见的结构形式。对误差 E、误差变化 EC 及控制量 u 的模糊集及其论域定义如下：

E，EC 和 u 的模糊集均为{NB, NM, NS, ZO, PS, PB}。

E，EC 的论域均为{－3，－2，－1，0，1，2，3}。

u 的论域均为{－4.5，－3，－1.5，0，1，3，4.5}。

(3)建立模糊控制规则。根据人的直觉思维推理，有系统输出的误差及误差的变化趋势来消除系统误差的模糊控制规则。模糊控制规则语句构成了描述众多被控过程的模糊模型，例如，卫星的姿态与作用的关系，飞机或舰船航向与舵偏角的关系，工业锅炉中的压力与加热的关系等。因此在条件语句中，对于不同的被控对象，误差 E、误差变化 EC 及控制量 u 有不同的意义。

(4)确定模糊变量的赋值表。模糊变量误差 E、误差变化 EC 及控制量 u 的模糊集和论域确定后，须对模糊语言变量确定隶属函数，即所谓对模糊变量赋值，就是确定论域内元素对模糊语言变量的隶属度。

(5) 建立模糊控制表。上述描述的模糊控制规则可采用模糊规则表(见表7.3)来描述,共49条模糊规则,各个模糊语句之间是或的关系,由第一条语句所确定的控制规则可以计算出u_1。同理,可以由其余各条语句分别求出控制量$u_2,\cdots,u_{49}$,则控制量为模糊合集u,可表示为

$$u = u_1 + u_2 + \cdots + u_{49} \tag{7.34}$$

表7.3 模糊规则表

ec \ u \ e	NB	NM	NS	ZO	PS	PM	PB
NB	PB	PB	PM	PM	PS	ZO	ZO
NM	PB	PB	PM	PS	PS	ZO	NS
NS	PM	PM	PM	PS	ZO	NS	NS
ZO	PM	PM	PS	ZO	NS	NM	NM
PS	PS	PS	ZO	NS	NS	NM	NM
PM	PS	ZO	NS	NM	NM	NM	NB
PB	ZO	ZO	NM	NM	NM	NB	NB

(6) 去模糊化。由式(7.34)计算出的模糊控制量可以选用一种判决方法,如采用最大隶属度方法,将控制量由模糊量变为精确量。为了获得准确的控制量,就要求模糊方法能够很好地表达输出隶属度函数的计算结果。加权平均法针对论域中的每个元素$x_i(i=1,2,\cdots,n)$,以它作为待判决输出模糊集合的隶属度$\mu(i)$的加权系数,即取乘积$x_i\mu(i)$,再计算该乘积和$\sum_{i=1}^{n} x_i\mu(i)$对于隶属度和的平均值x_0,即

$$x_0 = \frac{\sum_{i=1}^{n} x_i\mu(i)}{\sum_{i=1}^{n} \mu(i)} \tag{7.35}$$

平均值x_0便是应用加权平均法为模糊集合求得的判决结果。最后,用输出量化因子乘以x_0以适应控制要求,从而可得到控制量的实际值。

7.6 智能仪器的自检方式与自检项目

7.6.1 常用的自检方式

"自检"又称自诊断,是通过软硬件配合来实现对系统故障的自动检测。它有开机自检、周期性自检和键控自检三种形式。通过自检可以及时发现系统问题,防止系统病态运行,从而增强操作者对系统的可信度。

1. 开机自检

开机自检是在仪器电源接通或复位之后进行的，主要检查显示器、仪器的接插件、ROM、RAM 等。自检中如果没发现问题，则显示仪器一切正常的特征字符或直接进入测量程序；如果发现问题，则及时报警并显示故障代码，以提醒用户并避免仪器带病工作；当故障严重时，也可以停机待修。开机自检是对仪器正式投入运行之前所进行的全面检查，完成开机自检后，系统在以后的运行中不再进行这一过程。

2. 周期性自检

系统仅在开机时进行一次性的自检，并不能保证在以后的工作过程中仪器不会出现故障。为了使仪器一直处于良好的工作状态，可以采用周期性自检的方式。周期性自检是将仪器的自检分成若干项，设计程序时在仪器的每次（或几次）测量间隙安排插入一项自检操作。这样，经过多次测量之后便可完成仪器的全部自检项目，周而复始。由于这种自检是自动进行的且不影响仪器的正常工作，因此通常不为操作人员所觉察（除非发生故障而告警）。

3. 键控自检

除了上述两种自检外，还可以在仪器的面板上设置"自检"按键，即当用户对仪器的工作正确与否产生怀疑时，可通过按下该键来启动一次自检程序，微处理器根据按键译码后转到相应的自检程序执行自检操作。键控自检是一种人工干预的检测方式。

在上述几种不同方式的自检过程中，如果发现仪器出现某种故障，仪器自身通常会以适当的形式发出指示。操作人员根据出错代码，通过查阅仪器使用手册便可确定故障内容以及故障处理的方法。

7.6.2　自检项目

1. RAM 自检

数据存储器 RAM 是否正常是通过检验其"读写功能"的有效性来体现的。通常可选用特征字 55H(01010101B)和 AAH(10101010B)，分别对 RAM 的每一个单元进行"先写后读"的操作，其自检的流程图如图 7.19 所示。

基本方法是：先将 55H(或 AAH)写入 RAM 的一个单元，然后从该单元中读取数据，并与 55H(或 AAH)相比较。若不相符，则显示出错并给出出错单元地址；若相符，则再写入 AAH(或 55H)，然后从该单元中读取数据，并与 AAH(或 55H) 相比较。若不相符，则显示出错并给出出错单元地址；若相符，则修改地址指针，用同样的方式对下一个单元进行"读写"检测。依此类推，直到最后一个单元检测完毕即可结束。

当已经在 RAM 中写入数据时，检查其内容是否被破坏。通常利用"异或"法，即首先读出 RAM 单元中的数据，存在寄存器中，求反后与原单元中的内容进行异或运算，结果为全"1"时，则代表所检查单元工作正常，否则对出错单元置出错标志位。

2. ROM 或 EPROM 的检测

由于智能仪器中的 ROM 或 EPROM 是用来存放仪器的控制程序的，是不允许出故障的，因而对 ROM 或 EPROM 的检测是至关重要的。ROM 或 EPROM 故障的检测一般采用"校验和"的方法，其具体的做法是：在将仪器程序机器码写入 ROM 或 EPROM 的时候，保留一个单元（一般是最后一个单元）。此单元不是用于写程序代码，而是用于写入"校验字"。"校验字"应能满足 ROM 或 EPROM 中所有单元的每一列都具有奇数个"1"。自检程序的内容是：

对每一列数进行异或运算，如果 ROM 或 EPROM 无故障，各列的运算结果应都为“1”，即校验和等于 FFH。这种算法见表 7.4。表中 ROM 地址的前 7 个(0～6)单元是程序代码，最后一个单元内容为对应于上面程序的奇数校验字 11001011(使 ROM 中的每一列的“1”为奇数个)。这样，ROM 的校验和为 11111111，即 FFH。

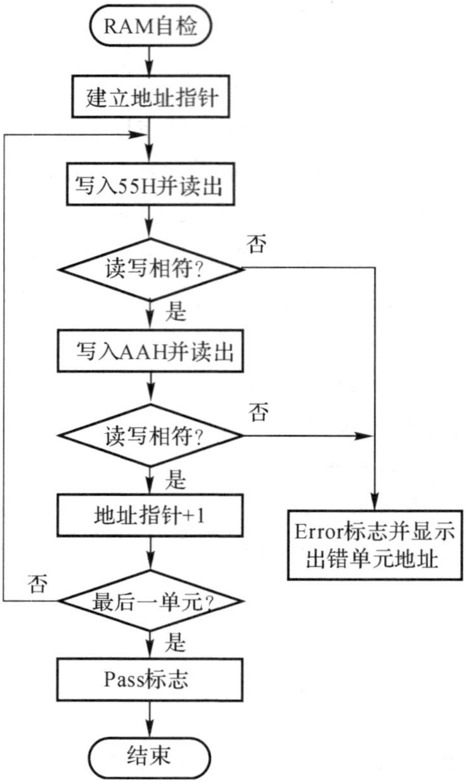

图 7.19　RAM 自检的流程图

表 7.4　ROM 校验方法

ROM 地址	ROM 中内容	备　注
0	11111110	
1	11000110	
2	10101010	
3	01111110	
4	01010101	
5	10001101	
6	00000000	
7	11001011	校验字
	11111111	校验和

3. 总线自检

大多数智能仪器中的微处理器总线都是经过缓冲器再与各 I/O 器件和插件等相连接的，这样即使缓冲器以外的总线出了故障，也能维持微处理器的正常工作。这里所谓的总线自检，是指对经过缓冲器的总线进行检测。由于总线没有记忆能力，因此总线自检中设置了两组锁存器，用于分别记忆地址总线和数据总线上的信息。这样，只要执行一条对存储器或 I/O 设备的写操作指令，地址线和数据线上的信息便能分别锁存到这两组锁存器（地址锁存器和数据锁存器）中。通过对这两组锁存器分别进行读操作，将地址总线和数据总线上的信息与原有的输出信息进行比较，便可判知总线是否存在故障。具体实现的电路原理图如图 7.20 所示。

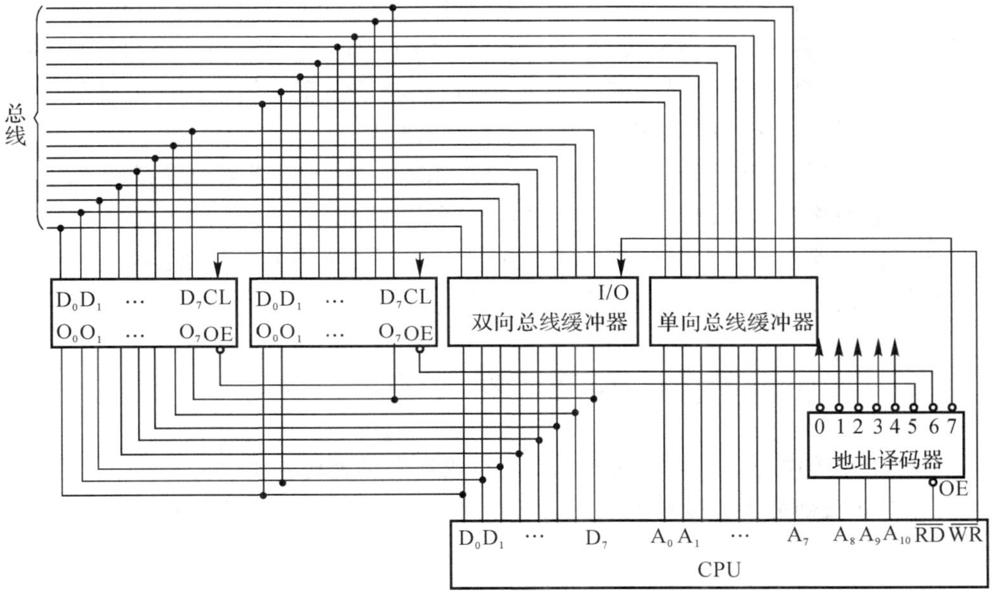

图 7.20　总线检测电路原理图

4. 显示器与键盘的检测

智能仪器的显示器、键盘等 I/O 设备的检测往往采用与操作者合作的方式进行。检测程序的内容为：先进行一系列预定的 I/O 操作，然后操作者对这些 I/O 操作的结果进行检验。如果检验的结果与预先的设定（或设想）一致，就认为功能正常；否则，应对有关的 I/O 通道进行检修。

键盘检测的方法是，CPU 每取得一个按键闭合的信号就反馈一个信息。如果按下某单个按键无反馈信息，往往是该键接触不良；如果按下某一排键均无反馈信号，则有可能与对应的电路或扫描信号有关。

显示器的检测一般有两种方式：

第一种是让各个显示器的所有发光段全部发亮，即显示出“888……”。当显示的内容表明显示器各发光段均能正常发光时，操作人员只要按任意键，显示器应全部熄灭片刻，然后脱离自检方式进入其他操作。

第二种方式是让显示器显示某些特征字，若正常，则几秒钟后自动进入其他操作。

5. 输入输出通道的自诊断

(1)数据采集通道的自诊断。智能仪器的数据采集通道一般是由 A/D 转换器和多路开关构成的。自诊断时，系统占用多路模拟开关的一个通道，接一个已知的标准电压，使系统对该已知电压进行 A/D 转换。若转换结果与预定值相符，则认为数据采集通道正常；若有少许偏差，则说明数据采集通道发生漂移；若偏差过大，则判断为故障。

(2)模拟量输出通道的自诊断。智能仪器的模拟量输出通道的自诊断一般由 D/A 完成。模拟量输出通道自诊断的目的是为了确保模拟输出量的准确性，而要判断模拟量是否准确又必须将该输出转换为数字量，这样 CPU 才能进行判断。因此，模拟量输出通道的自诊断离不开数据采集环节。D/A 自诊断的前提是数据采集通道工作正常。

6. 接插件的自检

接插件的自检工作主要包含插件是否插入、插件工作状态是否正常两个方面。

(1)检查插件是否插入。利用系统内单片机与插件之间的应答信号出现与否来判断插件是否已经插入，这项自检项目比较简单，可以在主程序或子程序里加入相应的插件检查语句。一旦发现问题，系统会自动发出停机指令，等待操作者处理。

(2)检查插件工作状态是否正常。这项自检工作较为复杂，常常采取模拟方法进行。实际系统中要运用故障诊断学理论，并配备专用的设备和诊断程序。

实际的智能仪器系统种类很多，需要解决的自检项目也各不相同，在此不一一列举。读者可根据具体情况进行选择，也可以参考有关的书籍。

7.7 故障诊断技术与方法

故障是由于系统中部分元器件功能失效而导致整个系统功能恶化的事件。当系统发生故障时，系统中全部或部分的参变量就表现出与正常状态不同的特性，这种差异就包含着丰富的故障信息。

7.7.1 故障的划分和故障诊断的任务

实际系统可能发生的故障是各种各样的，研究故障诊断与容错控制问题需要对故障作适当的分类，并且这种分类可以从多个不同的方面进行。

根据控制系统中故障发生的部位，可以把故障划分为被控过程的元器件、传感器故障，执行器故障，A/D，D/A 等计算机接口故障，计算机硬件故障和控制器故障。

按照故障存在的表现，可以分为间歇性故障和永久性故障。

根据故障的性质，可以分为突变故障和缓变故障。

从建模角度出发，可分为乘性故障和加性故障。

以传感器故障为例，表 7.5 中给出了常见的几种传感器故障的类型及原因。

故障诊断的任务，由低级到高级可分为四个方面的内容：

(1)故障建模。按照先验信息和输入输出关系，建立系统故障的数学模型，作为故障检测与诊断的依据。

(2)故障检测。从可检测和不可检测的估计变量中，判断运行的系统是否发生故障，一旦系统发生意外变化，应发出报警。

(3)故障的分离与估计。如果系统发生了故障，给出故障源的位置，区别出故障原因是执行器、传感器和被控对象等或者是特大扰动。故障估计是在弄清故障性质的同时，计算故障的程度、大小及故障发生的时间等参数。

(4)故障的分类、评价与决策。判断故障的严重程度，以及故障对系统的影响和发展趋势，针对不同的工况采取不同的措施，其中包括保护系统的启动、系统重构和容错等。

表 7.5　常见的传感器故障类型及原因

故障类型	故障原因
偏置故障	偏置电流或偏置电压等
冲击故障	电源和地线中的随机干扰、浪涌、电火花放电、D/A 变换器中的毛刺等
开路故障	信号线断、芯片管脚没连上等
漂移故障	温漂等
短路故障	污染引起的桥路腐蚀、线路短接等
周期性干扰故障	电源 50 Hz 干扰等
非线性死区故障	放大器饱和、含有非线性环节等

7.7.2　故障检测与诊断的方法

控制系统的故障诊断技术的理论涉及了多个学科领域的知识，因此对其分类也比较复杂，这些方法的出发点都是利用系统的激励模型以及故障诊断，分别对故障诊断中的残差生成和残差评价这两个步骤进行研究，各种方法对这两个步骤的侧重点有所不同。根据国际故障诊断权威，德国的 Frank 教授的观点，故障诊断方法大致可以划分成基于解析模型的方法、基于信号处理和基于知识的方法三种。图 7.21 给出的是故障诊断各种方法的分类情况。

1. 基于解析模型的方法

基于解析模型的方法是最早发展起来的，此方法需要建立被诊断对象的较为精确的数学模型。进一步，它又可以分为参数估计方法、状态估计方法和等价空间方法。这三种方法虽然是独立发展起来的，但是它们之间存在着一定的联系，现已证明了基于观测器的状态估计方法与等价空间方法是等价的。对于线性系统来说，基于解析模型的故障诊断方法的研究较为成熟，下面主要介绍针对非线性系统的故障检测与诊断方法的研究情况。非线性系统的故障诊断通常有两类方法：一类是将非线性系统在其一个或几个工作点附近线性化，得到一组系统的线性模型，将建模误差作为未知输入，利用未知输入解耦技术设计残差，使其不受建模误差影响，如未知输入观测器方法；另一类则直接建立非线性模型，再应用非线性观测器方法或非线性参数估计进行诊断。前者可借用成熟的线性系统故障诊断技术，但只适用于工作点不多且工作点非线性化程度不高的情况，局限性较大；后者发展还不完善，多针对某种特定的非线性系统。

(1)状态估计方法。状态估计方法的基本思想是：首先重构被控过程的状态，通过与可测变量比较构成残差序列，再构造适当的模型并用统计检验法，从残差序列中把故障检测出来。因此这就要求系统可观测或部分可观测，通常用各种状态观测器或滤波器进行估计。这种方法直接有效，一直是故障诊断的重要方法。

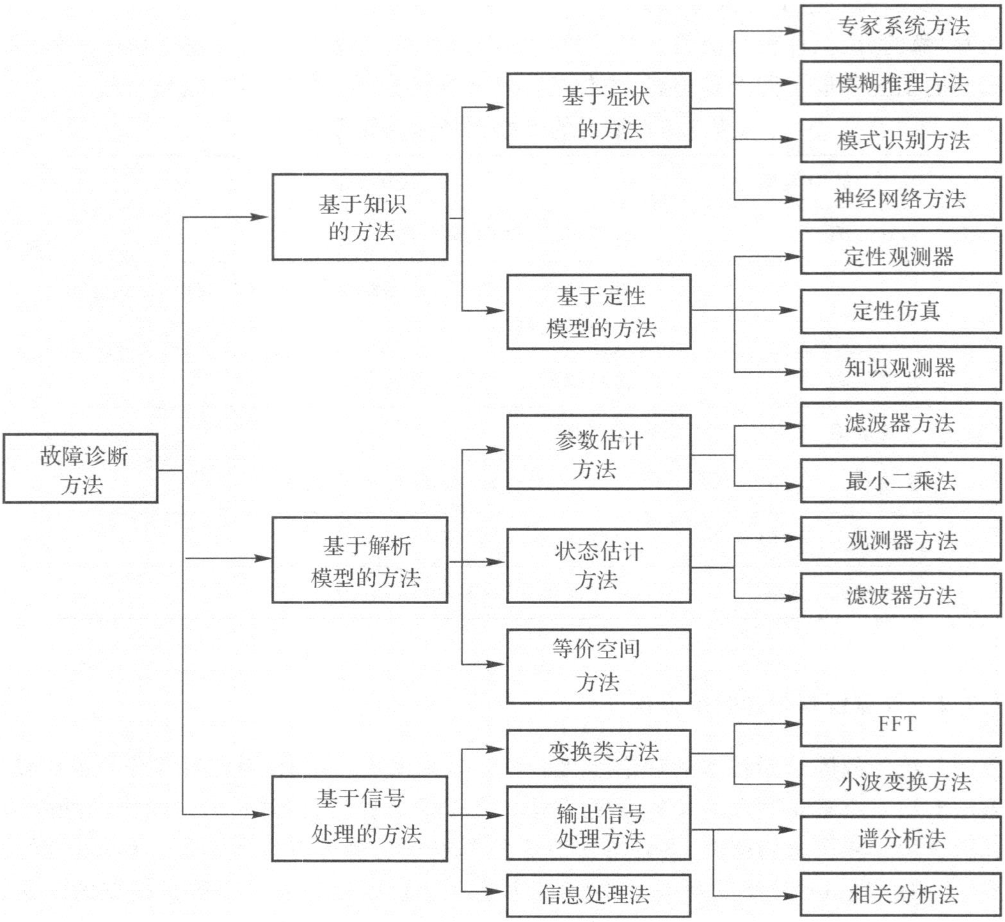

图 7.21　故障分类方法

1)自适应非线性观测器方法。这种方法需要建立对象的全阶非线性观测器,在构造残差序列的同时,可以在线调节观测器的增益矩阵,从而补偿未知时变参数或缓变漂移故障对残差序列的影响。这种方法虽然实时性好,但是只能用于检测突变故障,而且要求对象模型相当精确,只适用于非线性定常系统。

2)非线性未知输入观测器方法。在实际应用中,很难得到对象的准确数学模型,而且对象的很多参数是时变的,采用非线性未知输入观测器可克服此困难。其主要思想是把参数失配等建模不确定性作为系统未知输入,而故障是系统状态和输入的非线性函数;通过干扰解耦技术,即用状态变换把原系统变换为规范型,同时在一定的假设条件下,故障转化为可测输入与输出信号的非线性函数;应用自适应观测器,在线估计故障函数。这种方法的难点在于寻找非线性的状态变换函数。

3)滤波器方法。通常,滤波器方法比观测器方法的运算量大,但它对对象模型的要求比后者低。扩展卡尔曼滤波器方法可以直接估计状态,但它对模型失配的鲁棒性差。另外,可使用自适应扩展卡尔曼滤波器来克服噪声的影响,因为它可以在估计系统状态的同时,对噪声的统计特性也在线进行估计。这两种方法只能用于突变故障的检测。

(2)参数估计方法。参数估计方法与状态估计方法不同,不需要计算残差序列,而是根据参数变化的统计特性来检测故障的发生。其基本思想是把理论建模和参数辨识结合起来，当故障由参数的显著变化来描述时，可以利用已有的参数估计方法来检测故障信息，根据参数的估计值与正常值之间的偏差情况来判定系统的故障。目前，非线性系统故障诊断技术的参数估计方法主要有强跟踪滤波器方法。这种方法的最大特点就是利用了强跟踪滤波器来估计模型参数。所谓强跟踪滤波器，就是指对于模型不确定性具有鲁棒性，对于突变状态和缓变状态始终具有很强的跟踪能力的滤波器。

2.基于信号处理的方法

该方法不需要对象的准确模型，因此适用性强。虽然目前大多数方法都是针对线性系统提出的，但很容易推广到非线性系统，除非其中应用了线性系统的某些特性。

(1)基于可测值或其变化趋势值检查的方法。这种故障诊断方法根据直接可测的输入输出及其变化趋势来进行故障诊断。其依据是：在正常情况下，被控过程的输入输出及其变化趋势在一定范围内变动。直接测量系统的输入和输出，根据其变化范围和变化趋势来判定故障。

(2)输出信号处理法。系统的输出信号在幅值、相位、频率及相关性与故障源之间会存在一定的联系，这些联系可以用一定的数学形式(如输出量的频谱等)表达。发生故障时，可以利用这些量进行分析与处理，来判断故障的位置，常用的方法有频谱分析法、概率密度法、相关分析法等。

(3)基于小波变换的方法。这是一种新的信号处理方法，是一种时间-尺度分析方法，具有多分辨率分析的特点。其基本思路是，首先对系统的输入输出进行小波变换，利用改变环求出输入输出信号的奇异点，然后去除由于输入突变引起的极值点，则其余极值点对应于系统的故障。利用连续小波变换可以检测信号的奇异性，因为噪声的小波变换的模极大值随着尺度的增大迅速衰减，而信号的小波变换在突变的模极大值随尺度的增大而增大，即噪声的 Lipschitz 指数处处都远小于零，而信号的突变点的 Lipschitz 指数大于零，因此可以用连续小波区分信号突变和噪声。同样，离散小波变换可以检测随机信号频率的突变。总之，小波变换不要系统的数学模型，对噪声的抑制能力强，有较高的灵敏度，运算量也不大，是一种很有前途的方法。

(4)信息匹配诊断法。此方法引入了类似矢量、矢量空间、一致性等概念，将系统的输出序列在类似空间中划分成一系列子集，分析子集的一致性，而一致性最差的子集则可能已发生故障。通常类似矢量值最小，而当故障发生时，类似矢量在此故障相应的方向上增大，因此类似矢量的增加表明了故障的发生，而其方向给出了故障传感器的位置。

3.基于知识的方法

由于控制系统日益复杂，想获得系统的精确数学模型也越来越困难，而基于知识的方法不需要精确的数学模型，也不要求对故障特征值具备先验知识，因此在实际应用中具有良好的应用前景。

(1)基于神经网络的方法。人工神经网络(Artificial Neural Networks，ANN)以分布的方法存储信息，利用网络的结构和权值，实现非线性映射，并利用全局并行处理实现从输入空间到输出空间的非线性信息变换。由于神经网络具有较强的自适应和自学习能力以及并行计算能力，使其在非线性系统的故障诊断方面有很大的优势。人工神经元网络应用于故障诊断主要有以下几种方式：神经网络诊断系统，对于某一特定对象建立特定的神经网络故障诊断系统，将故障征兆作为输入可以直接得到故障，方便地实现了故障检测与诊断；用神经网络产生残差；采用神经网络评价残差，直接得到系统的故障情况；用神经网络进一步诊断；用神经网络进行自适应误差补偿。在传感器故障诊断的应用中，神经网络可以模拟目标系统传感器中的相关性来进行传感器故障的诊断和信号的恢复，同时当出现新故障时，可通过自学习和联想记忆等不断调整网络的权值和阈值，以提高检测率。

(2)基于模糊逻辑的方法。这种方法应用模糊逻辑对故障输出的残差进行处理，而后给出诊断结果。

1)残差的模糊逻辑评价。除用神经网络进行残差评价外，也可采用模糊逻辑进行，它首先需要将残差用模糊集合来表述，然后用模糊规则“If... then...”进行推理，再通过反模糊化得到诊断结果。

2)采用模糊逻辑自适应调节阈值。残差的阈值易受建模不确定性、扰动及噪声的影响。阈值过小会引起误报，过大则会漏报，因此最好是能根据工作条件，自适应地改变阈值大小，降低误报率和漏报率。在难以得到精确的数学模型时，可以用模糊规则描述自适应阈值。

总之，单独应用模糊方法进行故障诊断还不多见，一般将它与其他方法结合，以期得到更好的结果，如模糊神经网络方法等。

(3)基于定性模型的方法。

1)定性仿真。定性仿真是定性推理的一种方法，它把系统行为描述为状态转换图，系统可能的行为则是图中的一条路径。系统的定性模型由一组表示系统物理参数的定性变量(具有有限定性值，并为时间的函数)和一组表示各参数间相互关系的定性方程构成。定性仿真则是描述并模仿系统的结构，以确定从给定的初始状态出发得到当前系统状态。相应的故障诊断策略分为两类：一类是基于故障模型的，用故障模型解释当前观测结果，需要了解所有故障模式；另一类是基于正常模型的，不需要了解故障模式，只根据当前观测结果是否符合所有可能的预测状态来检测故障。

2)知识观测器。在基于知识的系统中，知识观测器类似于解析模型中的状态观测器和卡尔曼滤波器，它由定性模型、差异检测器、候选者产生器和诊断策略四部分组成。

习　题　7

1. 参考图 7.3，说明智能数字电压表的零点误差及增益误差的校正方法。

2. 测量误差的表示方法有哪些，并简述误差的分类。

3. 系统误差产生的原因及克服、减少的措施有哪些？

4. 对数据进行排序的目的是什么？在智能仪器中常使用冒泡排序和希尔排序法，请说明其工作原理。

5. 试采用冒泡排序法编程，内容为将内部 RAM 中的 10 个单字节无符号的正整数，按从小到大的次序排序。入口时数据缓冲器起始地址指针存放在 R3，数据长度 10 存放在 R4。

6. 智能仪器常用的自检方式及自检项目有哪些？

7. 故障诊断有哪些方法？

第 8 章　智能仪器实例分析
——水温控制系统

在科学技术飞速发展的今天，智能仪器无论从测量速度、测量准确度还是从显示结果的清晰直观方面，都具有模拟仪器不可比拟的优点。特别是由于大规模集成电路和计算机技术的发展，智能仪器的功能大大增强，能完成许多复杂的任务。目前，国内市场上已经出现了多种多样的智能仪器仪表，例如，能够自动进行差压补偿的智能节流式流量计，能够进行程序控温的智能多段温度控制仪，能够实现数字 PID 和各种复杂控制规律的智能式调节器，以及能够对各种谱图进行分析和数据处理的智能色谱仪等。

8.1　智能仪器的设计方法与过程

智能仪器的设计，由于功能不同，其硬件和软件结构有很大差异，但产品设计的基本内容和主要步骤是基本相同的。智能仪器的设计过程应包括总体论证、系统设计、软/硬件开发、联机调试和产品定型等几个步骤，如图 8.1 所示。

1. 总体论证

总体论证包括系统性能指标的论证和系统组成的论证两个方面。总体论证的方法是通过大量的调查研究，对系统具有的功能、性能指标以及可能的组成方案进行综合考虑。例如，在进行产品设计之前，首先必须进行设计方案的调研，包括查找资料、进行调查、分析研究。要充分了解委托研制单位提出的技术要求、使用的环境状况以及技术水平。明确任务，确定产品的技术指标，包括产品必须具有哪些功能。经过总体论证之后得到的系统总体方案应充分考虑国内外相似产品的开发水平、器材设备技术水平和供应状态；对所接受委托项目，还应充分了解对方技术要求、环境状况、技术水平，明确设计内容；了解可移植的软、硬件技术，能移植的尽量移植，以防大量的低水平重复劳动；摸清软、硬件技术难度，明确技术主攻方向。

2. 系统方案设计

在智能仪器设计任务和技术指标确定以后，即可进行产品的总体方案设计，一般包括：

(1)机型及支持芯片的选择。机型选择应适合于智能仪器的要求。设计人员应了解市场所能提供的构成智能仪器的功能部件，根据要求进行选择。若作为智能仪器生产的产品，则所选的机种必须要保证有稳定、充足的货源，从可能提供的多种机型中选择最易实现技术指标的机型，如字长、指令产品、执行速度、中断功能等。如果要求研制周期短，则应选择熟悉的机种，并尽量利用现有的开发工具。

(2)综合考虑软、硬件的分工与配合。因为智能仪器中的硬件和软件具有一定的互换性，如有些由硬件实现的功能也可以用软件来完成，反之也一样，因此在方案设计阶段要认真考虑软、硬件的分工与配合。考虑的原则是：软件能实现的功能尽可能由软件来实现，以简化硬件结构，还可降低成本。但必须注意这样做势必增加软件设计的工作量。此外，由软件实现的硬件功能，其响应时间要比直接用硬件时间长，而且还占用了 CPU 的工作时间。因此，在设计产品时，必须考虑这些因素。

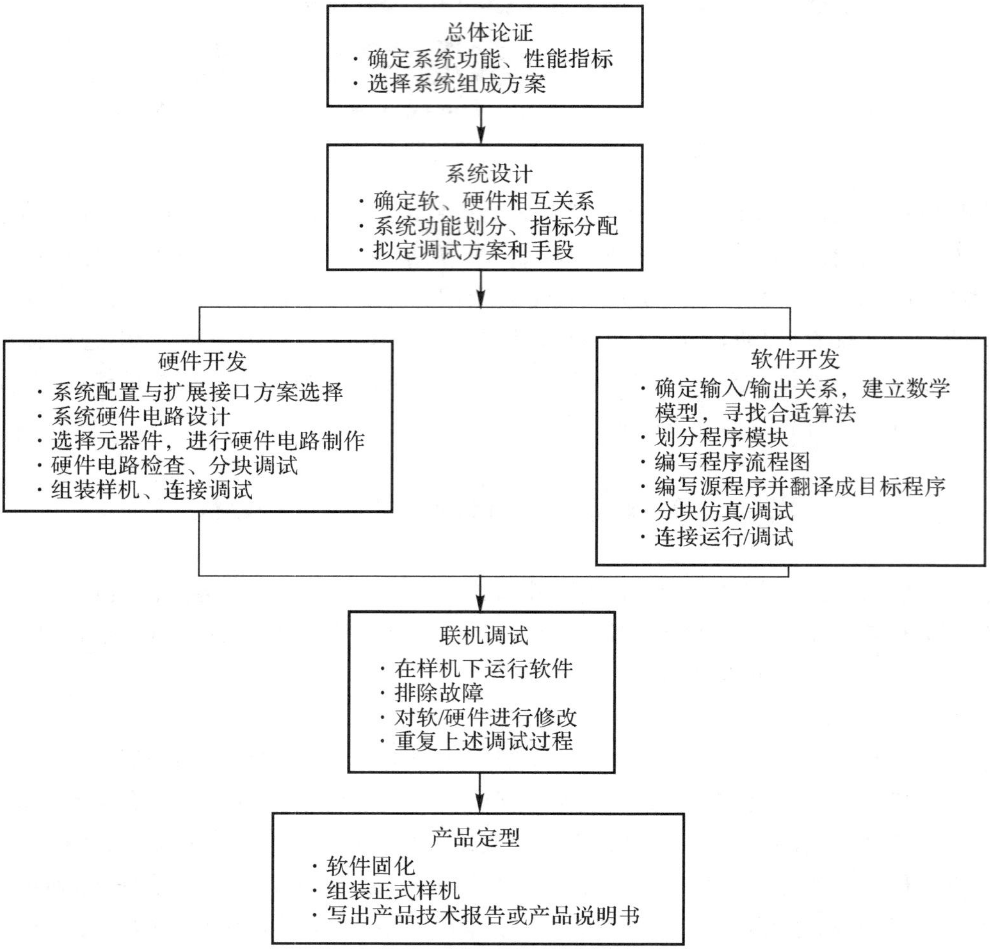

图 8.1　智能仪器设计过程

3. 智能仪器的硬件和软件设计

在软、硬件的分工确定后，硬件和软件的设计工作可能同时进行。但由于智能仪器产品的硬件与软件设计关系密切，在设计过程中，还须经常取得协调，这样才能设计出比较满意的产品。

(1)智能仪器的硬件设计。智能仪器的硬件电路设计包含两部分：容量和数量。一是产品扩展，即单片机(或微处理器)内部的功能部件，如 RAM，ROM，I/O 口，定时器/计数器，中断等不满足产品的要求时，必须在片外进行扩展，选择相应的芯片，以实现产品扩展。二是产品配置，即按产品功能要求配置外围设备，如键盘、显示器、打印机、A/D 和 D/A 转换器等，也即要设计合适的接口电路。总的来说，硬件设计工作主要是输入、输出接口电路设计和存储器的扩展。一般智能仪器产品的组成如图 8.2 所示。

传感器将现场采集的各种物理量(如温度、湿度、压力等)变成电量，经放大器放大后，送入 A/D 转换器将模拟量转换成二进制数字量，送 CPU 进行处理，最后将控制信号经 D/A 转换送给受控的执行机构。监视现场的控制一般还设有键盘及显示器，并通过打印机将控制情况如实记录下来。在有些情况下可以省掉上述组成的某些部分，这要视具体要求来设计。

单片机外接电路较多时，必须考虑其驱动能力。因为驱动能力不足会影响产品工作的可靠性，所以当设计的产品对 I/O 端口的负载过重时，必须考虑增加 I/O 端口的负载能力，即加接驱动器。如 P0 口需要加接双向数据总线驱动器 74LS245，P2 口接单向驱动器 74LS244 即可。

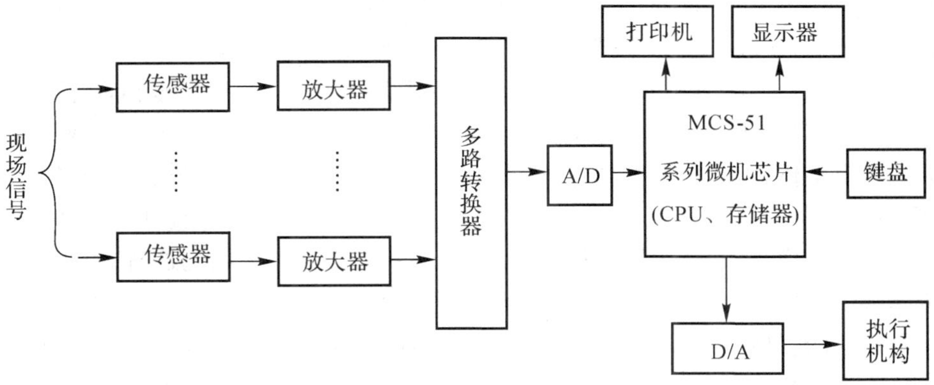

图 8.2　智能仪器产品输入、输出通道组成

对于工作环境恶劣的产品，设计时除在每块板上要有足够的去耦电容外，每个芯片的电源与地之间加接 0.1 μF 的去耦电容。电源线和接地线应该加粗些，并注意它们的走向（布线），最好沿着数据的走向。对某些应用场合，I/O 端口还要考虑加光电耦合器件，以提高产品的可靠性及抗干扰能力。

产品中选用的器件要尽可能考虑其性能匹配，如选用 CMOS 芯片的单片机构成产品，则产品中的所有芯片都应该选择低功耗的产品，以构成低功耗的产品。又如选用的晶振频率较高时，则存储芯片应选用存取速度较高的芯片。

(2)智能仪器的软件设计。智能仪器软件是根据产品功能要求设计的，应可靠地实现产品的各种功能。一个产品的工作程序实际上就是该产品的监控程序。对用于控制产品的应用程序，一般是用汇编语言编写的，编写程序时常常与输入、输出接口设计和存储器的扩展交织在一起，因此，软件设计是产品研制过程中最重要也是最困难的任务，因为它直接关系到实现产品的功能和性能。

通常在编制程序前先画出流程框图，要求框图结构清晰、简洁、合理，使编制的各功能程序实现模块化、子程序化，这不仅便于调试、链接，还便于修改和移植。合理地划分程序存储区和数据存储区，既能节省内存容量，也使操作方便。完成上述工作之后，就可着手编制软件。

智能仪器的软件包括系统软件和应用软件两部分。系统软件是指仪器的管理软件，主要为监控程序。应用软件是为用户使仪器完成特定的任务而编制的软件程序。不管哪一类软件，其设计方法都有共同之处，如果采用一种好的设计方法，可使编制程序的工作起到事半功倍的效果；反之，则可能一开始就陷入烦琐的细节，耗费大量的精力，编制出来的软件程序漏洞百出，无法进行。因此，智能仪器的设计人员必须很好地掌握程序设计方法，不断提高编程技巧。

从软件工程的角度来看，一个好的程序不但要实现预订的功能，能够正常运行，而且应该满足以下3方面的要求：程序结构化，简单、易读、易调试；运行速度快；占用存储空间少。为此需要采用以下3种规范化的设计方法。

1）模块设计法。模块设计法（Modular Programming）是将大的程序分成若干个较小的程序模块进行设计和调试，然后将各模块连接起来。模块一般按照功能划分，逐步细化。如智能仪器的监控程序分为监控主程序、接口管理程序和命令处理子程序三大模块。命令处理程序模块通常又可分为测试、数据处理、输入/输出、数据显示、图形显示等子程序模块。采用模块法，将程序划分成若干较小的独立模块，有利于编程、调试和纠错。

2）自顶向下设计法。软件设计可采取截然不同的方法，一种叫做自顶向下（Top-down）法，另一种叫做自底向上（Bottom-up）法。自顶向下法概括地说，就是从整体到局部，最后到细节。即先考虑整体目标，明确整体任务，把整体任务划分为一个个子任务，子任务可再划分子任务，同时分析各子任务之间的关系，最后拟定各子任务的细节并编制对应各子任务的程序。犹如建造一个房子，须先绘制总体设计图，再绘制局部详细的结构图等，最后按照图纸把房子建造起来。自底向上法是先解决细节问题，再把各个细节结合起来，以完成整体任务。自底向上法是传统的程序设计方法，有着严重的缺陷：由于从某个细节开始，对整体任务没有进行透彻的分析与了解，因而在设计某个程序模块时很可能出现未预料到的新情况，以致必须修改或重新设计已经设计完成的程序模块，造成返工，浪费时间。目前大都趋向于采用自顶向下法。但也有不少程序设计者认为，应该将这两种方法结合起来使用。在程序设计的初期（顶上），采用自顶向下法，但到一定阶段有时也需要采用自底向上法，对某关键的细节先编制程序并在实际环境中运行，取得足够的实验数据后再继续设计上层的程序。

3）结构程序设计法。结构程序设计法（Structured Programming）是20世纪70年代起逐渐被采用的一种新型的程序设计方法，不仅在许多高级语言中应用（如结构BASIC、结构FORTRAN等），而且同样适用于汇编语言程序设计。采用结构程序设计法的目的是使程序易读、易查、易调试，并提高编制程序的效果。结构程序设计的基本原则是每个程序模块只能有一个入口、一个出口。因此，各个程序模块可分别独立设计，然后用最小的接口组合起来，控制明确地从一个程序模块转移到下一个模块，使程序的调试、修改或维护容易实现。大的、复杂的程序可由这些具有一个入口和一个出口的简单结构组成。如图8.3所示。

在结构程序设计中仅允许使用顺序结构、分支结构（If－then－else）、循环结构（Do－while和Repeat－until）三种基本结构。还有一种结构，叫做选择结构，它虽然不是一种基本结构，但却被普遍地应用，在多种选择的情况下，常用这种结构。

结构化编程包括几个方面的工作：由顶向下设计，即把整个设计分成层次，上一层的程序块调用下一层的程序块；模块化编程，每一模块相对独立，其正确与否也不影响其他模块；结构化编程，尽量避免使用无条件转移语句，而是采用若干结构良好的转移与控制语句。

结构化设计方法的核心是“一个模块只有一个入口，也只有一个出口”。这里模块只有一个入口应理解为一个模块只允许有一个口被其他模块调用，而不是只能被一个模块调用。同样，只有一个出口应理解为不管模块内的结构如何、分支走向如何，最终应集中到一个出口退出模块。根据这个原则，凡有两个或两个以上不同入口的一个模块，应重新划分为两个或两个以上的模块；凡有两个或两个以上出口模块，要么将出口归纳为一个（若程序允许），否则也应重新组成两个或两个以上的模块。图8.4是同一个程序两种结构的比较。

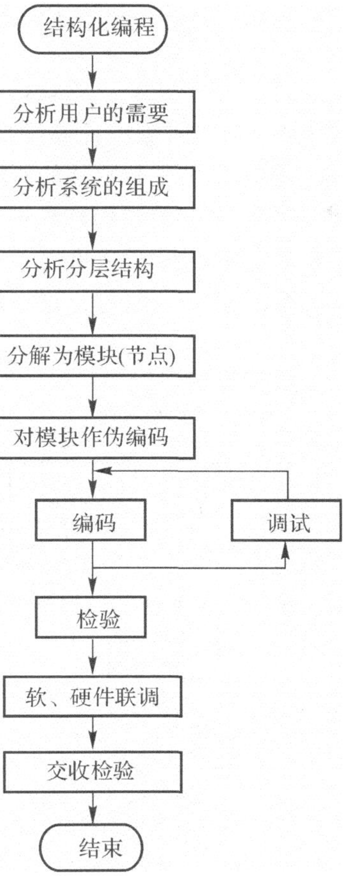

图 8.3　结构化编程过程

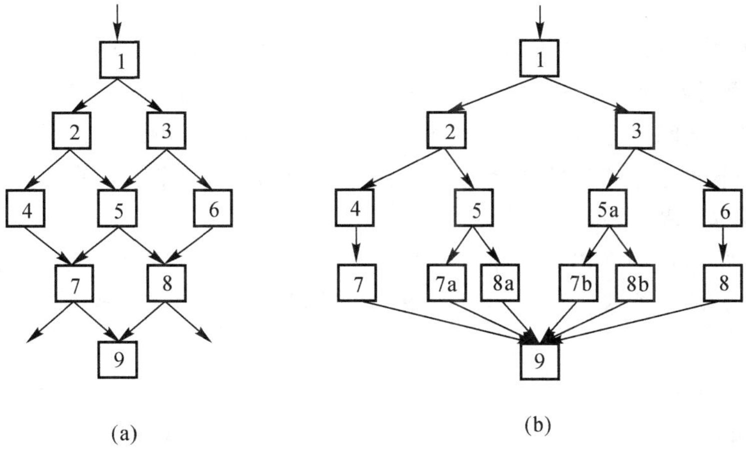

图 8.4　同一程序的两种结构
(a)非结构化；(b)结构化

从图 8.4 中可看出，非结构化程序网状交织条理不甚分明，结构化程序清晰明了、脉络分明。

4.智能仪器调试与定型

仪表的器件安装完毕，需要进行调试，以排除软件和硬件的故障。调试包括硬件调试、软件调试和联调，调试的流程如图 8.5 所示。硬件和软件的研制是互相独立地平行进行，即软件调试可以在硬件完成之前，硬件也是在无完整的应用软件情况下进行调试。它们需要借助另外的工具提供调试环境。硬件和软件分调完毕，还要在样机上进行软件和硬件的联调。在调试中找出问题，判断故障源，修改软件、硬件。反复进行这一过程，直至没有错误为止。这时才可以固化软件，组成整机。

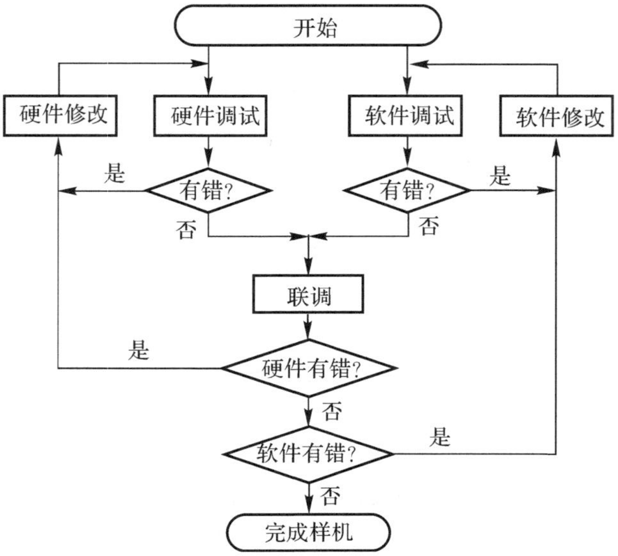

图 8.5　智能仪器调试流程

(1)仪表硬件静态调试。静态调试的目的是排除明显的硬件故障。集成电路器件未插入电路板之前，必须用万用表仔细检查线路，查看连接是否正确，防止电源短路，并重点检查系统总线是否存在相互之间短路或其他信号线的短路。在排除所有连线错误后，接上电源，并用电压表测量加在各集成电路芯片插座上的电压、极性是否正确，特别要注意单片机插座的各点电位，若电压过高，与仿真器联机调试时将会损坏仿真器件。

插入集成电路芯片的操作必须在断电情况下进行，特别要注意芯片的方向，不要插反。通电后如果发现某器件太热或冒烟，必须马上断电，重新检查。为谨慎起见可分批插入器件，以避免大面积损坏器件。

通电后可用示波器检查时钟信号、脉冲信号及噪声电平，还可用电压表测量元件的工作状态，用逻辑测试笔测试逻辑电平等。如果发现异常，应重新检查线路，直至符合要求才算完成静态调试。

(2)智能仪器软件调试。调试软件可以利用软件模拟开发系统。这是一种完全依靠软件手段进行开发的系统。开发系统与用户系统在硬件上无任何联系。通常这种系统是由个人计算机加模拟开发软件构成的。如果用户有个人计算机，只须购买相应的模拟开发软件即可。模拟开发系统是在计算机上利用模拟软件实现对单片机的硬件模拟、指令模拟、运行状态模拟，从而完成应用软件开发的全过程。

（3）动态在线调试。静态调试中对智能仪器的硬件进行初步调试，只是排除一些明显的静态故障。智能仪器的软件和硬件密切相关，用户程序也必须在联机后才能调试。智能仪器进行在线调试时，必须借助仿真开发工具来开发应用软件，对硬件电路进行诊断、调试。一般也把仿真、开发工具称为开发系统。

仪器中的硬件故障（如各个部件内部存在的故障和部件之间连接的逻辑错误）主要是靠联机仿真来排除的。另外，用户程序分为与硬件无联系的程序以及与硬件紧密关联的程序。对于与硬件无联系的用户程序，如计算机程序，虽然已经没有语法错误，但可能有逻辑错误，使计算结果不对，这样，必须借助于动态在线调试手段，如单步运行、设置断点等，发现逻辑错误，然后返回到第一步修改，直至逻辑错误纠正为止。对于与用户样机硬件紧密相关的用户程序，如接口驱动程序等，一定要与硬件配合进行动态在线调试，如果有逻辑错误，则返回到第一步进行修改，直至逻辑错误消除为止。在调试这一类程序时，硬件调试与软件调试是不能完全分开的。许多硬件错误是通过对软件的调试而发现和纠正的。

程序调试完毕后，利用 EPROM 编程器将程序固化在 EPROM 中。此时即可脱离开发产品，进行脱机运行，并到现场进行调试，考验产品在实际应用环境中是否能正常而可靠地工作，同时再检测其功能是否达到技术指标，如果某些功能还未达到要求，则再对产品进行修改，直至满足要求。

8.2　智能仪器设计实例

8.2.1　设计任务与要求

（1）设计任务。设计一个水温控制系统。

（2）基本要求。1 L 水由 1 kW 的电炉加热，要求水温可以在一定范围内由人工设定，并能在环境温度降低时实现自动调整，以保持设定的温度基本不变。

（3）主要性能指标。

1）温度设定范围：40～90℃，最小区分度为 1℃；

2）控制精度：温度控制的静态误差≤1℃；

3）用十进制数码显示实际水温，当温度超出设定范围时，能自动报警。

（4）扩展功能。

1）具有通信能力，可接收其他数据设备发来的命令，或将结果传送到其他数据设备；

2）采用适当的控制方法，当设定温度或环境温度突变时，减小系统的调节时间和超调量；

3）温度控制的静态误差≤0.2℃；

4）能自动显示水温随时间变化的曲线。

8.2.2　总体论证

1. 控制方法选择

水温控制系统的控制对象具有热储存能力大、惯性也较大的特点，水在容器内的流动或热量传递都存在一定的阻力，因而可以归于具有纯滞后的一阶大惯性环节。

对于大惯性系统的过渡过程控制，一般可采用以下几种控制方案：

(1)开关量控制。这种方法通过比较给定值与被控参数的偏差来控制输出的状态：开通或关断，因此控制过程十分简单，也容易实现；但由于输出控制量只有两种状态，使被控参数在两个方向上变化的速率均为最大，因此容易引起反馈回路振荡，控制精度不高。开关量控制曲线如图 8.6 所示。这种控制方案一般在大惯性系统对控制精度和动态特性要求不高的情况下采用。

(2)比例控制(P 控制)。比例控制的输出与偏差成比例关系，当负荷变化时，抗干扰能力强，过渡过程时间短，但过程终了存在余差。比例控制曲线如图 8.7 所示。比例控制适用于控制通道滞后较小、负荷变化不大、允许被控量在一定范围内变化的系统。

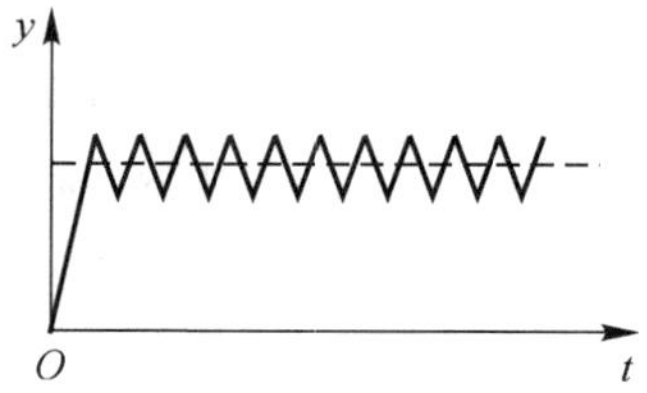

图 8.6　开关量控制曲线

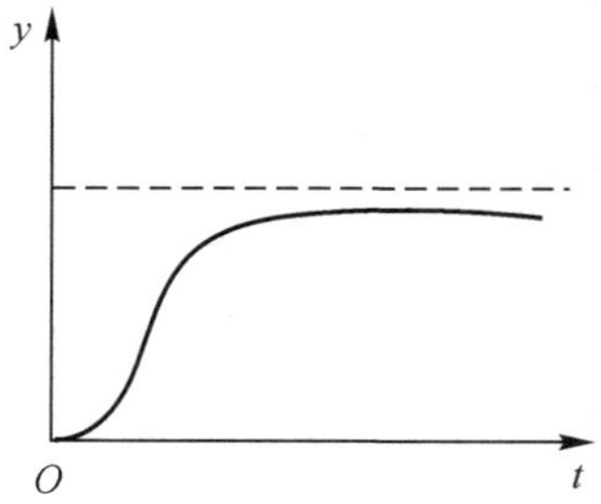

图 8.7　比例控制曲线

(3)比例积分加微分控制(PID 控制)。微分的作用使控制器的输出与偏差变化的速度成比例，它对克服对象的容量滞后有显著的效果。在比例基础上加入微分作用，使稳定性提高，再加上积分作用，可以消除余差。PID 控制曲线如图 8.8 所示。PID 控制适用于负荷变化大、容量滞后较大、控制品质要求又很高的控制系统。

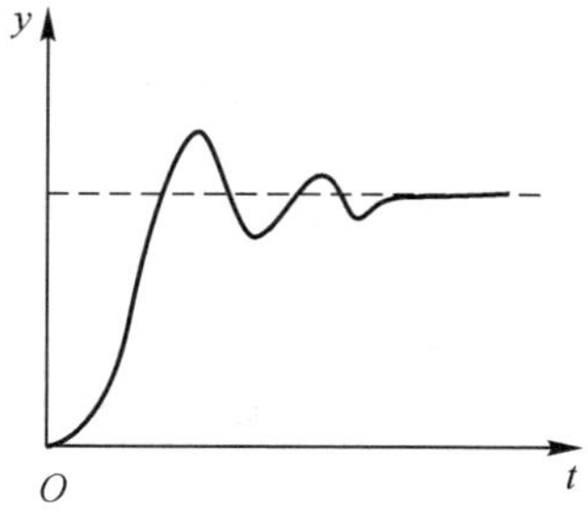

图 8.8　PID 控制曲线

(4)方案选择。结合本例设计任务与要求，由于水温系统的传递函数事先难以精确获得，因而很难判断哪一种控制方法能够满足系统对控制品质的要求。但从以上对控制方法的分析来看，PID 控制方法最适合本例采用。

一方面，由于可以采用单片机实现控制过程，无论哪一种控制方法都不会增加系统硬件成本，而只须对软件作相应改变即可实现不同的控制方案；另一方面，采用 PID 的控制方式可以最大限度地满足系统对诸如控制精度、调节时间和超调量等控制品质的要求。PID 控制算法流程图如图 8.9 所示。

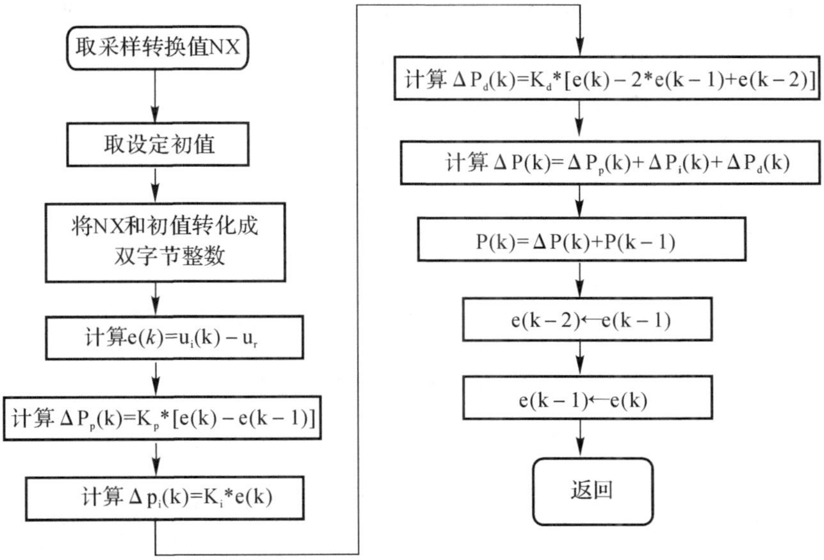

图 8.9　PID 控制算法流程图

2. 系统组成

就控制器本身而言，控制电路可以采用经典控制理论和常规模拟控制系统实现，也可以采用以单片机为核心的智能系统实现水温的自动控制。单片机的使用也为实现水温的智能化控制以及完善的人机界面及多机通信接口提供了可能，而这些功能在常规数字逻辑电路中往往是难以实现或无法实现的，因此本例将采用以单片机为核心的直接数字控制系统。

8.2.3　系统设计

1. 软、硬件功能划分

为了简化系统硬件，降低硬件成本，提高系统灵活性和可靠性，系统的软、硬件功能可作如下划分：

(1)PID 运算、输入信号滤波及大部分控制过程都可由软件来完成。

(2)硬件的主要功能是温度信号的放大、A/D 转换及输出信号的功率放大。

(3)人机通道功能由系统软、硬件配合完成，以降低软件设计的复杂性及缩短系统的研制周期。

2. 总体框图

根据系统总体方案，系统由以下主要功能模块组成，总体框图如图 8.10 所示。

8.2.4　单元电路设计

1. 温度采集电路

温度传感器是整个控制系统获取被控对象特征的重要部件，它的特性直接影响系统的精度，数字式温度传感器 DS18B20 是最新的“一线器件”。它具有体积小、适用电压宽、经济、实用、线性度很好、精度较高等特点，且其本身已经进行了校正，使用时无须再进行调整。本系统采用 DS18B20 作为温度传感器，采集的数据直接送到单片机中。现场温度直接以"一线总线"的数字方式传输，大大提高了系统的抗干扰性，适合于恶劣环境的现场温度测量。

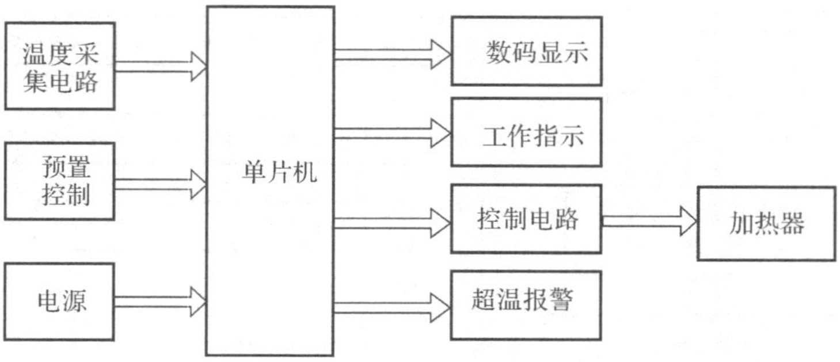

图 8.10　采用单片机系统总体框图

DS18B20 的温度测量范围为 $-55\sim125$℃，可编程为 $9\sim12$ 位 A/D 转换精度，测温分辨率可达 0.062 5℃，被测温度用符号扩展的 16 位数字量方式串行输出；其工作电源既可在远端引入，也可采用寄生电源方式产生；多个 DS18B20 可以并联到 3 根或 2 根线上，CPU 只需一根端口线就能与诸多 DS18B20 通信，占用微处理器的端口较少，可节省大量的引线和逻辑电路。以上特点使 DS18B20 非常适用于远距离多点温度检测系统，性能价格比也非常出色。因此选择 DS18B20 作为本电路的温度传感器。DS18B20 的接法如图 8.11 所示。

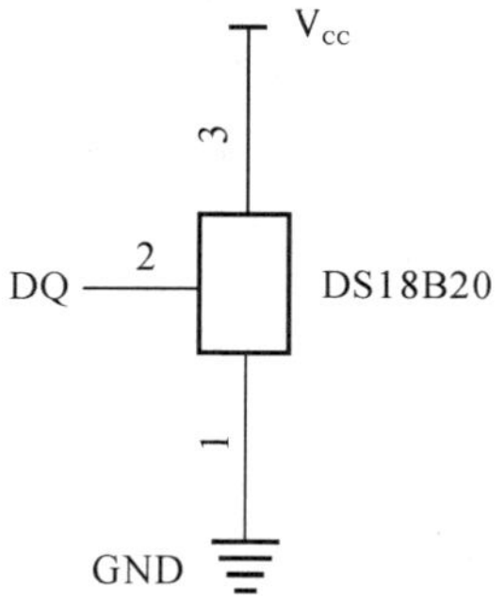

DQ—数字信号输入/输出端；GND—电源地；V_{CC}—外接供电电源输入端

图 8.11　DS18B20 的使用接线图

2. 控制器

控制器采用 AT89C51 单片机，通过 DS18B20 和按键完成数据的采集、温度显示、温度设定，并完成超温报警功能。主频选用 12 MHz 的晶振。

控制电路如图 8.12 所示。

3. 按键与显示电路

按键电路中，人工设定温度后自动返回，显示当前的实际温度。当无按键按下时，4 s后返回当前实际温度。这样防止加热器在加热过程中损坏。

显示功能是由 3 个数码管来完成的，它们显示的数据分别代表个位、十位和小数点后一位。所显示的数据由单片机以并行位选方式直接以 BCD 码送给数码管。显示电路如图 8.13 所示。

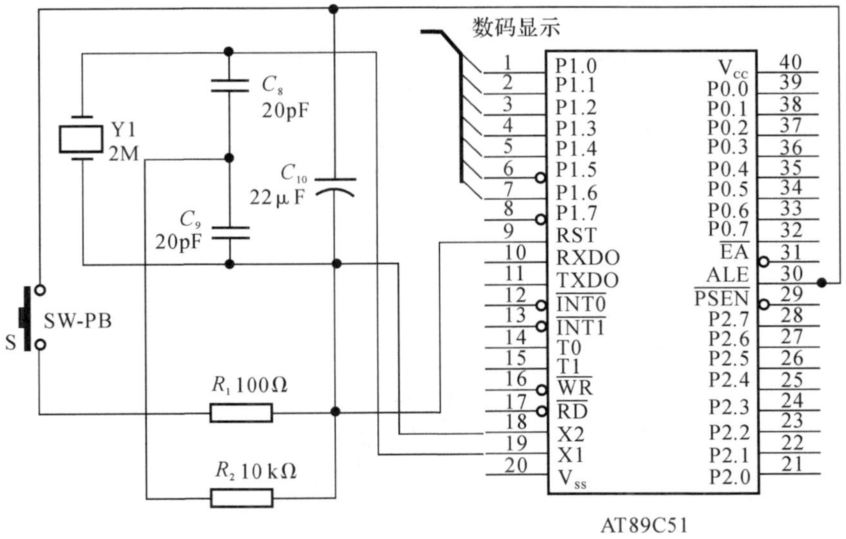

图 8.12　AT89C51 单片机控制电路图

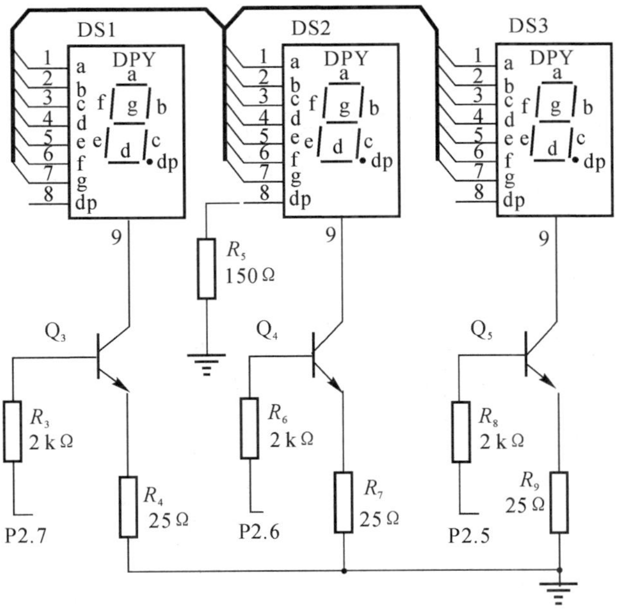

图 8.13　三数码管显示电路

4. 加热器的功率控制接口

由于要用 AT89C51 控制高压和大电流的负载工作，显然不能将负载直接接到单片机的 I/O 线上，必须经过单片机的功率接口来驱动。单片机输出的控制信号为占空比可变的脉冲信号，该信号控制继电器和可控硅的导通时间，以此来控制加热器的功率。

加热器的功率控制电路如图 8.14 所示。

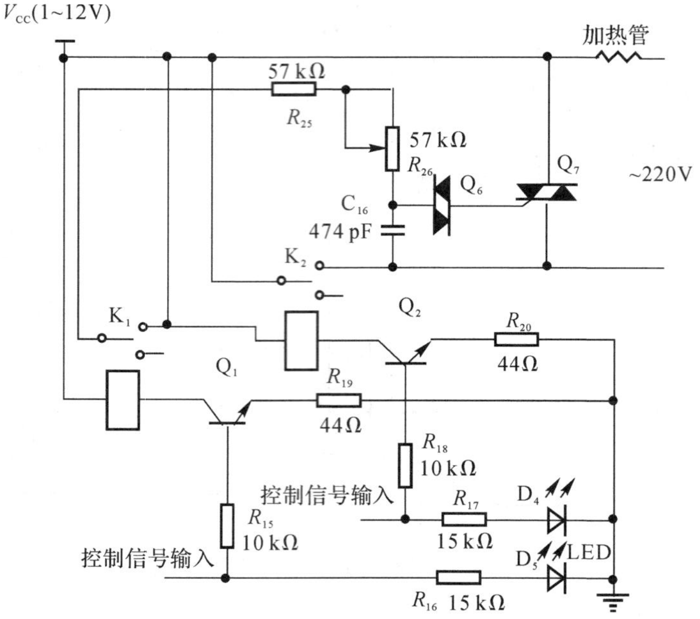

图 8.14　加热器的功率控制电路

5. 报警电路

报警电路采用两块 NE555 构成，当控制温度小于 40℃或大于 90℃时报警。报警电路如图 8.15 所示。

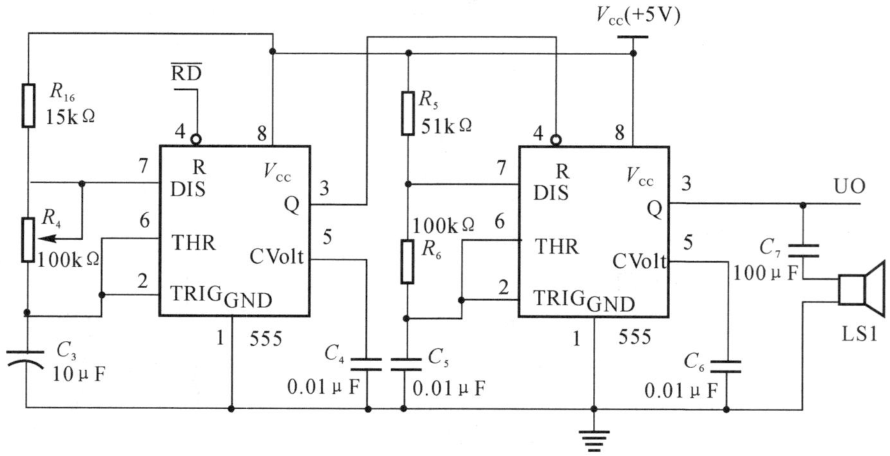

图 8.15　NE555 报警电路

8.2.5　系统改进措施与功能扩展

1. 增加通信功能

利用单片机片内串行口外加逻辑电平转换电路组成 RS-232C 标准接口以实现系统相互通信的扩展。逻辑电平转换电路采用了一片专用芯片 ICL232，外加少量电容即可完成 TTL 到 RS-232 或 RS-232 到 TTL 的逻辑电平转换，如图 8.16 所示。

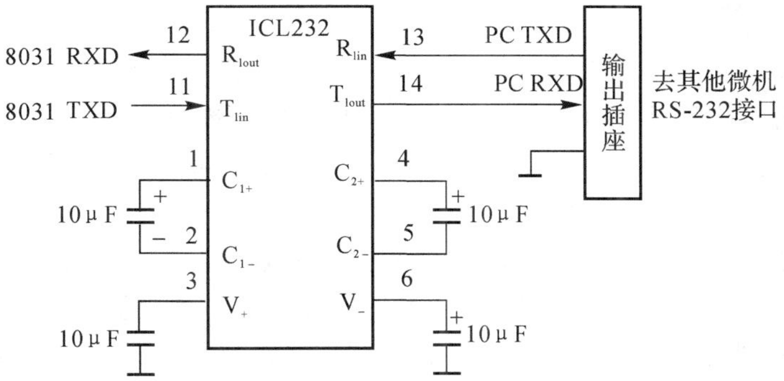

图 8.16　TTL 与 RS232 电平转换电路

2. 提高静态控制精度

要提高系统的控制精度，关键是提高前向通道的采样精度；要使温度控制的静态误差≤0.2℃，则前向通道的采样误差应控制在±0.1℃以内，对于 35～95℃的检测范围相应的精度为 0.167%；应采用 10 位以上的 A/D 转换器(误差≤0.1%)，如 12 位逐次逼近型 A/D 转换器 AD574A 和 3 位半(十进制)双积分型 A/D 转换器 MC14433 等。

3. 简化硬件、降低成本

如果单片机内部含有 A/D 部件，且精度、速度均能满足要求，则可省去前向通道中的A/D 转换接口电路，进一步简化系统硬件，降低成本，提高系统可靠性。

4. 实现自动显示水温曲线的功能

由于受到系统配置与扩展能力的限制，一般单片机系统都难以配置标准的 CRT 显示器和标准打印机。为了实现自动显示水温曲线的功能，可以采用全图形点阵式液晶显示器或采用通用微型计算机系统。采用通用微型计算机构成的系统如图 8.17 所示。

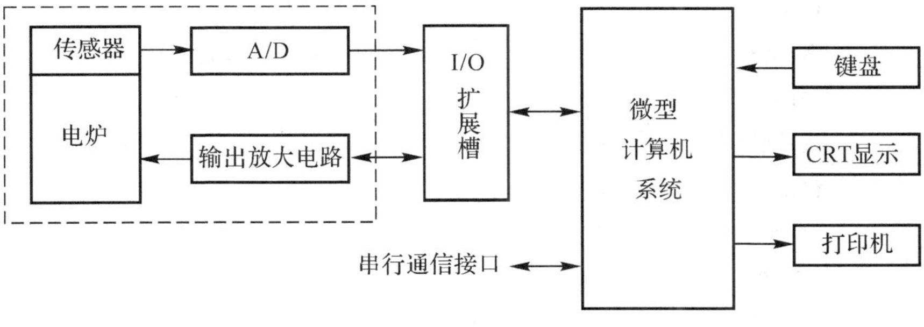

图 8.17　采用通用微型计算机构成的系统

通用微型计算机系统硬件上已经配置了人机对话和多机通信设备，软件上提供了操作系统和设备驱动程序，为应用系统实现人机对话、曲线显示与打印及多机通信提供了良好条件；通过计算机系统提供的 I/O 扩展槽扩展相应的前向通道和后向通道，可以很容易实现本例各项设计任务和扩展功能要求。

8.2.6 系统调试

1. 单片机系统

单片机系统分成以下几部分调试：单片机编程程序、按键检测、数码显示、报警控制信号、功率控制信号。排除了接线的个别错误之后，单片机系统就可以正常工作。

2. 系统统调

系统统调的主要任务是校准测温数值，为整定参数做好准备。系统总装完成后，数码管显示水温数据，与标准温度计所测数据相比较，存在固定误差。调整温度值转换程序中的参数，固定误差基本消除，但存在非线性误差。根据实测数据，确定为非线性数据。这样，在 40～90℃范围内测温静态误差保持在≤0.2℃。由于温度计标准准确度有限，系统存在误差，但有更标准的温度计可使系统调节更加准确。

3. 系统指标测试

(1)测试仪器。水银温度计(最小分度为 0.2℃，量程为 0～100℃)、万用表、稳压电源、数字温度计(最小分度为 0.1℃)。

(2)测试方法。使系统运转，用温度计同时测水温变化情况，得出系统误差指标，并加以调整。

(3)测试结果与分析。完全可由人工在 40.0～90.0℃之间任意设定。当温度超过所预设定的温度时，电路会在所设温度 0.2℃左右自动调整，使得电路的性能指标合乎电路所设温度的要求，达到恒温的效果。

8.2.7 系统的软件设计

主程序如下：

```
        ORG     0000H
        AJMP    START           ;主程序
        ORG     000BH
        AJMP    TIM0            ;T0 中断子程序
        ORG     0023H
        AJMP    RT              ;串口中断接受子程序
        ORG     0100H
START:  MOV     50H, #00H       ;初始化设定温度
        MOV     51H, #00H
        MOV     52H, #00H
        MOV     53H, #00H
        MOV     54H, #0C6H      ;发送第 5 个数码管字形码“C”
        MOV     TMOD, #01H      ;T0 工作在 MODE1
        MOV     TH0, #0ECH      ;晶振 12 MHz,50ms 中断一次
        MOV     TL0, #78H
        SETB    TR0
        MOV     TMOD, #20H      ;T1 工作在 MODE2
```

```
        MOV     TH1, #0E6H      ;设波特率
        MOV     TL1, #0E6H
        SETB    TR1
        MOV     SCON, #50H
        MOV     IE, #92H        ;允许 T0,RI 中断
        MOV     R6, #04H        ;初始要接收的数据个数
        MOV     R1, #50H        ;初始要接收数据的起始地址
        MOV     R4, #00H
REY:    MOV A, 53H
        CJNE    A, #00H, YES
        SJMP    REY
YES:    MOV R3, #00H
YES1:   CLR     P2.0            ;开始 AD 转换
        CLR     P3.6
        SETB    P3.6
        ACALL   DELAY
J1:     MOVX    A, @R0
        ACALL   SJCL            ;调用数据处理子程序
        ACALL   DISP
        DJNZ    R3, MM
        ACALL   FS              ;调用串口发送子程序
        AJMP    YES
MM:     AJMP    YES1
SJCL:   MOV     B, #60
        MUL     AB
        MOV     61H, A
        MOV     A, B
        ADD     A, #35
        ACALL   L10
        MOV     60H, R5         ;存十进制高八位（个位和十位）
        MOV     A, 61H
        MOV     B, #9
        MUL     AB
        MOV     61H, B          ;存十进制低八位（小数点）
        RET
L10:    CLR     C
        MOV     R5, #00H        ;初始化十进制转换的低位寄存器
        MOV     R4, #08H        ;调整次数
NEXT:   RLC     A
```

```
        MOV     R2, A
        MOV     A, R5
        ADDC    A, R5
        DA      A
        MOV     R5, A
        MOV     A, R2
        DJNZ    R4, NEXT
        RET
DISP:   MOV     A, 60H
        ANL     A, #0F0H        ;取 D2 的显示数据存入 70H
        SWAP    A
        MOV     70H, A
        MOV     A, 60H
        ANL     A, #0FH         ;取 D1 的显示数据存入 71H
        MOV     71H, A
        MOV     72H, 61H        ;取 D0 的显示数据存入 72H
        MOV     R0, #70H        ;取相应的字形码分别存入 55H～57H
        MOV     DPTR, #TAB
        MOV     A, @R0
        MOV     CA, @A+DPTR
        MOV     55H, A
        INC     R0
        MOV     A, @R0
        MOVC    A, @A+DPTR
        MOV     56H, A
        INC     R0
        MOV     A, @R0
        MOVC    A, @A+DPTR
        MOV     57H, A
        MOV     A, 56H
        ADD     A, #80H         ;在 D1 字形码上加小数点
        MOV     56H, A
        RET
FS:     MOV     A, R0
        PUSH    ACC
        MOV     TMOD, #20H
        MOV     TH1, #0E6H
        MOV     TL1, #0E6H
        SETB    TR1
```

```
        MOV     SCON，#50H
        MOV     R0，#54H        ;设定发送起始地址
        MOV     R7，#04H
LOOP:   MOV     SBUF，@R0
        JNB     TI，$
        CLR     TI
        INC     R0
        DJNZ    R7，LOOP
        POP     ACC
        MOV     R0，A
        RET
;串口中断接受子程序
RT:     PUSH    ACC
        PUSH    PSW
        CLR     ET0
        CLR     ES
SJ:     MOV     @R1，SBUF
        INC     R1
        CJNE    R4，#03H，MOVE
        SJMP    MOVE1
MOVE:   INC     R4
        CLR     RI
        JNB     RI，$
MOVE1:  DJNZ    R6，SJ
        MOV     R4，#00H
        MOV     R1，#50H        ;重置接收起始地址
        MOV     R6，#04H        ;重置接收个数
        SETB    ET0
        SETB    ES
        POP     PSW
        POP     ACC
        RETI
;T0 中断子程序
TIM0:   PUSH    ACC
        PUSH    PSW
        MOV     TH0，#0ECH      ;重设中断时间
        MOV     TL0，#78H
        CLR     C
        ACALL   JS
```

```
        MOV     A, 51H
        CJNE    A, 70H, Q1      ;最高位比
        SJMP    Q2
Q1:     JC      OFF
        SJMP    ON
Q2:     MOV     A, 52H
        CJNE    A, 71H, Q3
Q3:     JC      OFF
ON:     CLR     P1.4
        CLR     P1.2
RE:     POP     PSW
        POP     ACC
        RETI
OFF:    SETB    P1.4
        SETB    P1.2
        SJMP    RE
DELAY:  MOV     R7, #50
        DJNZ    R7, $
        RET
TAB:    DB      0C0H, 0F9H, 0A4H, 0B0H, 99H, 92H, 82H, 0F8H,
                80H, 90H
```

习　题　8

1. 智能仪器的设计过程都有哪些?
2. 智能仪器设计过程中,应如何考虑硬件和软件之间的关系?
3. 智能仪器的软件设计要求是什么?并简述软件设计的方法。
4. 试简述智能仪器的调试方法。
5. 试设计一个温度智能仪器。

第 9 章　虚拟仪器设计与开发技术

随着计算机技术、大规模集成电路技术和通信技术的飞速发展，一种崭新的仪器技术——虚拟仪器技术（Virtual Instrumentation Technology）——展现在人们的眼前。虚拟仪器（Virtual Instrumentation）是基于计算机的仪器，是测量技术与计算机技术结合的产物，它的出现是现代测量技术的一场新革命。本章主要介绍虚拟仪器的基本概念，虚拟仪器的开发语言 LabView，LabWindows/CVI 以及 LabView 的应用实例。

9.1　虚拟仪器概述

9.1.1　虚拟仪器的基本概念

虚拟仪器的概念是 1986 年由美国国家仪器公司（National Instrument Company，以下简称 NI 公司）首先提出的。NI 公司在提出虚拟仪器概念并推出第一批实用成果时，就用“软件就是仪器”来表达虚拟仪器的特征，强调软件在虚拟仪器中的重要作用。

虚拟仪器是指在通用计算机上添加几种带共性的基本仪器硬件模块，通过软件来实现各种功能的仪器或系统，因此，从某种意义上来说，计算机就是仪器，软件就是仪器。其实质是利用计算机显示器的显示功能来模拟传统仪器的控制面板，以多种方式表达输出检测结果，利用计算机强大的软件功能实现信号数据的运算、分析和处理，利用 I/O 接口设备完成信号的采集与测量，从而完成各种测试功能的一种计算机仪器系统。图 9.1 为虚拟仪器组成框图。

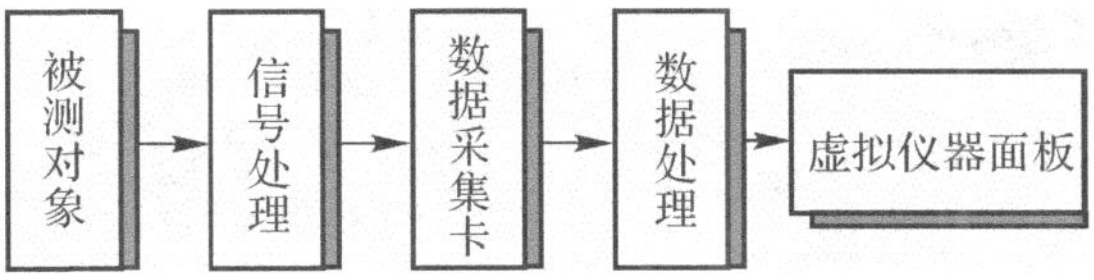

图 9.1　虚拟仪器组成框图

虚拟仪器由计算机、仪器硬件和测试软件三部分组成。其中计算机和仪器硬件又合称 VI 的通用仪器硬件平台。虚拟仪器必不可少的部件是仪器硬件，即模/数转换器、数/模转换器、数字量输入输出、定时、信号处理和信号源等。插入式数据采集卡（DAQ）和计算机仪器总线 GPIB，VXI 是近年来发展最快的硬件。选定计算机和必需的仪器硬件后，开发虚拟仪器的关键是虚拟仪器软件。目前，最具影响的虚拟仪器开发软件是 NI 公司的 LabView 软件和 LabWindwos/CVI 软件。LabView 采用图形化编程方案，是非常实用的开发软件。LabWindows/CVI 是为熟悉 C 语言的开发人员准备的，在 Windows 环境下的标准 ANSIC 开发环境。

虚拟仪器通过应用程序将通用计算机与功能化硬件结合起来，用户可通过友好的图形界面来操作这台计算机，就像在操作自己定义、自己设计的一台单个仪器一样，从而完成对被测试量的采集、分析、判断、显示、数据存储等。与传统仪器一样，它同样划分为数据采集、数据分析处理、显示结果三大功能模块，如图 9.2 所示。

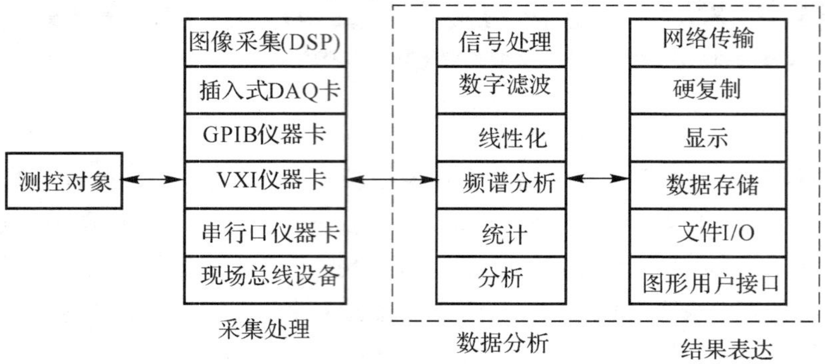

图 9.2　虚拟仪器功能模块划分

9.1.2　虚拟仪器系统的构成

虚拟仪器系统的基本构成包括计算机、虚拟仪器软件、硬件接口和测控仪器。硬件接口种类包括数据采集卡、IEEE488 接口卡、串/并口、插卡仪器以及其他接口卡。图 9.3 为虚拟仪器系统示意图。

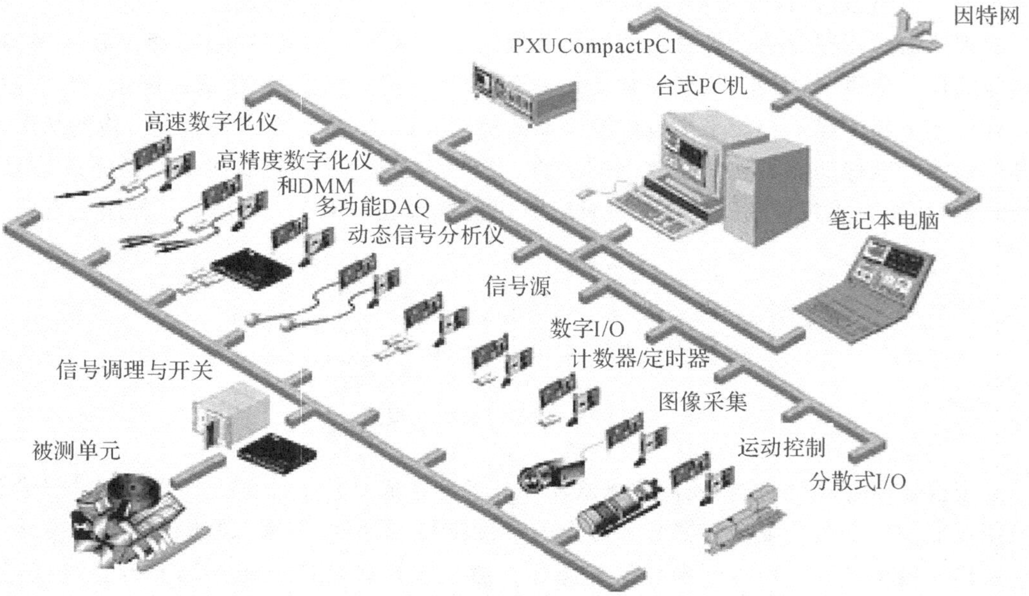

图 9.3　虚拟仪器系统示意图

目前较为常用的虚拟仪器系统是 PC－DAQ/PCI 插卡式虚拟仪器系统、GPIB 虚拟仪器测试系统、VXI 总线虚拟仪器测试系统、串口总线虚拟仪器测试系统、PXI 总线虚拟仪器测试系统。在整个系统中，硬件完成信号的采集和输入/输出功能，测试软件是虚拟仪器的

“主心骨”。

虚拟仪器的软件层次结构如图 9.4 所示，其中各个部分的功能为：

测试管理层：为检测系统与操作者交互、性能检测、故障诊断、测试结果输出等提供一个与测试设备无关的测试管理环境。

测试程序层：虚拟仪器的功能模块层。

仪器驱动层：对仪器硬件进行通信和控制的软件层。

I/O 接口层：用于处理计算机与仪器硬件间连接的底层通信协议层。

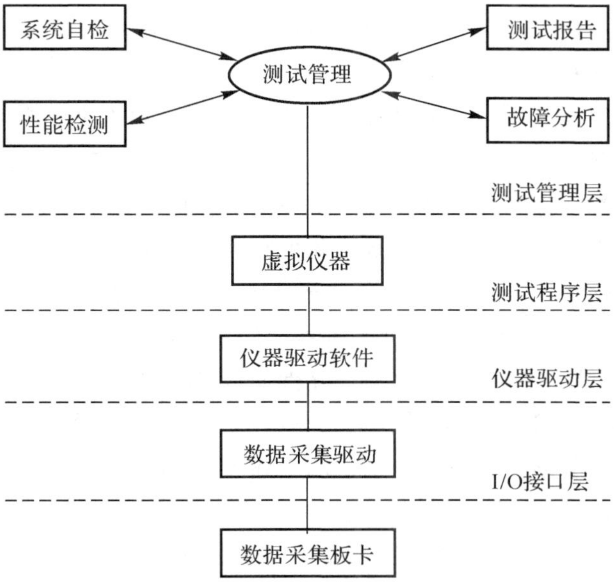

图 9.4　虚拟仪器软件的层状结构

9.1.3　虚拟仪器的特点

虚拟仪器作为一种全新理念的仪器种类，具有以下特点：

(1)强调“软件即仪器”的开发理念，在通用硬件平台确定的基础下，用软件来实现传统仪器中由硬件完成的功能。

(2)用户可以根据需要自己定义虚拟仪器的功能，灵活地将各种计算机平台、硬件、软件和各种附件结合起来，组装成自己所需要的专用仪器。

(3)计算机强大的图形用户界面(GUI)、数据存储和处理能力，不但有利于方便地操作仪器，而且方便对测量结果的分析、显示、存储、打印和其他管理。

(4)研制周期较传统仪器大为缩短，价格更加低廉。

(5)虚拟仪器充分利用计算机技术，便于利用通信网络和周边设备来组建自动测试系统。

虚拟仪器已成为仪器领域的一种通用方案，十分符合国际上流行的“硬件软件化”的发展趋势。虚拟仪器以计算机为基础，随着计算机的高速发展，虚拟仪器可以方便地向智能化、网络化方向发展。虚拟仪器的全新特点使得其应用广泛，是科研、开发、测量、控制等领域不可多得的工具，必将对科学技术的发展和工农业的生产产生巨大的推动作用。

9.2 虚拟仪器开发语言 LabVIEW 简介

9.2.1 LabVIEW 简介

LabVIEW(Laboratory Virtual Instrument Engineering Workbench,实验室虚拟仪器工程平台)是美国 NI 公司推出的一种基于 G 语言(Graphics Language,图形化编程语言)的虚拟仪器软件开发工具。LabWIEW 是一种基于图形开发、调试和运行程序的集成化环境,是第一个借助于虚拟前面板用户界面和方框图建立虚拟仪器的图形程序设计系统,也是目前国际上唯一的编译型图形化编程语言。

作为一种图形程序设计语言,LabVIEW 使用“所见即所得”的可视化技术建立人机界面,其内部集成了虚拟仪器面板设计所需的大量显示和控制对象,如图像对象、图标对象、旋钮对象等。用户可以方便地选择和修改这些控件来构造适合自己工作需求的专用仪器。

LabVIEW 集数据采集、仪器控制、测量分析和数据显示功能于一身,是专门为测量和自动化应用设计的图形化开发环境。它具有直观清晰的前面板用户界面和流程图式的编程风格,使得在虚拟仪器开发时无须编写任何文本格式的代码,是真正的工程师语言。在传统的数字信号处理方面,它提供了丰富的数据采集、分析及存储的库函数及模块;同时,它还提供了各种图形化驱动程序,使不熟悉 PCI 计算机总线、GPIB 总线、VXI 总线、串口总线的使用者可以利用 LabVIEW 提供的图形化驱动程序来驱动上述各种总线上的 I/O 接口通信设备,实现对被测信号数据的采集、放大和模/数转换。另外,LabVIEW 还提供了和 C 语言的接口、调用 Windows 动态链接库函数(DLL) 及实现多线程编程等高级功能;在需要进行大量数据运算处理的应用场合,LabVIEW 显得有些力不从心,但它通过调用 MATLAB SCRIPT 节点方式,使得用户可以在 LabVIEW 中使用 MATLAB 强大的数值运算功能及方便、快捷的各类工具箱函数;LabVIEW 具有强大的网络功能,支持常用的网络协议,方便网络仪器、远程测控仪器的开发。

LabVIEW 作为虚拟仪器的开发环境有以下特点:

(1)图形化编程降低了对使用者编程经验的要求,对工程师来说是一种很自然的仪器设计方式。

(2)提供了丰富的数据采集、分析及存储的库函数,用户可以直接调用。

(3)提供了对底层 VXI、GPIB、串口及数据采集板卡的硬件控制子程序,以及成百个厂家生产的 1 000 多个测控仪器的仪器驱动程序。

(4)采用面向对象的编程方法和概念,便于测试软件的开发和功能移植。

(5)提供开放式的开发平台,使得用户可以在 LabVIEW 平台上调用其他软件平台来共同实现仪器功能,以弥补自身的一些不足。

(6)LabVIEW 支持 TCP/IP、浏览器、RDA 和 DataSocket 等网络通信功能,为构建网络化测控系统提供了必要的技术支持。

9.2.2　LabVIEW 程序的基本构成

在 LabVIEW 平台下开发的虚拟测试程序被称为 VI(虚拟仪器)，其扩展名默认为 vi。所有的 vi 程序无论其复杂程度如何，都包括 Front Panel(前面板)、Block Diagram(框图)以及 Icon and Connector Pane(图标和连接器窗口)三部分。

1. 前面板设计窗口

前面板是进行虚拟仪器中虚拟面板设计的图形用户界面，VI 的所有面板设计工作都是在该窗口中完成的。前面板窗口环境如图 9.5 所示。前面板的设计过程就是从软件提供的众多对象中取出所需的“控件”，将之放置于前面板的合适位置上，最终完成一个虚拟仪器面板设计的过程。

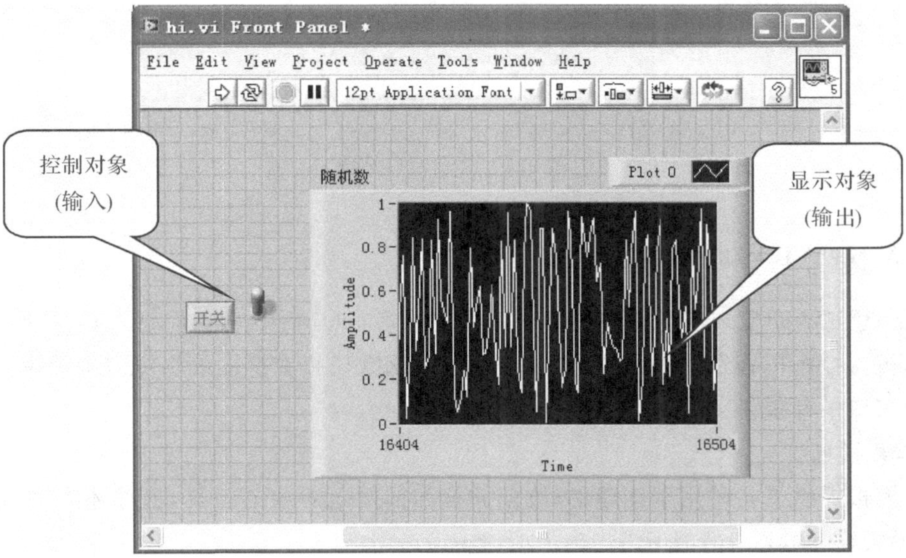

图 9.5　前面板窗口环境

软件提供了进行人机交互所需的输入和输出两类对象，分别称为 Control(控制器)、Indicator(指示器)。控制器对象包括开关、旋钮、按钮、数值控制器和其他各种输入设备；指示器对象包括图形、图片、文本、LED 和其他输出显示对象。

2. 框图编辑窗口

框图是 VI 程序的图形化源代码。设计者在框图编辑窗口中完成 VI 编程工作，也就是从控制器控件上获取用户输入信息，然后通过连线的方式利用软件提供的大量函数功能对输入信息进行计算和处理，最后在指示器控件上输出处理结果。框图窗口环境如图 9.6 所示。

3. 图标和连接器窗格

VI 具有层次化和结构化的特征。一个 VI 在进行封装以后就可以被另一个 VI 程序当做子 VI(Sub VI)来调用。在进行 VI 封装过程中，图标是它区别于其他子 VI 的标识，连接器相当于图形化的子程序参数。在默认状态下，框图和前面板的右上角显示当前 VI 的图标，用户可以通过双击该图标对其进行编辑。

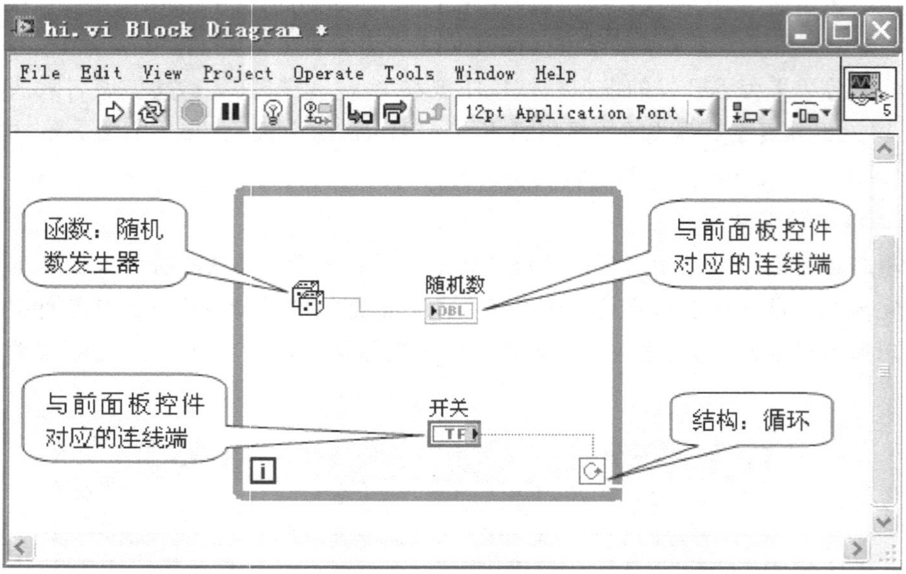

图 9.6　框图窗口环境

9.2.3　LabVIEW 的各种模板功能

在 LabVIEW 开发环境的用户界面上提供三种模板(Palette)，它们是工具模板、控制模板和函数模板。控制模板在前面板设计窗口中提供，函数模板在框图编辑窗口中提供，而工具模板在两个窗口中都提供。

1. 工具模板

工具模板提供了各种用于创建、修改前面板和框图上对象的工具，另外还有调试 VI 的工具，工具模板窗口如图 9.7 所示。

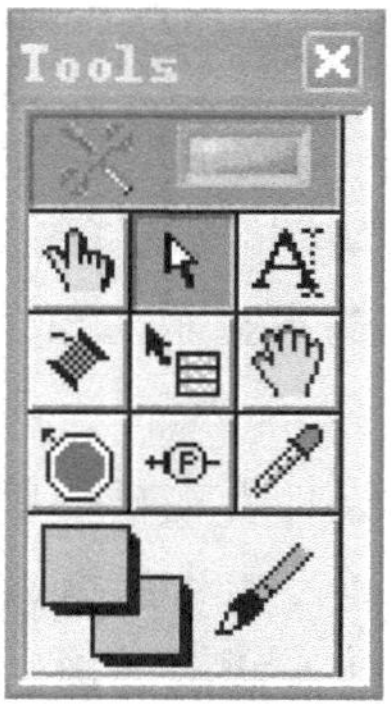

图 9.7　工具模板窗口

在工具模板窗口中所有的工具都是以图标的形式提供的，用户可以通过点击不同的工具图标来调用相应的功能。工具模板上可选的工具有操作工具、选择工具、定位工具、标签工具、连线工具、对象快捷菜单工具、滚动窗口工具、断点工具、探针工具、颜色提取工具、着色工具等。默认状态下选择工具被选中。

2. 控制模板

控制模板是为设计者开发虚拟仪器面板而提供的,因此只有在前面板设计窗口中才可见。控制模板中将传统仪器上的各种开关、旋钮、液晶显示屏等所有可能涉及的部件封装成统一外形的控件,并进行分类存放。把鼠标指针移动到模板的某个图标上,在窗口上将显示完整的名称;点击某一图标将会打开其对应的控件子模板。其模板窗口如图 9.8 所示。

控制模板上提供的控件子模板有数值控制器子模板、按钮和开关子模板、Express 用户控件子模板、数值指示器子模板、布尔值子模板、文本指示器子模板、图形指示器子模板等。

3. 函数模板

函数模板是为设计者开发仪器框图程序而提供的,因此只有在框图编辑窗口中才可见。函数模板上的每一个顶层图标都表示一个子函数集,其上集成了 LabVIEW 提供的各种数值运算、信号分析、仪器驱动、文件 I/O 的函数库,每个函数都以图标的形式存放于函数模板中。其模板窗口如图 9.9 所示。

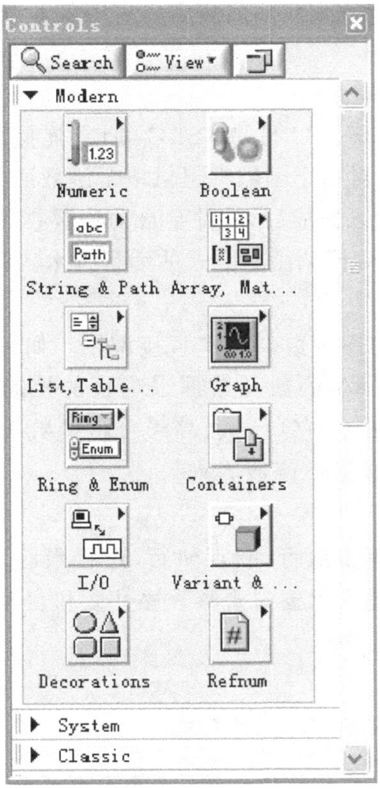

图 9.8 控制模板窗口

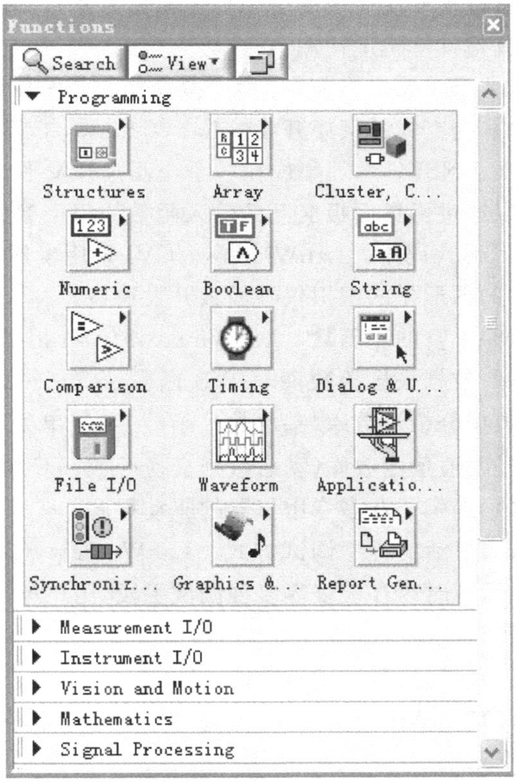

图 9.9　函数模板窗口

9.3　虚拟仪器开发语言 LabWindows /CVI 简介

9.3.1　LabWindows/CVI 简介

LabWindows/CVI 是 NI 公司开发的虚拟仪器编程语言，是 32 位的面向计算机测控领域的虚拟仪器软件开发平台，它被广泛应用于数据采集、仪器控制以及自动测试等领域。Lab-

Windows/CVI 以 ANSI C 为核心,将功能强大、使用灵活的 C 语言平台与数据采集、分析和表达的测控专业工具有机结合起来,为熟悉 C 语言的开发人员建立自动化检测系统、数据采集系统、过程控制系统等提供了一个理想的软件开发环境。

在 LabWindows/CVI 开发环境中编写程序必须严格按照标准 C 语言的规范。在该环境中,开发人员可以使用其提供的丰富的库函数来实现复杂的程序功能。同时,LabWindows/CVI 软件还提供了国内外知名厂家生产的几百种仪器的驱动程序,使得用户可以方便地进行数据采集和仪器控制。LabWindows/CVI 提供与其他软件调用的 Active 技术,使得充分发挥各种软件优势实现复杂、高效程序开发成为可能。LabWindows/CVI 使用类似于 VB 的界面构建方式,其内部集成了虚拟仪器面板设计所需的大量控件,如曲线图控件、三维图形控件、文本控件、图片控件、表头控件、旋钮控件和指示灯控件等。用户可以方便地选择和修改这些控件来构造适合自己工作需求的专用仪器。

在 LabWindows/CVI 中开发的应用程序可脱离 LabWindows/CVI 开发环境独立运行,用户可以把开发完成的应用程序转化为发布文件(.msi 安装程序),这样就可以将发布程序安装到其他计算机上使用。

LabWindows/CVI 作为虚拟仪器的开发环境有以下特点:

(1)交互式的程序开发。LabWindows/CVI 将源码编程、32 位 ANSI C 编译、连接、调试及标准 ANSI C 库等集成在一个交互式开发平台中,并且对每个函数都提供一个函数面板,用户可以通过函数面板交互的输入函数的每个参数,参数输入完成后,软件会自动将函数语句嵌入到 C 源代码中。LabWindows/CVI 采用事件驱动方式和回调函数方式的编程技术。

(2)图形化的虚拟仪器面板开发窗口。

(3)丰富的库函数。LabWindows/CVI 提供了大量的库函数供用户直接调用。如标准 C 函数库、数据采集函数库(GPIB 函数、RS-232 函数、VISA 函数及数据采集板的控制函数等)、数据分析函数库(基本数字函数、字符串处理函数、文件 I/O 函数、高级分析函数等)、网络和进程通信函数库(动态数据交换函数、TC 协议函数、Active 函数等)。

(4)提供了众多专用仪器的驱动程序。

(5)灵活的程序调试方式。LabWindows/CVI 提供单步执行、断点执行、过程跟踪、参数检查、运行时内存检查等多种调试手段,用户可以通过变量显示窗口观察程序变量和表达式值的变化。

(6)便捷的程序发布功能。

(7)LabWindows/CVI 支持 TCP/IP、动态数据交换(DDE)等网络功能。

9.3.2 LabWindows/CVI 开发环境

LabWindows/CVI 开发环境的工作空间窗口如图 9.10 所示,包括工程目录区、函数目录区、窗口区、输出区、运行区。

工程目录区包含当前工作空间中所有工程的目录,位于界面的左上角,处于激活状态的工程名用粗体显示;函数目录区包括 LabWindows/CVI 的函数库和仪器库目录,位于界面的左下角;窗口区位于界面的右半部分,在其中可以打开源代码编辑器、用户界面编辑器、函数面板编辑器等;输出区包括编译错误、运行时错误和源代码错误信息窗口等,一般位于界面的右下角;运行区包括变量、监视、内存和堆栈窗口,一般位于界面的右下角。

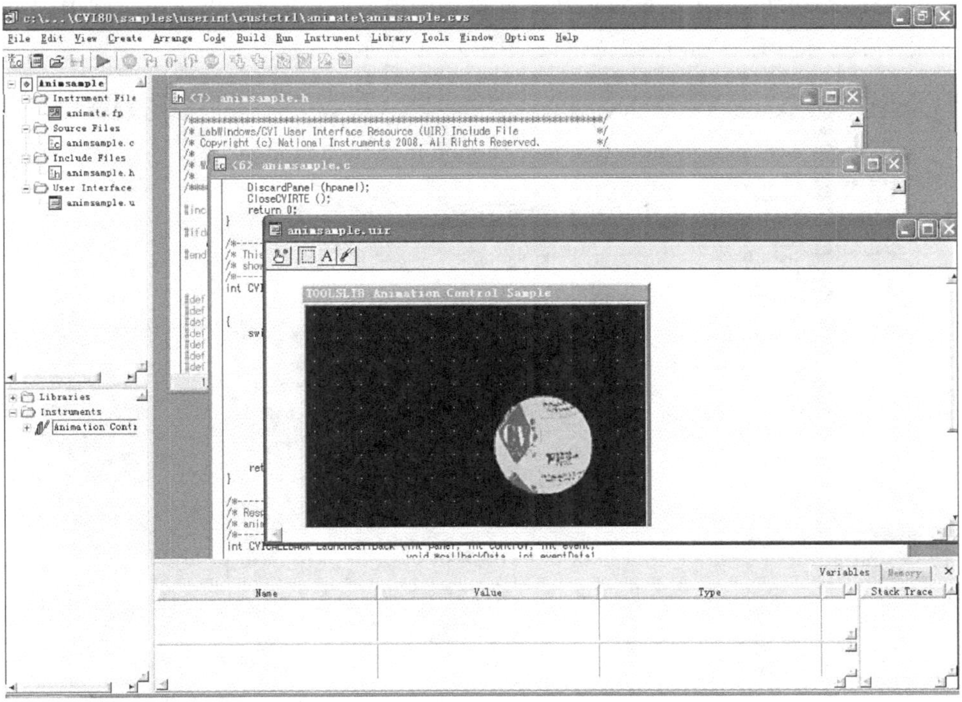

图 9.10　LabWindows/CVI 工作空间窗口

在 LabWindows/CVI 软件平台中设计完成的虚拟仪器软件通常由以下文件组成：

(1) *.prj 文件：工程文件，它是整个虚拟仪器程序文件的主体框架。工程文件主要由 *.uir 文件、*.c 文件和 *.h 文件组成。

(2) *.c 文件：源程序文件，它由头文件(*.h)、主程序文件(Main)和回调函数(CallBack)组成，其结构和 C 语言的结构一致。

(3) *.uir 文件：用户界面文件，该文件为虚拟仪器的面板文件。该文件中包括菜单和各种控件资源。

(4) *.h 文件：头文件，它与 C 语言中的 *.h 文件结构完全一致。在 LabWindows/CVI 中，头文件是由系统自动生成的。

(5) *.fp 文件：当向工程中添加仪器控件或调用外部对象服务时，LabWindows/CVI 会自动加载仪器驱动文件。

(6) *.lib 文件：这类文件可能为 DLL 导入库文件、静态库文件中的一种。

9.3.3　LabWindows/CVI 的基本编程窗口

LabWindows/CVI 开发平台是交互式集成开发平台、图形化用户界面。其编程环境主要有用户界面编辑窗口(User Interface Editor Winsow)、源代码编辑窗口(Source Window)、函数面板窗口(Function Panel Window)。

1. *用户界面编辑窗口*

用户界面编辑窗口是用来创建、编辑用户面板、控件和菜单的，它所生成的文件为 *.uir 文件。通常，一个用户界面至少含有一个面板(Panel)。图形用户界面编辑窗口提供了十分方便的创建编辑面板功能、控件位置放置和属性设置功能，使得用户可以在短时间内建立符合要求的图形化界面。图形用户界面编辑窗口如图 9.11 所示。

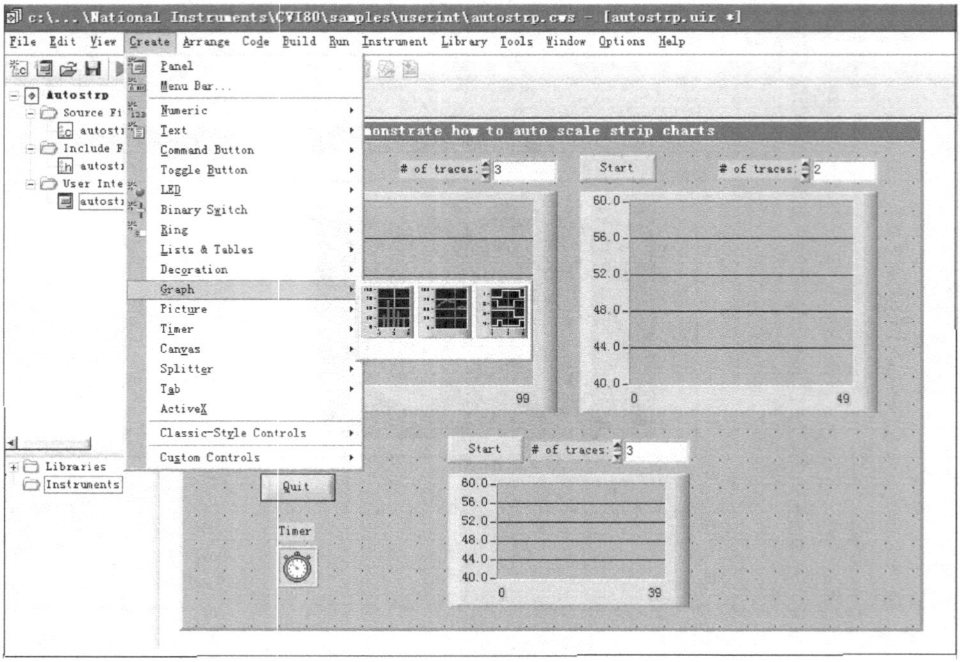

图 9.11　图形用户界面编辑窗口

图形用户界面编辑窗口提供了功能完备的菜单选项，其主要菜单的功能说明如下：

(1)File 菜单：此菜单项用于完成对工作空间文件、工程文件、C 源代码文件、头文件和仪器驱动文件的新建、打开、保存、全部保存、另存等功能，同时，还具有设置文件为只读、自动保存工作空间、显示最近打开文件及退出 LabWindows/CVI 环境等功能。

(2)Edit 菜单：该菜单用于完成对工作空间和工程的编辑，向当前工程添加文件，撤销操作，重复操作，对面板和空间的复制、剪贴、粘贴、删除等功能。

(3)View 菜单：该菜单用于定制是否显示工作空间窗口的各个目录区，设置显示/隐藏面板，显示重叠仪器面板中的一个，显示上一个/下一个面板。

(4)Creat 菜单：该菜单用于创建面板、菜单和各种控件。

(5)Code 菜单：该菜单用于生成程序的源代码，其可以设置所需的事件消息类型，查看事件的回调函数及事件设置。

(6)Run 菜单：该菜单用于执行程序、设置断点、调试程序等。

(7)Instrument 菜单：该菜单用于载入、卸载及编辑仪器驱动文件，已经载入的仪器驱动文件也会在此菜单中显示。

(8)Build 菜单：该菜单完成程序代码的编译功能，并提供生成发布文件功能。

(9)Tool 菜单：该菜单用于创建、编辑 ActiveX 控制器和服务器，建立 IVI 仪器驱动、UI 代码转换以及定制菜单功能等。

(10)Library 菜单：该菜单用于完成用户界面、信号分析、I/O 接口及各类协议设置的功能。

2. 源代码编辑窗口

源代码编辑窗口显示程序中包含的 C 语言代码，并提供添加、删除、插入函数等编程所需的基本编辑函数。LabWindows/CVI 所具有的独特的简捷快速的开发编辑工具，使得用户可以在短时间内开发出一个较复杂的 C 语言代码程序。

源代码编辑窗口的菜单项功能与用户界面编辑窗口的菜单项相类似。在进行源代码编写时，在函数名处点击鼠标右键得到弹出式菜单，可以查看回调函数对应的控件、库函数的函数面板、自定义函数的源代码。

3. 函数面板窗口

LabWindows/CVI 提供了独特的函数面板功能，在该开发环境下编写程序时，对于标准函数只需要从函数所在的库中选择该函数后，便会弹出一个与之对应的函数面板，填入该函数所需的参数后即可完成函数代码编写。对于每个函数也提供了相应的功能说明窗口，其中有关于函数属性设置的详细说明。而且若参数为一个已有的常量或变量，只需要点击常量或变量按钮选择所需的量即可；若参量是一个变量，可直接声明该变量，无须切换至源代码窗口。这样就大大提高了源代码的编写效率，避免了不必要的输入错误。函数面板窗口如图 9.12 所示。

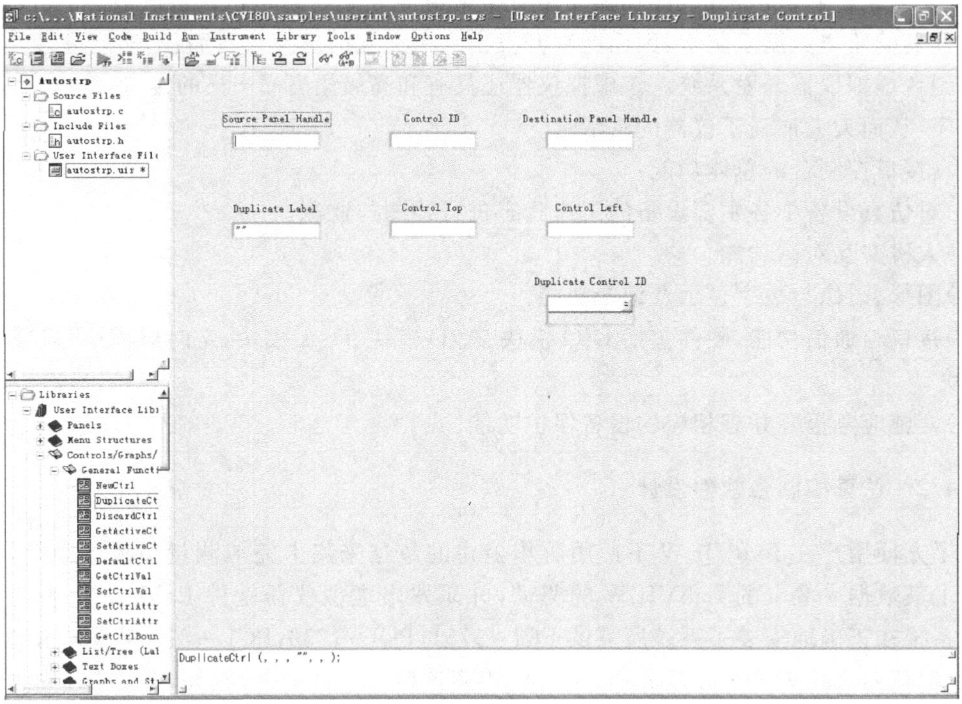

图 9.12　函数面板窗口

在函数面板中经常用的几个按钮功能如下：

：将函数插入到源代码文件中光标所在的位置处。

：声明变量按钮，在其弹出的对话框中对欲声明的变量属性进行设置。

：选择目标文件，一般默认为当前工程中的源文件。

:选择变量，在其弹出窗口中显示当前源文件中出现的所有变量。

:显示当前函数树。

:显示前一函数面板窗口。

:显示后一函数面板窗口。

9.4 虚拟仪器应用实例——YFK-1仿真接口控制台设计

9.4.1 YFK-1仿真接口控制台概述

YFK-1仿真接口控制台以研华公司的工业控制计算机和数据采集卡为测控设备，以Windows 2000为运行环境，以虚拟仪器集成开发环境LabVIEW为工具，实现了一个基于虚拟仪器技术的仿真接口控制台测控系统，对仿真设备中各主要设备的工作状态进行检测与监测。该系统采用A/D,D/A,TTL,光隔离等I/O口，通过对外部硬件的驱动，实现了多路模拟量、数字量的检测和显示，具有可移植性。由于采用当今流行的虚拟仪器开发软件LabVIEW和性能优良的研华数据采集卡，因而能够开发出人机交互的虚拟仪器面板，实现高性能的仿真接口控制台虚拟仪器开发系统。该虚拟仪器还具有和高级语言C++的接口，可以调用C++的源程序，从而大大加强了仪器的灵活性。

仿真接口控制台的总体功能：

(1)对仿真设备中各主要设备的工作状态进行检测与监测。

(2)人机交互对话功能。

(3)图形、图像与数字显示及记录功能。

(4)接口与通信功能，硬件包括DIO模块、A/D模块、D/A模块、定时器模块、多通道RS-232模块。

(5)实施应急报警并有相应的设备保护功能。

9.4.2 仿真控制台软件设计

为了方便用户在LabVIEW下使用研华公司的数据采集卡完成测量与控制系统，研华公司提供了其数据采集卡的LabVIEW的驱动，并研发出虚拟仪器软件LabVIEW下的工具控件。该系统在正确地安装了系统所需的PCI-1751,PCI-1756,PCL-816三块板卡和驱动以后，在虚拟仪器LabVIEW开发界面中，需要用到这些板卡的时候，就可以通过研华数据采集卡LabVIEW控件来开发自己的虚拟仪器界面。

在LabVIEW中，一旦正确安装好驱动，将在控件组中出现新的控件，显示为绿色的图标User Libraries(用户模板库)。在User Libraries中，有很多板卡的功能已经做成图标形式，使用时只需要做正确的逻辑连接即可。User Libraries如图9.13所示。

在后面板框图程序中，需要连接哪个板卡，就需要正确地连接User Libraries中的控件和设备号。设备号从Device Manager中读出：PCI-1751:001,PCI-1756:002,PCL-816:000。

图9.14就是一个最简单的后面板Diagram中的使用PCL-816的逻辑连接。

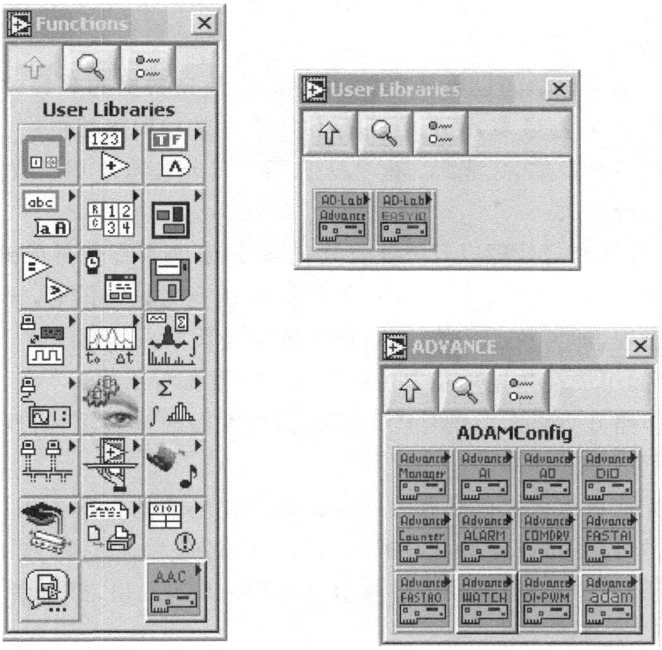

图 9.13　User Libraries(用户库模板)

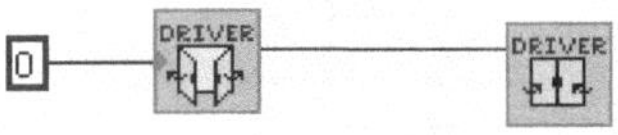

图 9.14　PCL－816 的逻辑连接

在图 9.14 中，开门和关门图标分别表示 PCL－816 的使用和停止。

控制台软件的主要功能是进行模/数转换、数据采集、数字量信号(TTL 和光隔离)采集与检测、仿真控制等。

9.4.3　仿真控制台 I/O 设备的软件驱动

虚拟仪器的硬件平台由计算机和 I/O 接口设备两部分组成。I/O 接口设备主要完成信号的输入、采集、放大、模/数转换任务。根据 I/O 接口设备总线类型的不同，虚拟仪器的构成方式主要有五种：PC－DAQ/PCI 插卡式虚拟仪器系统、GPIB 虚拟仪器测试系统、VXI 总线虚拟仪器测试系统、串口总线虚拟仪器测试系统、PXI 总线虚拟仪器测试系统。

I/O 接口设备的驱动是虚拟仪器实现对真实物理信号采集的基础。在设备驱动后，由软件进行数据的分析处理，进而实现特定的测量功能，并求取测量结果。另外，一套编制好的虚拟仪器，具有很大的通用性，在移植到另一套测试系统时，改变驱动部分就可以适应新的硬件。

在上述 I/O 接口设备构成的五种虚拟仪器系统中，PC－DAQ/PCI 插卡式虚拟仪器系统是最基本、最廉价的构成形式。它充分利用了 PC 机箱、总线、电源的便利。当然，由于机箱环境的限制，也存在诸多不足：电源功率小以及质量差、机箱噪声干扰、插槽数目少、无屏蔽、散热差等。但对于一般系统，具有比较高的性价比。

本系统采用台湾研华公司的工控机及 PCI 系列数据采集卡。

1. 数据采集卡介绍

数据采集技术是信息科学的重要分支之一，它研究信息数据的采集、存储、处理以及控制等问题，是以传感器、信号测量与处理、微机等高技术为基础而形成的一门综合技术，应用性强。随着科学技术的不断发展，如光纤、超导、人工智能等新技术应用于数据采集领域，数据采集技术会有广阔的发展前景。

在智能仪器、信号检测与处理以及工业自动化等领域，都存在信号的测量与控制问题。将外部世界存在的温度、压力、流量、位移、液位等模拟量转换为数字信号，再收集并传递到计算机作进一步处理的过程，即为数据采集，相应的系统就是数据采集系统。

(1)数据采集卡的组成。数据采集卡由以下几个主要部分组成：

1)多路开关。多路开关将多路信号轮流切换到放大器的输入端，实现多路信号的分时采集。这有效地降低了采集卡成本。

2)放大器。放大器将待采集信号放大或衰减至采样环节的量程范围内。在实际系统中，放大器的增益通常是可调的，设计者可根据输入信号的幅值大小选择不同增益。

3)采样/保持器。采样/保持器取出待测信号在某一瞬时的值，即将信号时间离散化，并在 A/D 转换过程中保持信号不变。

4)A/D 转换器。A/D 转换器将输入模拟量转化为数字量，随着电子技术的发展，通常将采样/保持器和 A/D 转换器集成于同一芯片。

图 9.15 是一个典型的数据采集系统的结构。

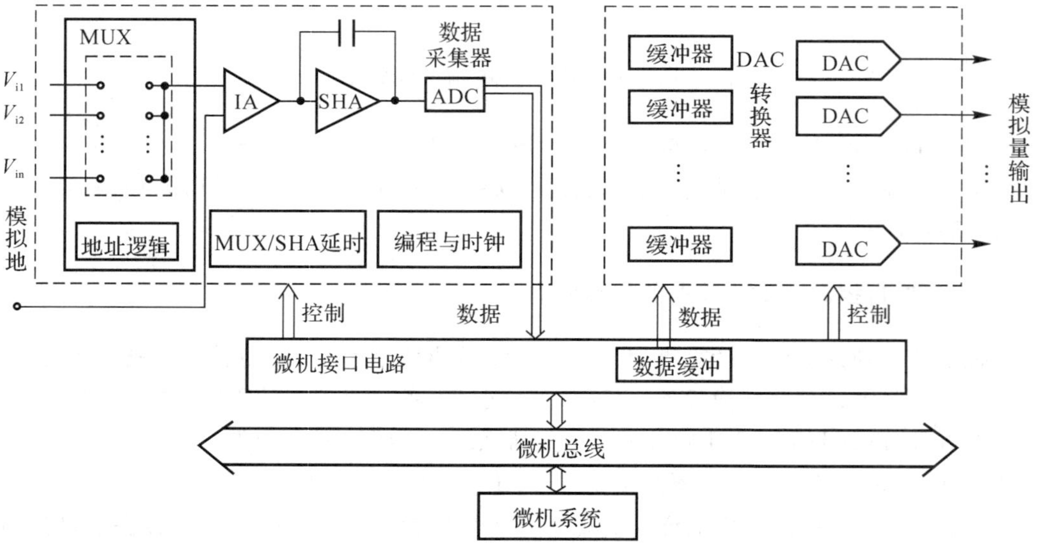

图 9.15 典型的数据采集系统的结构

(2)数据采集卡的安装。本系统共安装 PCL－816，PCI－1751，PCI－1756 三块板卡。在研华公司提供的每一套产品中，都有一张 CD－ROM。在运行之后，按照一般显卡的安装方式进行。在正常安装之后，运行自带的 Device Manager V5.1 程序，可以看到如图 9.16 所示的画面。这个程序对于获取设备号、在 LabVIEW 中驱动以及进行简单测试也很重要，建议放在 LabVIEW 目录下面，以方便寻找使用。

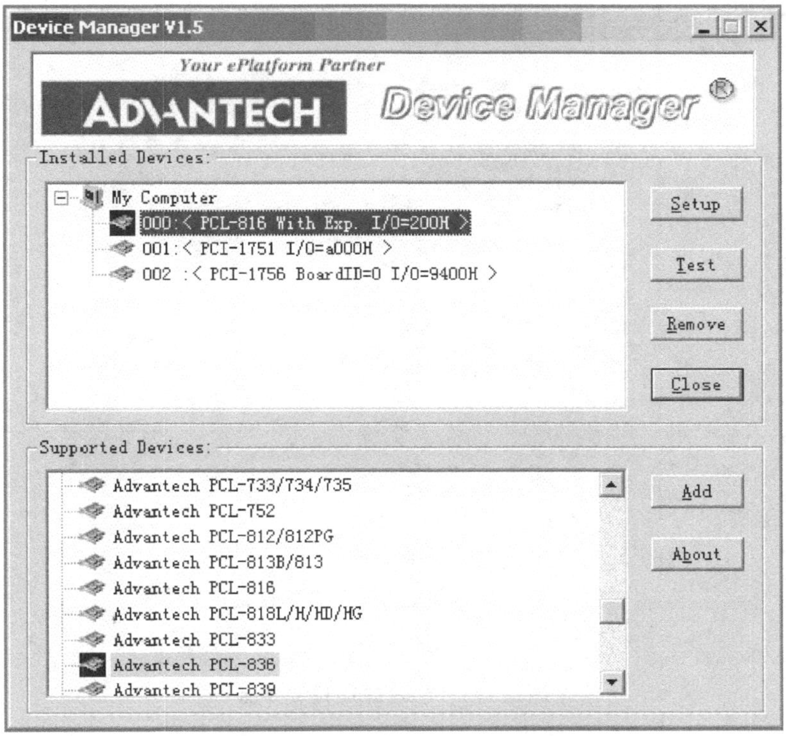

图 9.16　Device Manager V5.1

(3)数据采集卡的参数设置。

1)模拟信号输入部分的设置项。信号的输入方式:单端输入或双端输入,输入信号是单极性还是双极性;增益;量程。

2)A/D 转换部分的设置项。信号输入通道号;采样点数;采样速率;采样结果输出方式:放在数组中还是缓冲区中;采样触发方式:外触发、定时触发、软件触发。

3)D/A 转换部分的设置项。模拟信号的输出通道号;模拟信号的输出幅值;刷新速率:决定所产生模拟信号波形的光滑度,刷新速率的倒数为响应时间。

2. 板卡的测试

(1)PCI－1751 板卡的测试。PCI－1751 为 48 位数字输入/输出卡(48－bit Digital Input/Output Card for PCI Bus),提供 48 位数字输入/输出和 3 个定时器。I/O 位分为 6 个 8 位 I/O 端口:A0,B0,C0,A1,B1 和 C1。每一个端口可以通过软件独立设定为输入或者输出。双中断处理功能,一个引脚可以在板卡发出中断的同时输出数字信号。

具体设置界面与选项如图 9.17 所示。

如图 9.17 所示,双中断源均设置为不用;3 个计时器均设置为 2 ms;8 个端口全部设置为输入 IN。

在正确安装和驱动并进行一系列设置之后,还可以应用软件对板卡进行测试。测试的内容是看硬件是否正常运行,然后手工给定一些值,观察通过板卡是否正确传给 PC 机。具体测试界面与结果如图 9.18 所示。由图 9.18 可见,改变各个端口输入值,可知各个端口工作情况。

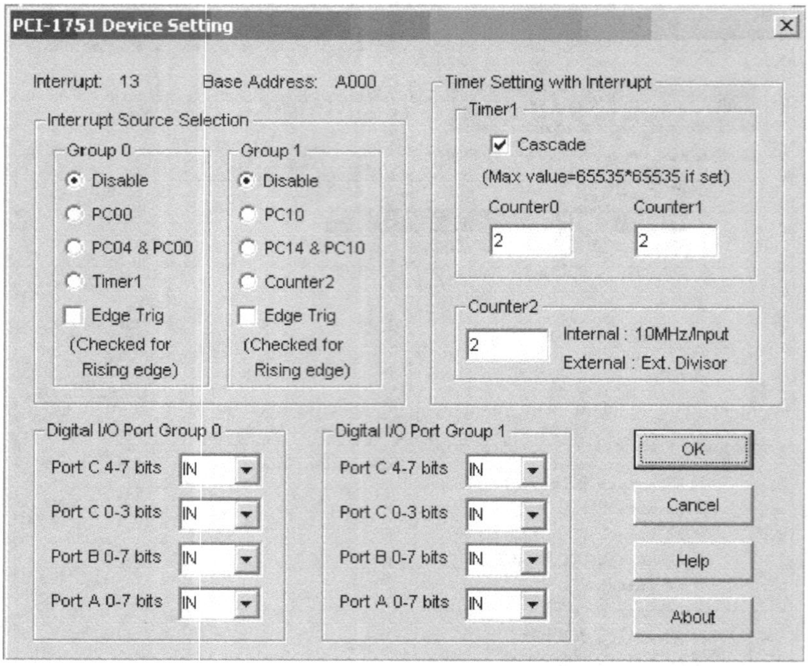

图 9.17 PCI-1751 设置界面

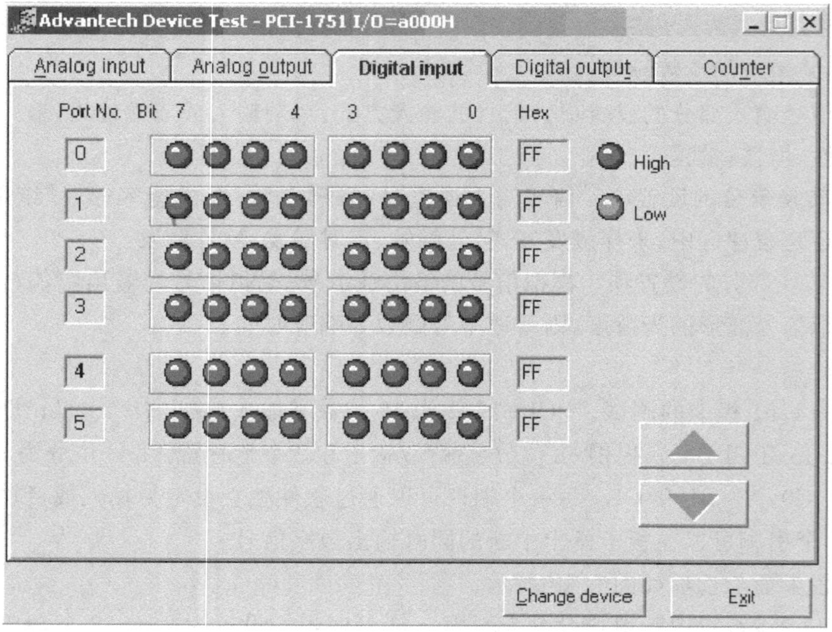

图 9.18 PCI-1751 测试界面

(2)PCI-1756 板卡测试。PCI-1756 为 64 通道光隔离数字输入/输出卡(32/32-channel Isolated Digital I/O DAS Card),是基于 PCI 插槽的数据采集卡。输入/输出各 32 通道,输入范围为 10～50 V,输出范围为 5～40 V。具备输入过电压保护和中断处理功能。具体设置界面与选项如图 9.19 所示。由图 9.19 可见，数字输入为下降沿触发；输出保持设为禁止。在正确安装和驱动并进行一系列设置之后，应用软件对板卡进行测试。

具体测试界面与结果如图 9.20 所示。由图 9.20 可见，改变各个端口输入值，可知各个端口工作情况。

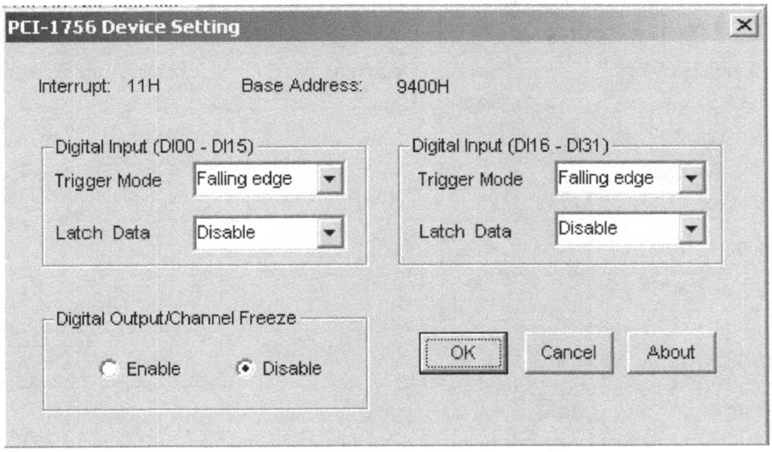

图 9.19　PCI－1756 设置界面

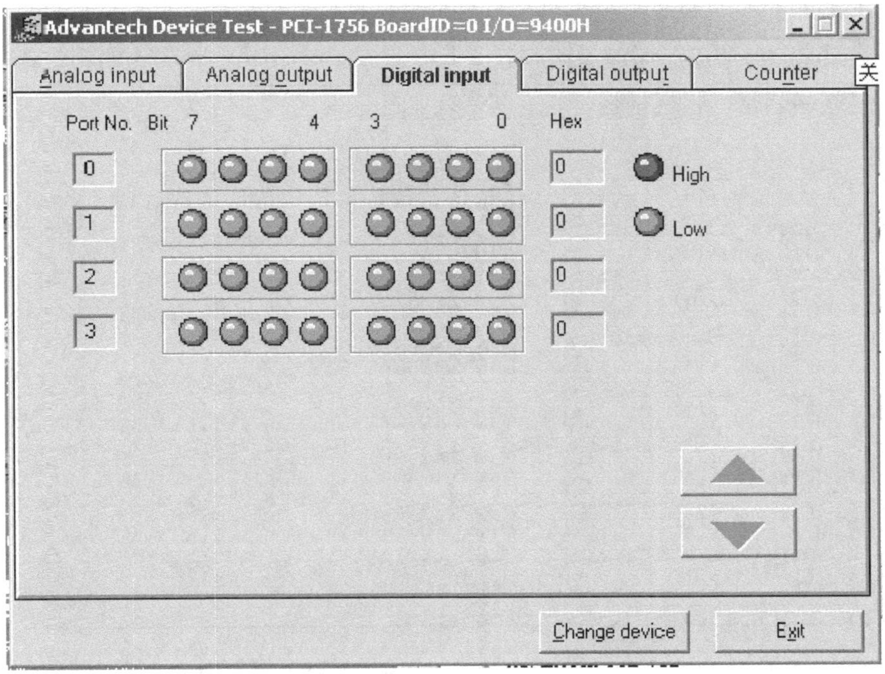

图 9.20　PCI－1756 测试界面

(3)PCL－816 板卡测试。PCL－816 是 16 通道、16 位高分辨率多功能卡(100 kHz 16－bit,16－ch High－Resolution Multifunction Card)，支持数字输入/输出、定时器/计数器、D/A、A/D 等应用。具体设置界面与选项如图 9.21 所示。

由图 9.21 可见，模块 1 设置为 PCL－816－DA－1；D/A 通道 1 和 2 的电压范围都设置为

－10～10 V；地址设置为 200。

在正确安装和驱动并进行一系列设置之后，应用软件对板卡进行测试。

具体测试界面与结果如图 9.22 所示。

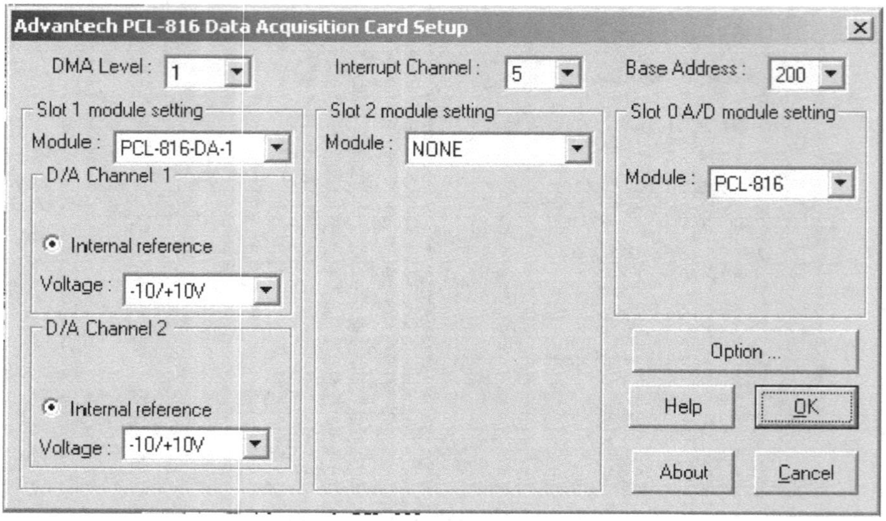

图 9.21　PCL－816 设置界面

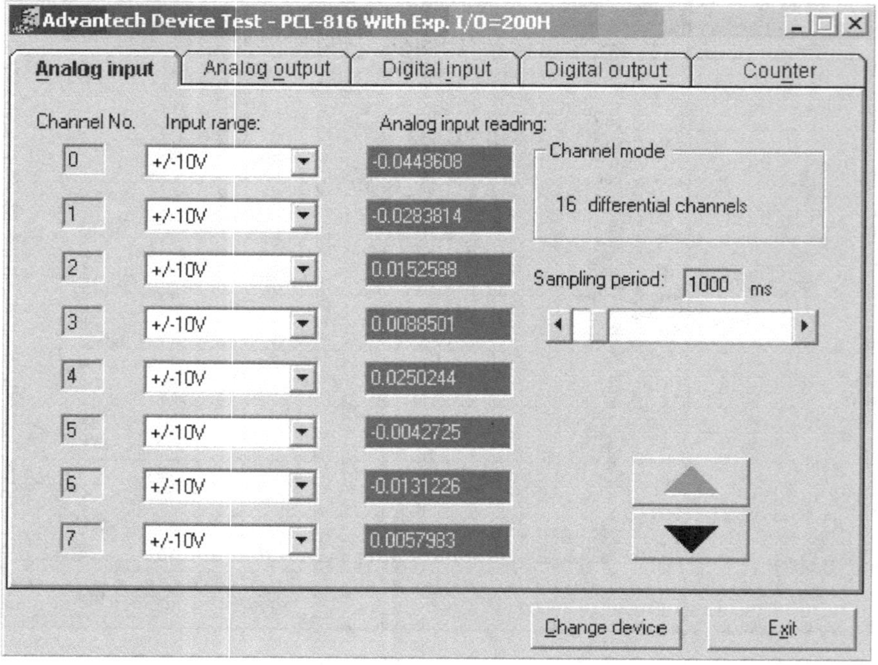

图 9.22　PCL－816 测试界面

由图 9.22 可见，各个通道的数据随着输入的变化而变化，可知各个端口工作正常。采样周期设为 1 000 ms。

9.4.4　仿真接口控制台软件基本功能实现

软件包含的基本功能和实现方法如下：

1. A/D 转换数据采集

多个运动参数的检测是本系统的重点，它们都是模拟量。对于这些模拟量，进行如下处理：

模拟量→电平转换→A/D 转换→采集→转化为数组(另一维是时间)→把数组值赋给显示控件。

同时，由于还需要显示对应真实物理量因而对模拟量进行如下转换：

模拟量→电平转换→A/D 转换→采集→转化为数组(另一维是时间)→把数组值传递给算式→把真实物理量赋给显示控件。

图 9.23 就是利用 PCL－816 进行数据采集的逻辑流程图，左边为多通道数据采集程序流程图，右边为单通道的程序流程图。

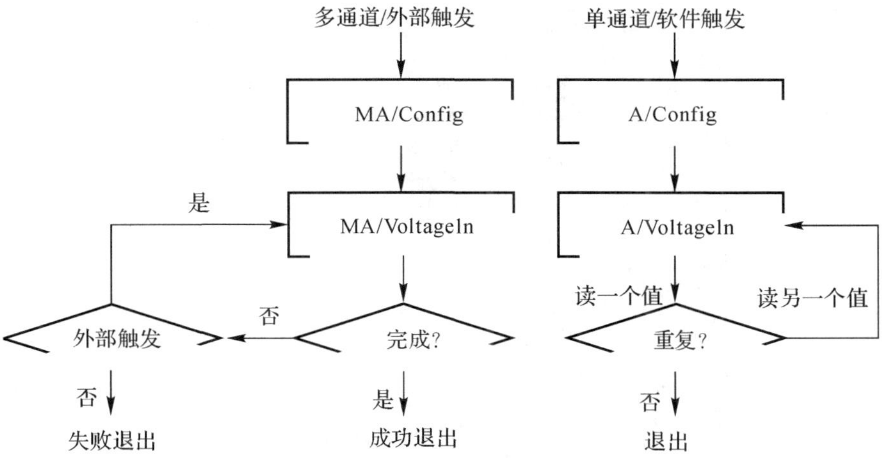

图 9.23　PCL－816 的逻辑连接流程图

使用研华数据采集卡采集数据的虚拟仪器面板开发步骤如下：

从程序框图窗口中可以看到，使用研华公司提供的三个驱动函数就完成了一个图形化的数据采集和显示系统，下面就来看如何实现这个程序。

在安装完研华公司提供的 LabVIEW 驱动程序之后，就可以在 LabVIEW 的 Function 面板中看到研华公司提供的对板卡操作的库函数控件库，其中包含有打开设备函数控件、采集电压函数控件和关闭设备函数控件，如图 9.24 所示，此三个函数控件构成最基本 VI 数据采集程序。给 Device Open 函数提供一个 Device Number，板卡的 Device Number 可以在研华提供的板卡安装测试工具 Device Manger 中找到。

然后就可以把各个函数需要传递的参数连接起来，最后再把测量到的数据送到显示控件 Waveform Chart。这时候每点击一次按钮运行，就可以采集一次数据，并显示在 Waveform Chart 数据显示控件中，需要定时连续采集，这时候需要在上面的程序中添加一个 While 循环和一个定时器。只要运行程序就可以进入 While 循环开始采集，并设定时间间隔为 200 ms。运行程序，这时候函数按照默认设置采集 demo 板的第一个通道上的数据并显示，在 LabVIEW 的前面板设计窗口上布置一个图形显示控件，用来显示从数据采集卡中取得的数据。Waveform Chart 控件可以行使一个示波器的基本功能，并且是实时显示的，该控件内部含有一个显示缓冲器，其中保留了一些历史数据，这个缓冲器按照先进先出的原则管理，其最大容量是 1 024 个数据点。在实例中，主要运用 Waveform Chart 来显示 7 路信号(水下航行器的 7 个控制参数)。在 Waveform Chart 中，可以根据需要更改属性，包括窗口的大小、显示风格以及显示缓冲区大小。程序运行的后面板框图程序如图 9.25 所示，前面板界面如图 9.26 所示。

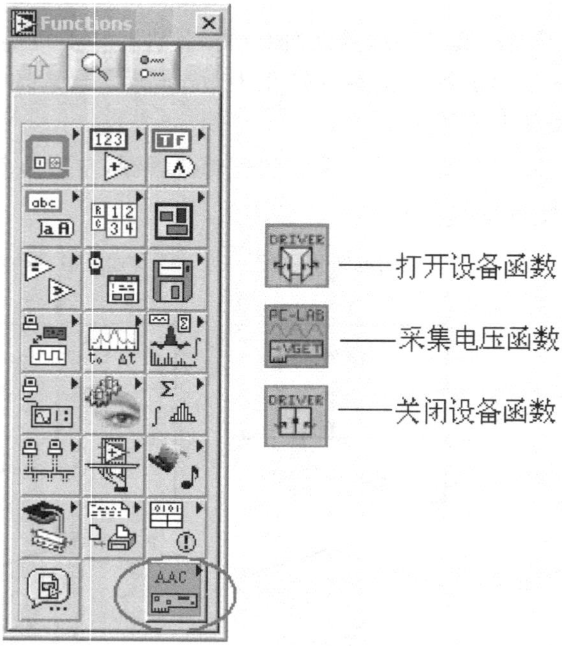

图 9.24　研华提供的数据采集驱动函数

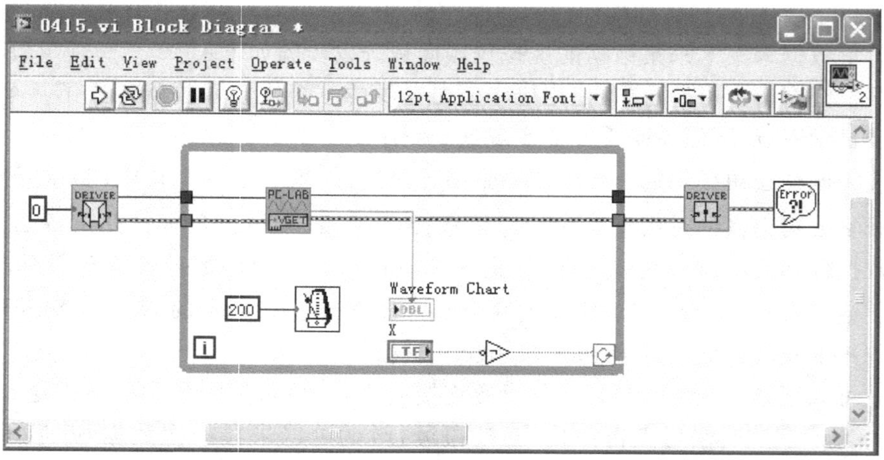

图 9.25　后面板框图程序

此程序中仅仅使用了几个控件就实现了一个数据采集/显示的系统，但是在实际的工程系统中采集的数据不仅要显示出来，而且要进行存储，使用 LabVIEW 工具本身所具有的文件读一些函数就可以完成。与上面的过程类似，使用以下几个函数来完成数据写入的功能。

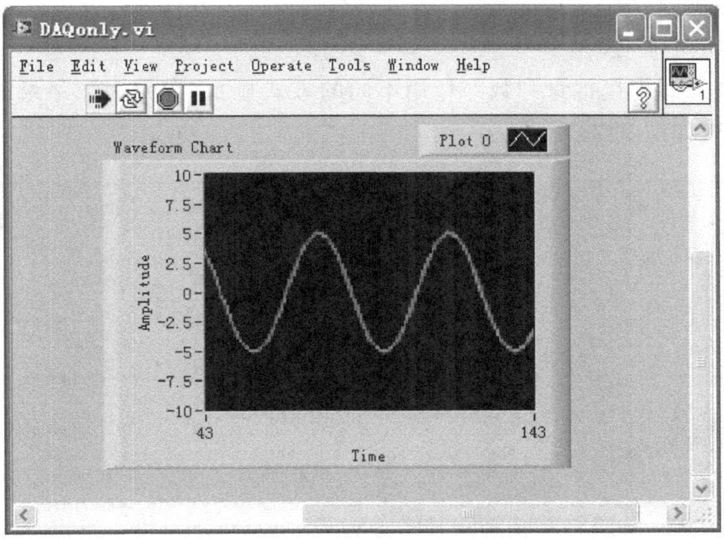

图 9.26　前面板界面

:打开待写入的文件，create or replace，打开的方式是创建或替换；

:将采集到的数据写入文件，将来自 的字符串写入文件；

:关闭文件；

:字符串格式控制，这里将数据精度控制到小数点后 3 位；

:写入文件字符串格式调节，为了简便起见，在字符串后加了一个换行符“ ”，即一个数据一行，这样方便以后读取数据。

最后得到的完整后面板框图程序如图 9.27 所示。

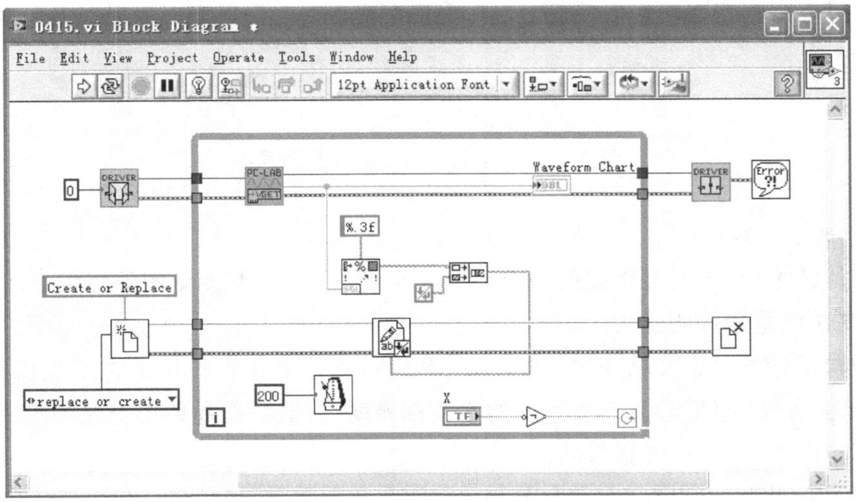

图 9.27　完整的后面板框图程序

2. 数字量信号采集

本系统中，对于数字量的采集，采用 48 位数字输入/输出模板(PCI－1751)以及 64 通道光隔离数字输入/输出卡(PCI－1756)。

3. 数字量显示

在设计中，考虑到把模拟量和数字量用不同的方式显示，专门为数字量设计显示方式，具体前面板显示形式如图 9.28 所示。

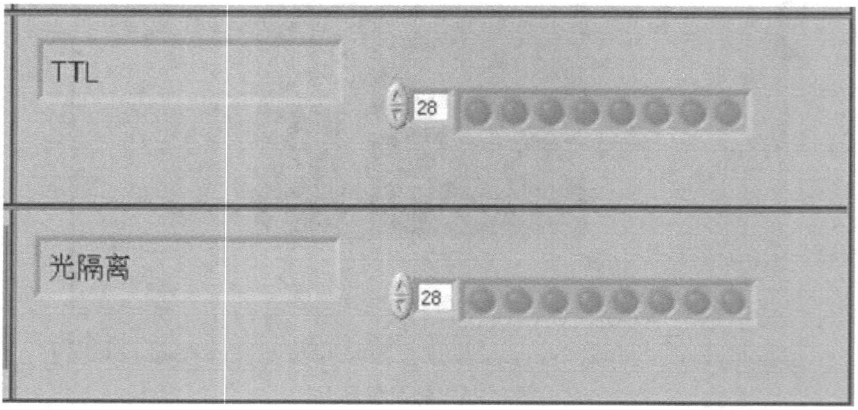

图 9.28　数字量显示

数字量显示的后面板框图程序如图 9.29 所示。其中用到的主要模块及功能如下所示：

绿色方块是 DIOReadPortByte. vi 控件，作用是读数字量。

黄色长条是 Number To Boolean Array 控件，将数字值转为布尔值。

对应前面板的 Round LED。

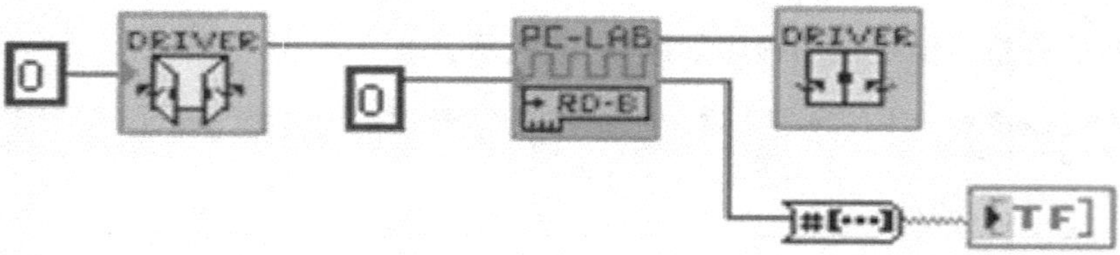

图 9.29　数字量显示后面板框图程序

4. 声音报警功能

在多媒体技术中，声音是重要的一个环节。实验证明，人类接受的外界信息中，最多的是通过视觉，其次就是通过听觉。

本系统包括计算机以及精密仪器设备，因此应有周密的保护措施。在工控机上设置了保护按钮如急停、断电、报警等。作为系统的主监视界面，有必要在界面上设置各种保护措施，包括在运行不正常时，提供声光报警功能。

关于指示灯报警，可以在 LabVIEW 中通过 Boolean 控件来实现。但对于声音报警，则比较麻烦。在声音控件组中有专门的 Beep. vi，但是，这个控件只能用在苹果机/OS－2 操作系统中，而不能用于通常的 Windows 操作系统。因此，考虑使用另一个声音控件 Snd Play Wave

File. vi,这个控件的作用是播放指定路径的声音文件。

具体实现方法如下所述:

首先找到一段时间不长、文件较小的声音文件,必须是. wav 波形声音,当然也可以根据需要自己录制。其次,在框图编辑界面中找到 Snd Play Wave File. vi,路径是 Graphics&Sound/Sound/。

然后,在前面板加入一个 File Path Control,路径是 String&Path/,其用来指定声音文件的位置。同时,在框图程序中加入一个布尔量,并引入一个条件控制的控件 Case Structure,路径是 Structures/,这样就可以使得只有当一个特定的条件满足时,指定的声音文件才会播放。

最后,只要将指定条件设置好,就可以了。比如设置为电压限幅 10 V 报警。用的是如下逻辑:实际电压值－10 V,如果结果为正,布尔量为 True,反之为 False。最后的后面板框图程序如图 9.30 所示。

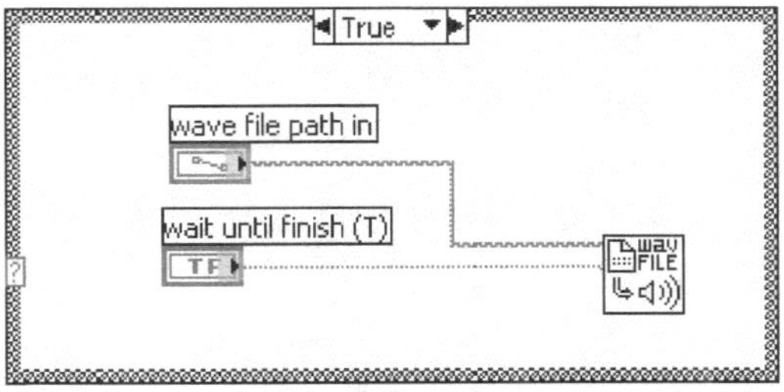

图 9.30　声音报警后面板框图程序

5. YFK－1 仿真控制台开发结果

仿真控制台的主要功能是进行数据采集、仿真控制以及故障检测、报警等。图 9.31 为控制台软件界面设计的最终结果,图 9.32 为其程序框图。

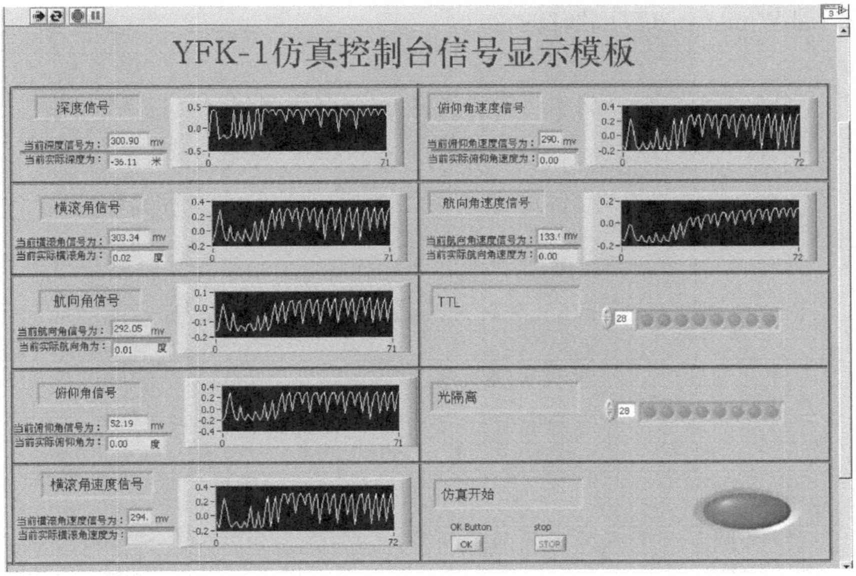

图 9.31　控制台软件界面

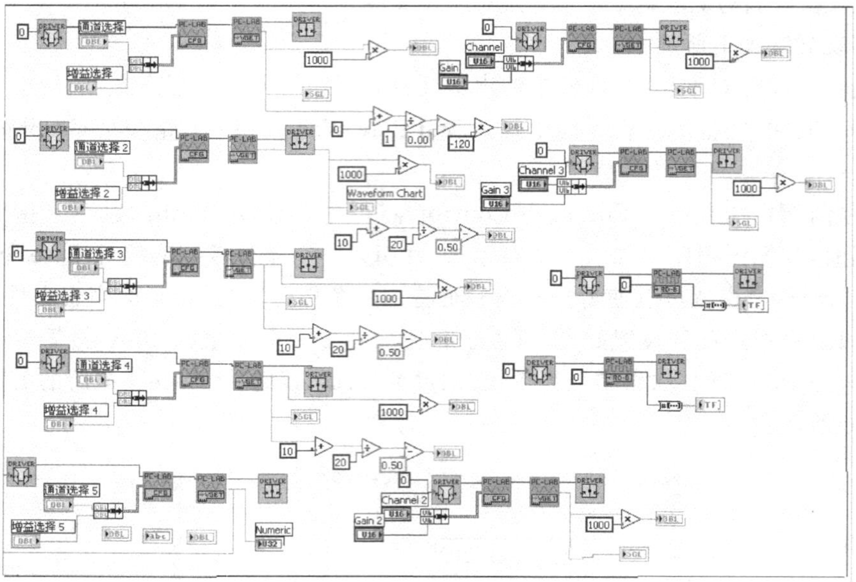

图 9.32　控制台软件界面框图程序

习　题　9

1. 什么是虚拟仪器？虚拟仪器系统的基本构成包括什么？
2. 虚拟仪器软件包括哪些层次？其各自的作用是什么？
3. 虚拟仪器有哪些特点？
4. LabVIEW 软件开发平台有哪些主要特点？LabVIEW 程序包括哪几部分？
5. 简述 LabWindows/CVI 软件的特点。

附录　单片机指令系统

附表 1　数据传输类指令

助记符	说　明	字节数	执行时间（机器周期）
MOV　A，Rn	寄存器内容传送到累加器	1	1
MOV　A，direct	直接寻址字节传送到累加器	2	1
MOV　A，@Ri	间接寻址 RAM 传送到累加器	1	1
MOV　A，#data	立即数传送到累加器	2	1
MOV　Rn，A	累加器内容传送到寄存器	1	1
MOV　Rn，direct	直接寻址字节传送到寄存器	2	2
MOV　Rn，#data	立即数传送到寄存器	2	1
MOV　direct，A	累加器内容传送到直接寻址字节	2	1
MOV　direct，Rn	寄存器内容传送到直接寻址字节	2	2
MOV　direct1，direct2	直接寻址字节 2 传送到直接寻址字节 1	3	2
MOV　direct，@Ri	间接寻址 RAM 传送到直接寻址字节	2	2
MOV　direct，#data	立即数传送到直接寻址字节	3	2
MOV　@Ri，A	累加器内容传送到间接寻址 RAM	1	1
MOV　@Ri，direct	直接寻址字节传送到间接寻址 RAM	2	2
MOV　@Ri，#data	立即数传送到间接寻址 RAM	2	1
MOV DPTR，#data16	16 位立即数装入到数据指针	3	2
MOVC A，@A+DPTR	程序代码传送到累加器(相对数据指针)	1	2
MOVC A，@A+PC	程序代码传送到累加器(相对程序计数器)	1	2
MOVX　A，@Ri	外部 RAM(8 位地址) 传送到累加器	1	2
MOVX　A，@DPTR	外部 RAM(16 位地址) 传送到累加器	1	2
MOVX　@Ri，A	累加器传送到外部 RAM(8 位地址)	1	2
MOVX　@DPTR，A	累加器传送到外部 RAM(16 位地址)	1	2
PUSH　direct	直接寻址字节压入栈顶	2	2
POP　direct	栈顶字节弹入直接寻址字节	2	2
XCH　A，Rn	寄存器和累加器交换	1	1
XCH　A，direct	直接寻址字节和累加器交换	2	1
XCH　A，@Ri	间接寻址 RAM 和累加器交换	1	1
XCHD　A，@Ri	间接寻址 RAM 和累加器交换低半字节	1	1
SWAP　A	累加器内高低半字节交换	1	1

附表 2 算术操作类指令

助记符	说 明	字节数	执行时间（机器周期）
ADD A，Rn	寄存器内容加到累加器	1	1
ADD A，direct	直接寻址字节内容加到累加器	2	1
ADD A，@Ri	间接寻址 RAM 内容加到累加器	1	1
ADD A，#data	立即数加到累加器	2	1
ADDC A，Rn	寄存器内容加到累加器(带进位)	1	1
ADDC A，direct	直接寻址字节内容加到累加器(带进位)	2	1
ADDC A，@Ri	间接寻址 RAM 内容加到累加器(带进位)	1	1
ADDC A，#data	立即数加到累加器(带进位)	2	1
SUBB A，Rn	累加器内容减去寄存器内容（带借位）	1	1
SUBB A，direct	累加器内容减去直接寻址字节（带借位）	2	1
SUBB A，@Ri	累加器内容减去间接寻址 RAM（带借位）	1	1
SUBB A，#data	累加器内容减去立即数(带借位)	2	1
INC A	累加器增 1	1	1
INC Rn	寄存器增 1	1	1
INC direct	直接寻址字节增 1	2	1
INC @Ri	间接寻址 RAM 增 1	1	1
DEC A	累加器减 1	1	1
DEC Rn	寄存器减 1	1	1
DEC direct	直接寻址字节减 1	2	1
DEC @Ri	间接寻址 RAM 减 1	1	1
INC DPTR	数据指针增 1	1	2
MUL AB	累加器和寄存器相乘	1	4
DIV AB	累加器除以寄存器	1	4
DA A	累加器十进制调整	1	1

附表 3 逻辑操作类指令

助记符	说 明	字节数	执行时间（机器周期）
ANL A，Rn	寄存器“与” 到累加器	1	1
ANL A，direct	直接字节“与”到累加器	2	1
ANL A，@Ri	间接寻址 RAM“与”到累加器	1	1
ANL A，#data	立即数“与”到累加器	2	1
ANL direct ,A	累加器“与”到直接寻址字节	2	1

续表

助记符	说　明	字节数	执行时间（机器周期）
ANL　direct，#data	立即数"与"到直接寻址字节	3	2
ORL　A，Rn	寄存器"或"到累加器	1	1
ORL　A，direct	直接字节"或"到累加器	2	1
ORL　A，@Ri	间接寻址 RAM"或"到累加器	1	1
ORL　A，#data	立即数"或"到累加器	2	1
ORL　direct，A	累加器"或"到直接寻址字节	2	1
ORL　direct，#data	立即数"或"到直接寻址字节	3	2
XRL　A，Rn	寄存器"异或"到累加器	1	1
XRL　A，direct	直接字节"异或"到累加器	2	1
XRL　A，@Ri	间接寻址 RAM"异或"到累加器	1	1
XRL　A，#data	立即数"异或"到累加器	2	1
XRL　direct，A	累加器"异或"到直接寻址字节	2	1
XRL　direct，#data	立即数"异或"到直接寻址字节	3	2
CLR　A	累加器清零	1	1
CPL　A	累加器求反	1	1
RL　A	累加器循环左移	1	1
RLC　A	经过进位位的累加器循环左移	1	1
RR　A	累加器循环右移	1	1
RRC　A	经过进位位的累加器循环右移	1	1

附表 4　控制转移类指令

助记符	说　明	字节数	执行时间（机器周期）
ACALL　addr11	2 KB 内绝对调用子程序	2	2
LCALL　addr16	64 KB 内长调用子程序	3	2
RET	子程序返回	1	2
RETI	中断返回	1	2
AJMP　addr11	2 KB 内绝对转移	2	2
LJMP　addr16	64 KB 内长转移	3	2
SJMP　rel	相对短转移	2	2
JMP　@A+DPTR	相对长转移	1	2
JZ　rel	累加器为零转移	2	2
JNZ　rel	累加器为非零转移	2	2
CJNE　A，direct，rel	累加器 A 与直接寻址字节不等转移	3	2
CJNE　A，#data，rel	累加器 A 与立即数不等转移	3	2
CJNE　Rn，#data，rel	寄存器与立即数不等转移	3	2

续 表

助记符	说　明	字节数	执行时间（机器周期）
CJNE @Ri,#data ,rel	间接寻址 RAM 与立即数不等转移	3	2
DJNZ　Rn ,rel	寄存器减 1 不为零转移	3	2
DJNZdirect ,rel	直接寻址字节减 1 不为零转移	3	2
NOP	空操作	1	1

附表 5　位操作类指令

助记符	说　明	字节数	执行时间（机器周期）
CLR　C	清进位位	1	1
CLR　bit	清直接寻址位	2	1
SETB　C	进位位置“1”	1	1
SETB　bit	直接寻址位置“1”	2	1
CPL　C	进位位取反	1	1
CPL　bit	直接寻址位取反	2	1
ANL　C,bit	直接寻址位“与”到进位位	2	2
ANL　C,$\overline{\text{bit}}$	直接寻址位的反码“与”到进位位	2	2
ORL　C,bit	直接寻址位“或”到进位位	2	2
ORL　C,$\overline{\text{bit}}$	直接寻址位的反码“或”到进位位	2	2
MOV　C,bit	直接寻址位传送到进位位	2	2
MOV　bit ,C	进位位传送到直接寻址位	2	2
JC　rel	进位位为“1”转移	2	2
JNC　rel	进位位为“0”转移	2	2
JB　bit,rel	直接寻址位为“1”转移	3	2
JNB　bit,rel	直接寻址位为“0”转移	3	2
JBC　bit,rel	直接寻址位为“1”转移,并清除该位	3	2

参考文献

[1] 史健芳,等.智能仪器设计基础.北京:电子工业出版社,2007.
[2] 卢胜利,等.智能仪器设计与实现.重庆:重庆大学出版社,2003.
[3] 黄胜国,毛玉增,范跃祖.智能仪器.北京:航空工业出版社,1993.
[4] 张毅刚,等.新编 MCS-51 单片机应用设计.哈尔滨:哈尔滨工业大学出版社,2006.
[5] 徐爱钧.智能化测量控制仪表原理与设计.北京:北京航空航天大学出版社,2007.
[6] 朱一纶,等.智能仪器基础.北京:电子工业出版社,2007.
[7] 赵茂泰.智能仪器原理与应用.北京:电子工业出版社,2004.
[8] 赵新民.智能仪器设计基础.哈尔滨:哈尔滨工业大学出版社,2001.
[9] 方彦军,孙健.智能仪器技术及应用.北京:化学工业出版社,2007.
[10] 杨欣荣.智能仪器原理、设计与发展.长沙:中南大学出版社,2003.
[11] 程德福,林君.智能仪器.北京:机械工业出版社,2005.
[12] 周航慈,朱兆优,等.智能仪器原理与设计.北京:北京航空航天大学出版社,2005.
[13] 孙涵芳,徐爱卿.MCS-51/96 单片机原理及应用.北京:北京航空航天大学出版社,1987.
[14] 雷霖.微机自动检测与系统设计.北京:电子工业出版社,2003.
[15] 张大彪,等.电子测量技术与仪器.北京:电子工业出版社,2008.
[16] 吴楠.CAN 总线综述.单片机世界,1999(3).
[17] 饶运涛,邹继军,郑勇芸.现场总线 CAN 原理与应用技术.北京:北京航空航天大学出版社,2003.
[18] 邬宽明.CAN 总线原理和应用系统设计.北京:北京航空航天大学出版社,2002.
[19] 汉泽西,肖志红,董浩.现代测试技术.北京:机械工业出版社,2006.
[20] 候国屏,王坤,叶齐鑫,等.LabVIEW 7.1 编程与虚拟仪器设计.北京:清华大学出版社,2005.
[21] 王建新,杨世风,隋美丽.LabWindows/CVI 测试技术及工程应用.北京:化学工业出版社,2006.
[22] 顾永红.综述单片机应用系统的抗干扰设计.计算机自动测量与控制,2002(1).
[23] 付华,郭虹,徐耀松.智能仪器设计.北京:国防工业出版社,2007.
[24] 刘金琨.先进 PID 控制 MATLAB 仿真.北京:电子工业出版社,2004.
[25] 胡洪波,章勇高.基于单片机控制的水温控制系统设计.邯郸学院学报,2009(3).
[26] 楼然苗,李光飞.51 系列单片机设计实例.北京:北京航空航天大学出版社,2003.
[27] 周亦武.智能仪表原理与应用技术.北京:电子工业出版社,2009.
[28] 尚振东,张勇.智能仪器工程设计.西安:西安电子科技大学出版社,2008.
[29] 孙红军,张涛,王超.智能仪器仪表.北京:清华大学出版社,2007.